예민한 엄마를 위한 책

• 타고난 섬세함을 강점으로 살리는 육아법 •

예민한 엄마를 위한 책

• 타고난 섬세함을 강점으로 살리는 육아법 •

카트린 보그호프 지음 | 이상희 옮김

한국경제신문

아네테는 불안감에 시달리다 나를 찾아왔다. 그녀는 자신의 양육이
아이에게 부족함 없이 충분한지 확신하지 못하고 있었다. 그녀는
자신의 아이를 위해 최선을 다했지만, 늘 두려움에 휩싸여 있었다.

아네테가 겪는 일은 많은 여성들에게 익숙한 일이다. 예민한 엄마는 아이가 태어난 후 완전히 새로운 삶에 대한 지침도 받지 못한 채, 수면 부족, 이질감, 게다가 통제할 수 없는 감정이 폭발하기 일보 직전인 상태에 처한다.

그리고 그렇게 예민한 엄마가 된다.

들어가며

아직 아이가 없던 시절, 나는 아이들과 함께하는 인생은 실제와는 다를 것이라고 생각했다. 나는 여전히 임신 테스트기에서 처음으로 두 줄이 나오던 날을 놀라울 정도로 생생하게 기억한다. 나에게 있어 아이를 가지는 것은 전혀 어려운 일이 아니었다. 어쩌면 그것은 세상에서 제일 쉬운 일일지도 모른다고 나는 생각했다. 세상 거의 대부분의 사람들이 하고 있는 일이었으니까. 나는 내 직업을 유지하면서 아이를 낳아 기르고, 그럼에도 우리의 부부관계는 변하지 않고 유지될 것이며, 또 내 취미생활도 계속될 것이라고 생각했다. 나는 그저 아기가 이 모든 것에 저절로 더해지는 것이며, 어느 곳이든 나와 함께 갈 것이고, 원래 내 삶의 어느 한 부분, 어느 한 곳, 내 인생의 작은 틈에 딱 들어맞을 것이라고 생각했다.

그리고 그렇게 나는 엄마가 되었다.

★ ★ ★

어느 12월의 추운 토요일이었다. 수프에 넣을 채소를 사는 걸 잊은 나는 슈퍼마켓을 향해 천천히 걸어갔다. 장을 다 보고 계산대에 섰을 때 그들을 보았다. 옆 계산대에는 젊은 가족이 서 있었다. 젊은 엄마는 내가 처음 엄마가 되었던 바로 그 나이인 20대 후반 정도로 보였다. 세련된 화장과 옷차림을 한 젊은 아내는 아주 아름다웠다. 생기로 가득했고 무척 행복해 보였다. 건장하고 다부진 체격의 늘씬한 남편은 장바구니를 밀고 있었다. 그리고 덧붙이자면, 아기가 카트 안 아기 시트 안에서 잠들어 있었다. 아주 곤하게. 담요와 공갈젖꼭지, 손수건이 아기와 함께였다. 칭얼대는 소리도 없었다. 6년 전 엄마가 된 이후로 나에게는 한 번도 일어나지 않은 일이었다. 여기, 이 줄에 서서 털모자를 푹 눌러쓴 채 수프에 넣을 채소를 손에 들고서 나는 그들과 나를 비교하기 시작했다. 그들은 너무 평화롭고 조화로운 데다가 모든 일이 쉬워 보였다. 질투가 내 안에서 솟구쳐 올랐다. 나는 그 부부가 주고받는 손짓을 유심히 바라보고 그녀의 화장과 그 남편의 얼굴을 자세히 살폈다. 나는 그들이 어떤 사람들인지 알아보려 노력하면서 담요 아래에서 자고 있는 아기를 보려고 애썼다.

나는 절망에 빠진 채 거기 서서, 그럼에도 왜 저들이 나보다 나은 사람들은 아닌지 나를 위로하기 위해 아주 명확한 이유를 찾으려 노력했다.

하지만 사실, 나의 내면에서는 조용하고 은밀하게 하나의 의문이 떠올랐다. 왜 저들은 아기와 함께 이토록 붐비는 슈퍼마켓에서 터무니없이 행복해 보이는 걸까? 대체 어떻게 그럴 수가 있을까?

아이를 낳기 전, 장을 보러 가는 일은 나에게 아주 쉬운 일이었다. 나 역시 기저귀를 사러 일반 마트나 유기농 마트에 갈 때 아기를 데려가려 몇 번 시도한 적이 있었다. 아기가 먹을 음식은 늘 신선하고 좋은 품질이어야 했기 때문이었다. 나는 늘 모든 것을 제대로 하고 싶었다. 하지만 아기와 집을 떠난다는 것은 발생 가능한 모든 돌발 상황에 대비해야 한다는 것을 의미했고, 장보기를 더 자주 시도할수록 내가 챙겨야 하는 목록은 더욱 길어질 뿐이었다. 나는 내 아들이 그 시간에 배가 고프지 않을 것이라고 확신할 수 없는 데다 공공장소에서 모유 수유하는 것이 싫었다. 아기의 상태를 예측할 수는 전혀 없었다. 단언컨대 장을 보러 나가는 모든 순간은 나의 인내심을 시험하는 순간들이었다. 나는 제발 순조로움이 나를 이 고립에서 구원해 주기를 기도했지만 그럴 때마다 아기는, 그것도 아주 정확하게, 내가 '제발 이 순간만은'이라고 바라던 바로 그때 불꽃을 터뜨리고는 했다. 나는 잡화점drogerie(생필품인 세제와 휴지, 간단한 약품이나 로션 등을 모아서 파는 곳. 일반 마트와는 성격이 조금 달라서 기저귀 등을 이곳에서 살 수 있다–옮긴이)에만 갔고, 곧 이곳이 내가 갈 수 있는 유일한 곳이 되었다. 당시 아기에게 필요한 것은 이곳에 다 있었고, 혹시라도 내가 잊은 것이 있더라고 이곳에서는 금방 대처할 수 있었다. 눈부시게 밝고 시끄러운 마트 안에서 아기가 울거나 칭얼거리는 것이 나에게는 너무나 큰 스트레스였기 때문에 나는 그 상황을 견딜 수가 없었다. 다른 사람들의 시선, 아기와 장을 보러 나온 것이 너무 어리석은 일이었다는 자책, 그리고 초조하게 계산대 줄을 기다리는 동안 아기가 또 울기 시작할지도 모른다는 두려움에 몸이 떨리고 식은땀을 흘리는 일…. 이 모든 것이 너무 힘들었다. 쇼핑을 하기 위해 집을 나서거나 다른 일상적인 일들을 아기와 함께하는 것은 결코 쉬운 일이 아니었다. 그런 일들을 마치고 나면 나는 완전히 녹초가 되어버리곤 했다.

그러나 여기 이 마트의 젊은 가족은 내 옆 계산대에 줄을 서서 웃고 있었다. 그들은 내내 즐겁게 웃었다. 나는 점점 짜증이 났다. 그녀는 담요를 들어 아기가 물고 있는 공갈젖꼭지를 바로잡았다. "저 공주병은 아마 모유 수유도 하지 않을 거야." 나는 암담하게 중얼거렸다. 그들의 입맞춤을 보고 있자니, 내 남편은 두 번이나 출산한 나를 여전히 매력적으로 생각할지 궁금해졌다. 아직도 임신 5개월처럼 보이는 배를 가진 이런 모습을? 맙소사, 대체 나는 여기서 무슨 생각을 하는 거지? 나는 지난 6년 동안 엄마로 살아왔고, 훨씬 더 현명한 사람이어야만 했다.

그리고 그 일이 일어났다. 젊은 남편이 갑자기 자신의 이마를 손으로 찰싹 때렸고, 젊은 부부는 잠시 무언가 상의하는 듯 보였다. 그리고 나는 그가 정중한 모습으로 사람들 사이를 뚫고 마트를 떠나는 모습을 보았다.

그 사건이 나에게는 티끌만큼의 영향을 끼치는 것도 아니었지만, 나는 내 안에서 두려움과 긴장감이 일어나는 것을 느꼈다. 곧 그녀의 아기는 울기 시작할 것이고, 모두가 고개를 돌리고 못 본 척하는 동안 그녀가 "쉿, 쉿, 쉿" 이렇게 말하며 아기의 입에 공갈젖꼭지를 밀어 넣을 것이고, 식은땀이 나기 시작하면서 그녀의 화장은 엉망이 되고, 땀에 젖은 이마에는 머리카락이 잔뜩 들러붙을 것이다. 그 장면이 너무 생생하게 공감이 되어 나는 숨이 가빠졌다. 맙소사, 젊은 엄마였던 시절에 내 인생을 종종 완전한 절망으로 몰아넣었던 그 순간을 나는 왜 떠올린 것인지….

내 차례가 되어 채소를 계산대 위에 올려놓았다. 나는 계산을 해야만 했고, 계산대의 점원과 이야기를 나누며 감사 인사를 하고, 모든 것을 챙겨서 아무것도 잊지 않고 밖으로 나가야 했다. 비틀거리지 않고, 공손하게 행동하며, 상냥하게 눈인사를 건네고, 계산대에서 울리는 벨소리를 참아야만 했다…. 단 몇 초였지만 나는 그 그림 같은 가족의 모습이 시야에서 사라지자 화가 났다. 그는 어디에 있는 거지? 대체 뭘 하는 걸까? 왜 그는 그녀를 혼자 두는 거지? 그녀는 지금 괜찮은 걸까? 왜 아기는 울지 않는 거지? 그녀가 물건을 계산대에 올리는 것을 누군가가 도와줄까?

"좋은 저녁 되세요."

계산원이 건네는 말에 나는 더듬거리며 무언가 친절한 말을 건네고 출구를 향해 천천히 걸음을 옮겼다. 차가운 바람이 얼굴로 불어와 나는 재킷을 여몄고 다시 뒤를 돌아보았다. 그들이 계산할 차례였다. 하지만 남편은 아직 돌아오지 않았다. 그녀의 아기는 태어난 지 겨우 한두 달밖에 안 된 것처럼 보였고, 그녀는 계산대에 혼자 서 있었다. 그녀는 카트에 들어 있는 모든 물건을 계산대에 올려놓는 중이었다. 그녀는 입가에 미소를 띠고 있었고, 계산원과 이야기를 나누다 카트에 있던 아기 시트를 돌려 계산원에게 자신의 아기를 보여주었다. 그리고 나는 계산원 아주머니가 얼굴에 손을 대며 감탄하고 환호 지르는 것을, 젊은 엄마가 그런 계산원에게 환한 미소를 지어 보이는 것을, 환한 미소를 짓고 있는 그녀 뒤에 서 있는 그 어느 누구도 불평하지 않고 그렇게 세상이 계속 평온하게 흘러가는 것을 보았다.

도대체 어떻게 그녀는 그 모든 것을 동시에 해내는 것일까? 왜 그렇게나 쉬워 보이는 것일까? 그리고 그 망할 놈의 남편은 어디에 있는 거지?

그때 그 남편의 모습이 보였다. 그는 주차장에서 마트 출입구를 향해 전력을 다해 달리고 있었다. 손에는 차에서 꺼내오는 것을 잊은 듯한 상자를 들고 있었다. 다리가 부러지지도 않았다. 그 어떤 드라마틱한 상황도 일어나지 않았다. 나는 고개를 돌렸다. 이제 더 이상 볼 게 없는 상황이었다. 하지만 나는 또다시 몸을 돌려 그가 어떻게 제시간에 돌아왔는지를, 그토록 행복하고 깨끗하게 샤워를 하고 화장을 한 젊은 부부가 장 본 물건을 상자에 정리하는 모습을, 그리고 그 와중에 모든 사람들이 꿈꾸고 원하던 행복이 그들의 아기를 통해 공유되고 있는 것을, 그래서 계산대에 있던 계산원의 마음을 사로잡고 그 행복감이 여기까지 밀려오는 모습을 보았다. 그들은 계산을 하고, 물건을 정리하고, 웃으며 인사를 나눈 뒤 그곳을 떠났다. 그저 행복하고 행복한 모습으로 그곳을 떠났다. 아기와 함께 쇼핑하는 것에 그 어떠한 문제도 없다는 듯이.

나는 머리를 흔들며 고개를 떨구었다. 나는 그녀의 산뜻한 모습과 깔끔한 아이라인, 그리고 이 작은 가족인 세 명의 행복에 대해 생각했다. 너무나 쉽고 순조로워만 보였던 그 모습을.

어쩌면 그것은 아주 순간적인 모습일 뿐이라고 나는 스스로를 위로했다. 그들의 일상이 어떤지는 알 수 없으니까. 아마도 그녀는 밤새 한숨도 자지 못했을 것이고, 남편이 일찍 퇴근했기 때문에 샤워를 할 수 있었을 것이다. 아마 그녀 역시 밖으로 나가야 할 때 어떻게 해야 할지 망설였을 것이 분명하다. 나는 그저 아주 단편적인 모습만을 보았을 뿐이다. 그저 내가 단 한 번도 소유하고 경험해 보지 못해 나의 시선을 끌었던 그 모습 말이다.

내게 아직 아이가 없었을 때, 나는 아이와 함께 사는 현실은 이전과는 다를 것이라고 상상했다. 하지만 그건 틀렸다. 진실은 아이가 태어나기 전의 삶이 있고 또 다른 삶, 아이와 함께하는 삶이 있었다. 그 둘은 완전히 분리된 다른 세계였다. 나는 아이를 갖는 것이 세상에서 제일 쉬운 일이라고 생각했지만 그건 내가 지금까지 경험한 것 중 가장 어려운 일이었다.

★ ★ ★

아마 당신도 그렇기 때문에 이 책을 펼쳐보았을 것이다. 아이가 태어난 이후의 시간은 당신이 상상했던 것과는 전혀 다른 시간이다. 사소했던 일들은 당신에게 아주 부담스러운 일이 되고, 그것은 곧 외모에도 나타난다. 피부는 엉망이 되고 쇼핑 같은 일상적인 상황들이 가장 긴장되고 부담스러운 일이 되어버린다. 늘 피곤함에 찌들어 있는 상황에서도 동시에 모든 일을 쉽게 해내고, 게다가 아름다운 외모를 유지하고 있는 사람들에 둘러싸여 있을 것이다. 당신은 자신을 그들과 비교하면서 당신과는 다른 그 누군가에게서 배울 만한 공통점이나 매개점을 전혀 찾을 수 없을 것이다. 그들의 모성애나 그들이 아이들과 보내는 시간, 가족과의 삶, 그리고 자신의 생각 같은 것 말이다.

이 글을 보는 당신의 상황이나 처지가 어떻든 상관없이, 나는 우리 모두가 이 한 가지 사실에는 동의할 것이라 생각한다. 직관적으로 당신은 느끼고 있을 것이다. 우리는 우리의 본성에서 벗어날 수 없다는 것을. 그리고 우리의 의지에서도. 우리 내면 깊은 곳에서도 역시 그것을 바라지 않는다.

당신과 나, 그리고 수백만 명의 다른 여성들 역시 예민함이라 불리는 공통점을 가지고 있으며, 당신이 엄마라는 역할을 맡기 전까지는 이 흥미로운 성향에 대해 깊게 생각해 보지 않았다는 사실은 그리 놀라운 일이 아니다. 왜냐하면 그 예민함이 당신 삶의 주도권을 잡지 않도록 하는 데 필요했던 것은 단지 편안함과 휴식, 휴양 같은 것이기 때문이다. 바꿔 말한다면 아이가 태어난 이후 당신이 거의 가져보지 못한 것 말이다. 이러한 상황에서 당신과 나, 그리고 수백만 명의 다른 엄마들은 바로 나처럼, 슈퍼마켓의 젊고 아름다운 커플을 본 순간 '그것'이 없는 너무나도 정상적이고 평온한 삶에 대한 참을 수 없는 분노와 질투가 끓어오를 것이다. '그것', 바로 '예민함'이 없는 삶.

지난 5년 동안 나는 이러한 개인의 특성에 매료되어 그 무엇보다 사랑하는 내 직업적 삶은 물론, 개인적인 삶의 일부를 헌신했다. 처음에는 그저 순수한 관심이었지만 점점 독학에서 연구로, 그리고 학문적 작업으로 발전했고, 결국에는 상담실과 컨설팅 연구소를 열게 되었다.

다음 장에서 나는 당신을 예민한 엄마의 세계, 즉 당신의 세계로 데려가려 한다. 당신의 몹시 개인적인 여정은 오늘, 어쩌면 바로 여기에서 시작될 것이다. 당신은 과감하게 이 책을 펼쳤다. 일상의 평범함을 고난으로 여기지 않는 다른 엄마들을 더 이상은 질투하고 싶지 않기 때문일 것이다. 그리고 무엇보다, 이 책에 시간을 낼 가치가 있다고 느꼈기 때문일 것이다. 예민함은 당신을 특징짓는 것이고, 어쩌면 가장 아름다운 액세서리다. 그리고 당신이 그것을 없애고 싶은 것이 아니라면 사실 문제가 되지 않는다.

그 대신 우리는 이 책에서 비교를 피하는 법을 연습하려 한다. 여기에는 슈퍼마켓에서 다른 가족들을 힐끗거리지 않는 것뿐만 아니라,

우리 주변 사람들의 말과 의견에 흔들리지 않는 것 또한 포함하고 있다. 이는 당신이 자신에게 다가서고 당신이 살아갈 수 있는 인생을 스스로 만들어내는 것을 의미한다. 또한 마치 오랫동안 즐겨 입었지만 이제는 작아져서 맞지 않게 된 외투와도 같은 이전의 삶을 벗어버리고, 당신의 약점, 당신의 결점, 당신이 원하지 않는다고 생각했던 것들과 새롭게 인사하고, 당신을 다채로운 모습으로 만드는 것을 의미하기도 한다.

나 역시 지난 몇 년 동안 생각의 여정과 변화의 과정을 겪어야만 했고, 그것을 통해 두 가지 인생이 있다는 것을 배웠다. 하나는 나의 예민함에 대한 지식 없이 적응하며 지냈던 삶이고, 다른 하나는 새로운 지식을 접하고 모든 것이 바뀐 삶이다.

예민함 없는 내 인생이 자신의 역할을 하는 동안 다른 한편에는 예민함이 늘 자리를 차지하고 있다. 그것은 그곳에 앉아 나를 이끌고 있으며, 나 역시 목적지에 이르기까지는 아직 멀었다고 할 수 있다. 하지만 내가 약속할 수 있는 것은, 이제 예민함은 내 인생의 진실되고 편안한 동반자가 되었다는 점이다. 나는 그러한 특성을 나의 좋은 친구로 만든 것이 내 삶에 얼마나 큰 도움이 되었는지에 대해 이야기 나눌 수 있다는 사실에 큰 기쁨을 느낀다.

예민함과 조화를 이루는 삶에 오신 여러분을 진심으로 환영한다.

나는 예민한 사람일까?

- ☐ 1. 나는 외부의 자극이나 영향에 쉽게 휩쓸린다.
- ☐ 2. 아무리 지쳐도 미묘하고 작은 변화를 알아차린다.
- ☐ 3. 너무 밝은 빛, 강도 높은 소음, 강렬한 냄새 혹은 거친 느낌을 견디기가 어렵다.
- ☐ 4. 아주 작은 소리에도 신경이 거슬린다.
- ☐ 5. 사소한 부분도 무시할 수 없는 기분이 든다.
- ☐ 6. 다른 사람의 기분이 나에게 영향을 준다.
- ☐ 7. 자주 피곤하고 이유 없이 몸이 아프다.
- ☐ 8. 날씨나 기상 변화, 계절, 생리 기간, 호르몬 변화처럼 내가 통제할 수 없는 것들에 강한 영향을 받는다.
- ☐ 9. 카페인이나 특정 물질, 알코올이나 약물에 강한 반응을 보인다.
- ☐ 10. 알레르기성 체질이거나 피부가 민감하고 편두통, 등이나 어깨 통증, 근육통 혹은 위장 관련 문제가 쉽게 발생한다.
- ☐ 11. 강한 신맛, 매운맛, 단맛 혹은 쓴맛을 잘 참지 못한다.
- ☐ 12. 배가 고프면 집중이 안 되고 기분이 초조해지며 화를 낸다. 배고픔에 빨리 지치는 편이다.
- ☐ 13. 좋은 향기나 소리, 예술작품, 명상, 휴식, 요가, 힐링, 자연 속에서의 산책, 운동, 스포츠 활동, 창작 활동을 성실하게 하는 편이며, 거기서 특별한 즐거움을 느낀다.
- ☐ 14. 음악이나 예술작품에 깊은 감동을 받고 종종 눈물을 흘리기도 하며 육체적으로도 반응한다. 책과 이야기를 좋아하고 몰입한다.
- ☐ 15. 혼자 있는 것을 좋아하고 그럴 때 특히 더 기운을 회복한다.
- ☐ 16. 피곤하거나 스트레스를 받는 날에는 어둡고 조용한 곳으로 피신하고 싶은 충동을 느낀다.

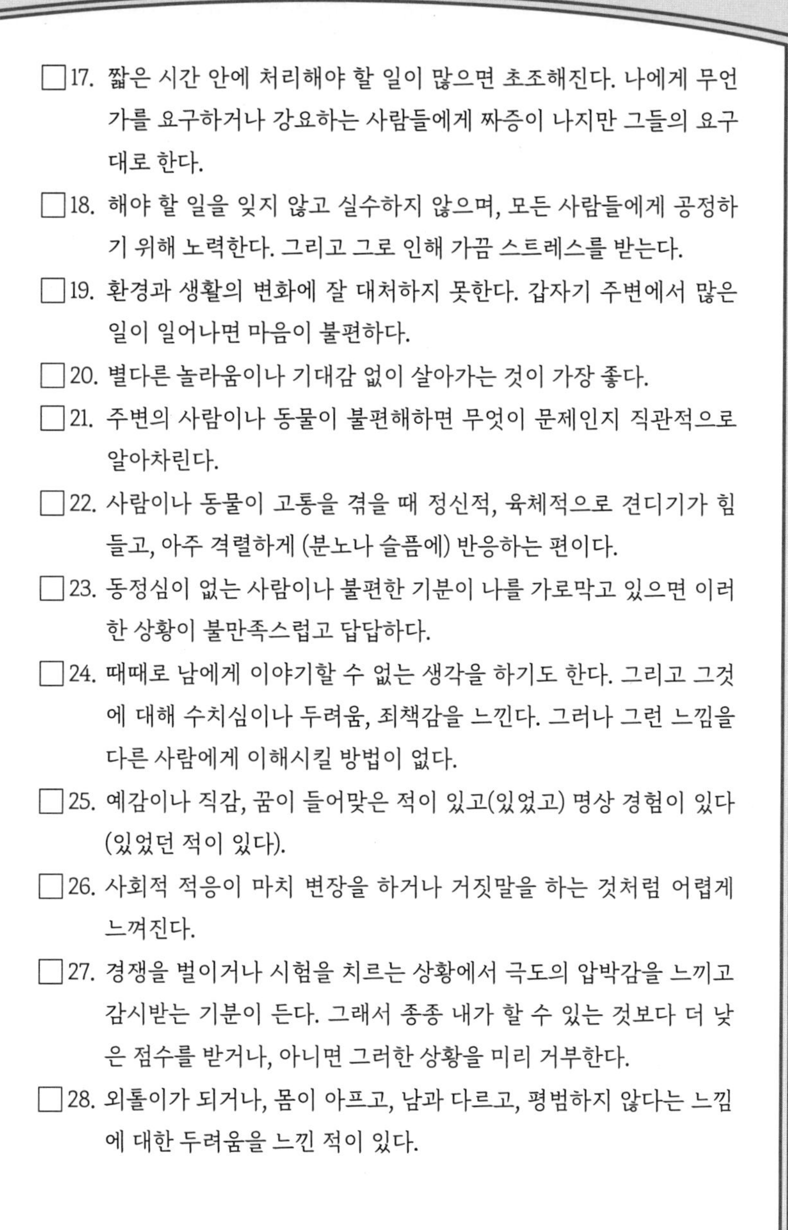

□ 17. 짧은 시간 안에 처리해야 할 일이 많으면 초조해진다. 나에게 무언가를 요구하거나 강요하는 사람들에게 짜증이 나지만 그들의 요구대로 한다.

□ 18. 해야 할 일을 잊지 않고 실수하지 않으며, 모든 사람들에게 공정하기 위해 노력한다. 그리고 그로 인해 가끔 스트레스를 받는다.

□ 19. 환경과 생활의 변화에 잘 대처하지 못한다. 갑자기 주변에서 많은 일이 일어나면 마음이 불편하다.

□ 20. 별다른 놀라움이나 기대감 없이 살아가는 것이 가장 좋다.

□ 21. 주변의 사람이나 동물이 불편해하면 무엇이 문제인지 직관적으로 알아차린다.

□ 22. 사람이나 동물이 고통을 겪을 때 정신적, 육체적으로 견디기가 힘들고, 아주 격렬하게 (분노나 슬픔에) 반응하는 편이다.

□ 23. 동정심이 없는 사람이나 불편한 기분이 나를 가로막고 있으면 이러한 상황이 불만족스럽고 답답하다.

□ 24. 때때로 남에게 이야기할 수 없는 생각을 하기도 한다. 그리고 그것에 대해 수치심이나 두려움, 죄책감을 느낀다. 그러나 그런 느낌을 다른 사람에게 이해시킬 방법이 없다.

□ 25. 예감이나 직감, 꿈이 들어맞은 적이 있고(있었고) 명상 경험이 있다(있었던 적이 있다).

□ 26. 사회적 적응이 마치 변장을 하거나 거짓말을 하는 것처럼 어렵게 느껴진다.

□ 27. 경쟁을 벌이거나 시험을 치르는 상황에서 극도의 압박감을 느끼고 감시받는 기분이 든다. 그래서 종종 내가 할 수 있는 것보다 더 낮은 점수를 받거나, 아니면 그러한 상황을 미리 거부한다.

□ 28. 외톨이가 되거나, 몸이 아프고, 남과 다르고, 평범하지 않다는 느낌에 대한 두려움을 느낀 적이 있다.

* 14개 이상 '그렇다'에 해당되면 당신은 예민한 사람일 가능성이 아주 크다.

차례

예민함은 병이 아니다

혹시 내가 병적인 건 아닐까?

20대 후반인 아네테는 모유 수유에 대한 불안감에 시달리다 나를 찾아왔다. 그녀는 자신이 잘하고 있는지, 자신의 양육이 아이에게 부족함 없이 충분한지 확신하지 못하고 있었다. 그녀는 자신의 아이를 위해 최선을 다했지만, 늘 두려움에 휩싸여 있었다.

나는 그녀와 몇몇 테스트를 진행하며 그녀의 일상에 대해 들었고, 그녀는 아기가 태어나던 순간과 처음으로 집에 단둘이 있던 순간에 대해 이야기해 주었다. 나는 아네테에게 모유가 부족하지도 않고, 아기에게 무슨 일이 생길 가능성은 손톱만큼도 없다고 이야기해 주었다.

나는 아네테가 쉽게 납득하지 못하리라는 사실을 알았기 때문에 그녀가 직관적으로 받아들일 수 있는 숫자들을 보여주며 그녀의 아기가 병리학적으로 완전하게 정상이라는 사실을 이해시키려 노력했다. 하지만 그럼에도 몇 주 동안 그녀는 불안을 느낄 때마다 전화를 걸어왔고, 결국은 자신의 이 불안장애가 모든 걸 망칠 것이라고 말했다. 나는 그녀가 하루 동안 얼마나 오래, 그리고 얼마나 자주 자신의 아기에게 소리를 지르는지 들은 다음, 이 어린 엄마를 내 육아 강연에 초대했다.

첫 수업이 끝난 다음 나는 정확히 알 수 있었다. 아네테는 아주 예민한 사람이었다.

나는 그녀가 살아왔던 이야기를 듣기 위해 다시 약속을 잡았다. 그녀는 자신의 이야기를 들려주었고, 얼마나 오랫동안 불안장애를 겪었냐는 질문에 이렇게 대답했다.

"아, 그렇게 물어보시니…. 사실, 제가 기억할 수 있는 때부터 계속 이랬어요."

이제껏 아네테는 예민함에 대해 들어본 적이 없었으므로 그것에 대해 생각해 보지도 않았다. 우리가 이런 대화를 나누는 동안 그녀는 누군가가 자신의 말을 들어주고 있고 자신이 편안하게 말할 수 있다는 사실에 안도감을 느끼며 울었다.

그녀는 평생 이런 감정을 느끼며 살아왔기 때문이다.

차라리 말하지 않는 편이 나아. 어차피 나를 이해할 사람은 아무도 없어.
그리고 다른 사람에게 부담감 주지 마, 이 예민 덩어리야.

아네테는 자신의 감정이 절대 정상적이지 않다는 확신을 가지고 성장했다. 그리고 스스로를 정신적으로 아픈 사람이라고 믿고 있었다. 그녀의 두려움과 깊은 감수성, 늘 따라다니는 우울함과 급격하게 찾아오는 부담감…. 이것들이 결코 정상일 리 없다고 그녀는 생각했다. 그녀의 주변에 이런 성향을 가진 사람은 아무도 없었다. 단 한 명만 빼

고. 그 사람은 바로 아네테의 어머니였다. 아네테의 어머니 역시 두려움을 많이 느끼고 극심한 감정 변화를 겪는 사람이었기 때문에 아네테는 자신의 어머니에게 더한 부담을 주지 않고 어머니를 보호하기 위한 다른 방법을 재빨리 생각해 냈다.

그녀의 두려움과 의심에 고개를 절레절레 흔드는 친구들은 그녀를 경멸하거나, 혹은 전혀 이해하지 못했고, 아네테는 수많은 의사와 용하다는 치료사들에게 머리끝부터 발끝까지 모든 검사를 다 받으러 다녔다. 수년이 지난 뒤에야 드디어 그녀가 아프다고 굳게 확신했던 증상의 치료 결과가 나왔다. 그녀는 아주 건강했다. 종양도 없었고 염증 수치도 정상이었고 심장도 아주 건강했다. 모든 것이 다 정상이었다. 이제 건강한 삶을 살 수 있다는 기쁨이 찾아왔지만, 곧이어 다른 절망이 따라왔다.

이렇게 건강한데 대체 왜 다른 사람들과 다른 거지? 어째서 그렇게 깊은 감정에 휩싸이고, 늘 두려움을 느끼며, 어떤 날은 집 밖으로 나가지도 못하는 거지?

아네테는 계속해서 다른 의사들을 찾아다녔다. 그녀는 건강해지기 위해 의사를 찾는 것이 아니었다. 그녀는 진단명을 찾고 있었다. 그것은 아네테가 미치지 않았으며, 이 모든 증상을 꾸며낸 것도 아니라는 것을 증명해 주는 위로의 표시 같은 것이었다. 그녀는 스스로를 납득시킬 만한 병명이 당장 필요했다. 자신이 왜 이런지, 어떻게 이렇게 되었는지 설명해 줄 이유가. 아네테는 결국 신경과 전문의로부터 '불안장애'라는 진단을 받고 치료 과정에 대해 들었다.

몇 년 뒤 그녀는 엄마가 되었고, 이전과 같은 두려움과 걱정, 그리고 똑같은 감정을 경험하게 되었다. 오히려 이전보다 천 배나 강렬해진 감정들이었다. 그녀가 그토록 원했던 아기와 관련된 감정이었기 때문이다. 그녀의 모든 두려움과 걱정에는 넘치는 사랑과 주체할 수 없는 기쁨, 터져나갈 것 같은 행복감 같은 것들이 아주 깊게 연관되어 있기도 했다. 아네테의 두려움과 기쁨, 걱정과 행복감이 뒤섞인 아기는 종일 울어댔다. 얌전히 있는 시간 없이 온종일 울어대면서 늘 무엇인가를 너무 많이, 늘 필요로 했지만 아네테는 이해할 수 없었다. 그럼에도 그녀는 모든 것을 제대로 해냈고, 아이를 사랑했으며, 세심하고 사랑을 담아 아이를 보호하고 돌봤다. 하지만 언제나 그녀의 인생을 결정짓고 그녀만의 불행의 원인이 되곤 했던 생각들이 본능적으로 불쑥불쑥 떠오르곤 했다.

나는 무언가 잘못하고 있는 게 틀림없어!

내가 아네테에게 그녀의 뇌에서 어떤 일이 일어나고 있는지, 예민함이란 무엇인지, 그리고 그것은 아마 불안장애와는 관련이 없고 오히려 높은 민감성과 관련 있을 가능성이 있다고 설명하자, 그녀는 다시 울기 시작했다. 그녀는 치료할 수도, 어쩌면 치료할 것도 전혀 없는 병명을 찾기 위해 반평생을 보냈다는 사실을 믿을 수 없었다. 병명을 찾

는 것도 힘들었지만, 반대로 병명이 없다는 것 또한 쉽게 받아들일 수 없었다. 누군가가 자신이 가장 싫어하는 것을 절대 없앨 수 없다고 말한다면 과연 누가 그것을 쉽게 받아들일 수 있겠는가.

아네테는 상담실을 나와 예민한 엄마와 예민한 아이를 둔 엄마들을 위한 주간 그룹에 참여했다. 그녀는 다음 주에 그녀처럼 '불안장애'로 어려움을 겪었던 세 명의 여성들을 알게 될 것이었다. 자신과 비슷한 사연을 가진 여성들을 만나고, 그녀의 생각을 공유하고, 그들의 감정을 이해하고, 게다가 자신처럼 내내 울기만 하는 아기를 가진 사람들을 만나게 될 터였다. 그리고 기쁨의 눈물을 흘리며 서로를 이해하고, 또 너무나도 많은 공통점에 웃게 될 것이다. 그녀는 "당신도 알고 있죠?"라는 질문을 받게 될 것이고 고개를 끄덕일 것이다. 그리고 다른 이들의 이야기를 듣고 '나 역시 마찬가지야.'라고 생각하게 될 것이다.

태어나 처음으로 아네테는 존재하지 않는 것을 찾는 행동을 멈추고 목적지에 도착했다. 낯선 외계인이 아닌 사람으로서.

예민하게 태어난다는 것

내 아들 피터는 아주 예민한 아이로 태어났다. 바로 나와 내 가족들처럼. 그리고 바로 아네테처럼. 그리고 아마 당신처럼. 당신의 예민함은 기질이자 타고난 특성이다. 그것은 당신의 눈동자나 머리카락 색, 기질이나 음색, 그리고 체격처럼 처음부터 유전형질에 고정되어 있는 것이다. 당신은 높은 민감도를 가지고 세상에 나왔지만 세상 살아가는 법을 처음부터 배우지는 못했다. 사실 그것은 두 세계의 충돌이기도 하다. 당신 내면의 가치와 감정, 생각, 그리고 꿈들이 큰 역할을 담당하는 당신의 섬세하고 연약한 세계, 그리고 성취와 사회적 적응, 목표 설정 같은 것들이 중요한 외부 세계와 충돌하는 것이다. 당신과 같은 예민한 사람들에게 그것은 종종 도저히 감당할 수 없는 일처럼 아슬아슬하게 느껴지곤 한다.

그래서 당신은 이제껏 인생을 살면서 언제나 벽에 부딪혔을 것이다. 어쩌면 당신이 이 세상과 세상의 아름다움을 바라보는 아주 특별한 관점 때문일 수도 있다. 아니면 너무나도 예술적인 것을 좋아해 하루 종일 음악을 듣거나 그림만 그리며 문밖의 세상에 관심을 두지 않았기 때문일 수도 있다. 아마 당신은 친구가 많지 않거나 매일 누군가와 만나야 한다는 사실을 좋아하지 않을 수도 있다. 아니면 그와는 정반대로 사람들 곁에 있는 것을 좋아할 수도 있다. 하지만 그럼에도 자주 외로움과 소외감을 느낄 것이다. 당신은 이상이 아주 높기 때문에 당신에게 그것은 우정보다 훨씬 중요하고 시급한 일로 느껴질 것이다. 또 어쩌면 예민한 감각이나 생각을 가진 당신의 진짜 모습을 보여주면 사람들이 이를 너무 진지하게 받아들이거나, 아니면 무시당할 것만 같은 두려움 때문에 진정한 당신의 모습을 보여주지 않았을 것이다. 사실 당신은 이러한 일을 이미 겪었을 것이다. 크든 작든 말이다. 당신은 다른 사람들은 느끼지 못하는 것을 느끼고, 다른 사람들은 미처 생각지도 못하는 것들을 깨닫곤 한다. 그리고 대부분 그 순간, 당신은 아마 혼자라고 느꼈을 것이다.

당신은 삶의 많은 부분이 만족스럽지 못했을 것이다. 아마도 여기저기 부딪히거나 추락했을 것이다. 그리고 자신을 설명하거나 다른 사람들이 당신을 이해하지 못하는 것에 지쳐갔을 것이고, 다른 사람들을 이해할 수도 없었을 것이다. 이것은 마치 당신의 머리 위로 먹구름이 따라다니며 비를 뿌리는 것과도 같은 일이다. 분명 당신은 이러한 무거운 느낌을 없애고, 더 이상 그런 느낌을 받지 않기 위한 시도를 여러 번 했을 것이다.

하지만 내가 '들어가며'에서 말했듯, 당신이 그동안 부정적으로 여겼던 이러한 감정들이 사라지면 당신은 곧 그런 감정들을 그리워하게 될 것이다.

예민함이라는 것은 물론 많은 부정적 속성을 가지고 있는 특징이고, 나는 그 사실을 부정하고 싶지는 않다. 물론 당신과 나는 우리를 지배하고 있는 내면의 비평가가 가진 부정적이고 강렬한 감정과 높은 기준 때문에 자기 자신이 얼마나 자주 고통받는지 아주 잘 알고 있다. 게다가 우리 모두는 우리를 판단하는 세상에 익숙하다. 우리에 대한 평가는 곧바로 인색해지고, 이는 다시 한번 우리가 그들의 요구를 충족시킬 수 없다는 불편한 느낌을 들게 한다.

이러한 사실을 깨닫는 것이 우리가 예민함을 이해하고 함께 행복하게 살아나가기 위한 가장 중요한 첫 단계다. 그리고 당신이 결코 손해 보는 일은 없을 것이다.

적응해야 하는 현실과 언제나 이방인이라는 느낌 사이에서

바로 이러한 것들이 아네테가 어렸을 때부터 느꼈던 압박감이었다. 그녀는 많은 것을 느끼고 고민했으며 자주 우울해했고, 그래서 위축되곤 했다. 그녀는 또래 아이들과는 너무나 달랐다. 아주 작은 불안감일지라도 그녀는 공포심을 느꼈고, 때로는 그 공포심이 너무나도 커서 공황에 빠지거나 호흡 곤란을 겪었다. 이러한 증상은 불안한 느낌이 완전히 사라질 때에만 나아졌다. 이미 어렸을 때부터 그녀는 이런 상황이 어떤 질병 때문일 것이라고 확신했다. 보통 어린 아이에게는 이런 일이 일어나지 않기 때문이다.

아네테가 그녀의 인생 절반 동안 겪어야만 했던 일들은 수없이 많은 예민한 여성들에게 익숙한 일이기도 하다. 그들은 우정이나 다른 사람과의 관계를 굉장히 진지하고 친밀하게 느끼지만, 또 그만큼 작은 갈등이나 상대의 의외의 반응에 크게 실망하고 상처받는다. 그들은 직장 상사나 동료의 거친 말을 쉽게 무시하지 못하며, 남편이나 남자친구와의 사소한 다툼을 상대가 자신을 거부하는 것처럼 느끼곤 한다. 거기에 아이가 더해진다면 그녀의 시련은 더욱 완벽해지고 만다. 이런 예민한 엄마는 완전히 새로운 삶에 대한 지침서도 받지 못한 채, 수면 부족, 이질감, 게다가 통제할 수 없는 감정이 폭발하기 일보 직전인 상태에 처한다.

갓 부모가 된 사람들을 위한 일반적인 지침은 그들에게 맞지 않을 수 있다. 대체로 예민한 부모에게서 태어난 아기들 역시 예민한 아기일 경우가 많기 때문이다. 주위에서 흔히 들을 수 있는 조언들, 일부는 고리타분하고 잘못된 양육 개념에서 나온 충고들은 예민한 부모와 그들의 아기에게는 전혀 도움이 되지 않을 뿐만 아니라, 오히려 엄마들을 무력하게 만들기까지 한다. 게다가 전통적인 방식으로 유아들을 모아놓고 놀게 하는 것 역시 '틀렸다'고 느낄 수 있다. 예민한 부모가 자신의 아이를 다른 아이들과는 다르거나 조금 특별하다고 인식하게 만들 수 있고, 예민한 아이 스스로가 불편한 상황을 견디지 못할 수 있기 때문이다. 그러한 상황에서 예민한 가족은 그 자리에 어울리지 못하고 있다는 느낌을 받고, 그 느낌은 곧 나는, 우리는 왜 이렇게 남과 다른가 하는 의문을 품게 만들어버린다. 물론 아이가 낯선 또래들과 아무 문제없이 어울리더라도 같은 무리의 사람들이 이 예민한 엄마를 한계 밖으로 밀어내는 일이 생길 수 있다. 이곳에서 그녀는 일상적인 위기를 즐겁고 행복하게 넘기는 다른 여성들을 만나고, 아이들의 감정을 인정하려는 의지가 없는 조언자도 만나게 된다.

예민한 엄마의 몸은 자신이 통제할 수 없는 호르몬 변화를 겪고 있는 데다 그런 문제만으로는 충분하지 않다는 듯 부부 관계에서도 변화를 겪게 된다.

아이를 낳는다는 것은 한 사람의 인생에서 아주 강렬한 사건이다. 아무리 철저하게 계획된 일이었다고 해도 말이다. 그리고 그로 인해 우리는 많은 위기와 예상 밖의 일들을 겪게 된다. 예민한 사람이든 그렇지 않은 사람이든 상관없이 많은 사람들이 첫 아이가 태어난 이후 심각한 인생의 위기를 겪는다. 예민한 성격이 아니었더라도 산후우울증, 불안, 공황장애, 만성피로증후군, 혹은 두려움 같은 것들은 아기를 돌봐야 하는 새로운 상황에 처하다 보면 생길 수 있는 증상이다. 그러나 예민한 사람들은 이러한 증상들을 다른 사람들보다 훨씬 심각하게 느낀다. 그들은 망가지기 쉽고 생소하며 적응하기 힘든 인생의 단계를 만나면 대부분 사회로부터 고립되고 퇴보해 버린다. 특히 아기를 낳은 직후에는 흔한 현상이다. 어마어마한 양의 이상한 지식들과 두려움이 커지는 것 이외에도, 아이를 다루는 일이나 자신이 이러한 상황을 제대로 처리하지 못할 것이라는 두려움을 느끼기 때문이다. 예민한 사람들이 일부러 모임에 빠지거나 엄마들 모임을 피한다고 해서 그들이 소속감에 전혀 신경 쓰지 않는 건 아니다. 오히려 예민한 엄마들이야말로 사회 적응이 아주 중요하며, 그 누구보다 사회적 접촉이 필요하고, 집단의 결속력을 무척이나 중요하게 생각헌다.

하지만 우리는 딜레마에 빠져 있다. 사회적 상호작용은 우리 내면의 두 가지 능력을 발휘하도록 강요하기 때문이다. 적응과 협력이라는 이 두 가지는 예민한 사람에게는 정말 큰 도전 과제다. 우리는 어쩔 수 없이 아는 사람들, 그리고 낯선 이들과 함께 공동체에 적응해 나가야만 한다. 많은 요구가 한곳에 모이면서 시간이 지날수록 그 타협점을 찾기는 점점 어렵기만 하다.

가장 최근의 예상치와 연구에 따르면 예민한 사람들은 약 15퍼센트에서 25퍼센트 정도라고 알려져 있다.[1] 열 명 정도로 구성된 무리가 있다면 보통 그 안에 두 명에서 어쩌면 네 명 정도가 예민한 사람일 수 있다는 말이다. 낯을 가려 혼자 따로 앉아 있고, 배에서 소리가 나는 것에도 부끄러움을 느끼며, 작은 자극에도 예민하게 반응하여 쉽게 두려움을 느끼거나 눈물을 흘리기도 한다. 주변 사람들이 아무런 문제없이 아이들의 기저귀 상태나 수면 습관에 대해 이야기를 나누는 와중에도, 그녀들은 마음을 활짝 열지 않는 한, 바로 옆에 앉은 사람에게도 말을 건네지 않을 것이다. 여기서 어려운 점은 다른 사람들이 우리를 금방 알아볼 수 있는 표시가 없다는 점이다. 그 말은 사람들은 그저 다른 사람의 얼굴만 볼 뿐, 그 머릿속을 들여다볼 수는 없다는 뜻이다. 만약 그것이 가능하다면 예민한 사람들은 이런 전통적인 무리 속에서 압박감을 느끼는 상황을 이제까지의 경험을 바탕으로, 마치 악마가 성수를 피하듯, 최대한 피할 수 있을지도 모른다. 본능적으로 그 공간에 당신과 비슷하게 느끼고 생각하는 누군가가 있다는 것을 알게 된다면, 그래서 그 엄마가 자신이 한 번도 들어보지 못한 노래를 서투르게 따라 부르거나 다른 사람들이 지켜보고 있는 와

중에 자신의 아이를 다독여야 하는 상황을 어색해하는 것을 본다면 기쁠지도 모른다. 사실 예민한 엄마들이 이런 모임에서 종종 어색함과 당혹감, 혹은 굴욕감마저 느끼는 것은 흔한 일이다.

오랜 기간 동안 예민한 여성들은 때때로 자신을 부적응자라고 생각하다가 그 생각을 점점 굳혀간다. 그리고 그런 상황이 자꾸 반복되면 스스로를 정상적이지 않다고 확신한다. 자기 스스로를 표현하기를 포기할 때마다 그렇게 생각한다. 다른 사람에게는 그토록 쉬워 보이는 일인데 말이다. 어쩌면 당신은 다른 사람들이 이미 다 대답을 했고 당신은 거기에 더 훌륭한 생각을 보탤 수 없기 때문에 그냥 조용히 있고 싶을 수도 있다. 아니면 주차장 상황이 어떻게 될지 몰라서 20분 먼저 도착했을 수도 있고, 누군가에게 민폐를 끼칠까 봐 보도블록 가장자리로 걷는 것을 좋아할 수도 있다. 하지만 이런 모든 상황은 항상 이런 의문을 남긴다.

나는 왜 늘 혼자인 걸까?

나는 다른 사람에게 부담스럽고 골치 아픈 존재인 걸까?

스스로 남들과 다르다고 확신하는 것은 내가 그 어떤 무리에도 낄 수 없다는 생각을 굳히게 만든다. 그런 생각은 결국 고립을 만들어낸다. 특히나 예민한 여성이 엄마가 되었을 경우에 이런 생각은 두드러진다. 아기는 완벽하게 예측 불가능한 존재이기 때문이다. 아기의 반응,

아기의 기분, 그리고 갑자기 터져 나오는 울음, 그 어떤 것도 정확히 예측하기란 불가능하다. 부모는 '시행착오'가 만들어내는 존재다. 우리는 무엇인가를 시도하고, 그것이 어쩌면 잠시 들어맞을 수도 있지만 곧 다음 단계를 밟아야 하고, 눈 깜짝할 사이에 또 다음 단계로 올라가야만 하는 순간에 부닥친다.

완전히 불안정한 상태에서 자신이 하는 일이 늘 잘못되었다는 느낌은 이제 새로운 삶에 대한 느낌이 되어버린다. 그리고 이러한 생각은, 자신이 사회적 집단과는 완전히 다르다는 생각과 더불어 예민한 엄마를 외로움 속으로 몰고 간다. 그리고 결국은 부서지게 되는 것이다. 사실 그들에게도 다른 사람들과 상호작용을 하고, 의견을 나누며, 자신을 이해하는 사람들과 사회적 집단에 속하는 것이 너무나도 중요한 일이니까 말이다.

내향적인, 혹은 외향적인

물론 정반대의 경우도 존재한다. 어디에서도 받아들여지지 못하고, 어디에도 속하지 못하며, 언제나 어디에서나 혼자라는 느낌. 늘 다르게 느끼고, 다르게 행동하고, 다르게 생각하는 사람이라는 불편하고 괴로운 느낌은 과잉 협력을 만들어내기도 한다. 이 경우에 예민한 여성은 눈에 띄지 않기 위해 모든 일을 하려 한다. 그래서 자신에게 주어진 역할이나 자신이 그나마 가장 잘 해낼 수 있는 모든 일에 협조한다.

그녀는 자신의 감정에 대해서는 입을 다물고 "안녕하세요?"라는 인사에 공허하고 피상적인 말로 대답하며, 주변 사람들이 하는 대로 옷을 입고 말하며 행동한다. 그곳이 어디든 그곳에 소속되고자 하는 욕구가 굉장히 강하다. 참고로 그들의 기질이 내향적이거나 외향적인 것과는 상관이 없다. 내향적인 특징을 가진 예민한 사람들은 대체적으로 내향적일 뿐만 아니라 낯을 많이 가리고 수동적이다. 그리고 예민한 사람들의 70퍼센트 정도가 이런 기질을 가진 사람들이기도 하다.[2] 그러나 외향적인 성향으로 파악되는 나머지 30퍼센트의 사람들이라도 '과잉 협력'에서 예외는 아니다.

훨씬 시끄럽고, 활기에 넘치고, 감정적이고, 게다가 외향적인 예민한 사람들에게는 어떤 경향이 있다. 물론 내향적인 사람들과는 다른 방향이긴 하지만 말이다. 예를 들면, 그들은 굉장히 화려하고 눈에 띄는 겉모습으로 다른 사람들의 시선을 끌거나 독특하고 파격적인 삶의 방식으로 주목받으려는 경향이 있다. 그들은 특히 좋은 목적을 가진 일, 자선활동이나 자원봉사 같은 일에 아주 큰 열정을 가지고 굉장히 빈번하게 봉사활동에 참여하고, 숭고한 목적과 이상을 자신의 개인적 영역뿐 아니라 직업적인 영역에서도 실천하려 한다. 그들은 낙원에 사는 한 마리 새이며, 그것만으로도 다른 사람들에게 이미 '다르다'는 느낌을 준다. 이것이 바로 외향적인 성향을 가진 예민한 사람들이 사회적인 자신의 역할을 받아들이는 방식이 된다. 어떤 면에서 이런 방식은 그들이 원하는 사회적 모습을 정확하게 실현해 주는 것이자, 거기에 진짜로 도달한 것과 비슷한 느낌을 경험하게 해주는 것이다.

어떤 대가를 치르더라도 집단과 사회적 무리에 반드시 적응해야만 한다는 느낌은 개개인의 인생 경험과도 아주 밀접하게 관련이 있다. 사실 예민한 사람들 전부가 다른 사람들의 기대를 반드시 충족시켜야만 한다는 생각에 사로잡혀 있는 것은 아니기 때문이다.

최근 몇 년 동안 나는 분명하게 감수성이 예민하다고 할 수 있는 많은 사람들을 만났다. 그들은 만족스럽거나 행복한 삶과는 거리가 먼 생활을 하고 있었다. 또한 자신이 속한 무리에서 인기 없는 외톨이의 역할을 자연스럽게 받아들이고 있었다.

성향이 내향적인 사람이든 외향적인 사람이든 예민한 사람들은 모두 감정에 큰 영향을 받는다. 예를 들어 수줍음이 많은 사람은 우울감과 압박감을, 활달한 사람은 분노와 공격성의 영향을 받는다. 누군가가 사회와 주변 사람들에게 문제아로 취급받는 것 같아 슬픔과 외로움을 느낄 때 다른 누군가는 부당한 대우라 느끼고 신과 세상을 향해 맹렬한 분노를 느끼기도 한다. 하지만 둘 다 자신의 인생에 대한 감정의 중심에는 이런 생각을 갖고 있다.

나는 세상 모든 사람들과 다른 사람이야!

그렇다. 우리 각자는 자신이 느끼는 감정의 처리 방식이 다를 뿐이다. 슬픔에는 힘이 있어서 당신의 삶을 절름거리게 만들고, 점점 더 무거워지게 만들며, 어디로든 당신을 따라다닌다. 분노와 공격성의 바닥에는 에너지와 아드레날린, 그리고 충동성이 자리하고 있다. 그 누구도 둘 중 나은 것이 있다고 느끼지는 못할 것이다. 물론 한 쪽이 다른 쪽보다 더 시끄럽고 두드러지기는 하지만, 둘 다 같은 방식으로 스스로를 고통스럽게 하고, 사회에서 자신을 고립시키며, 수동적으로 만든다. 때로 이것은 오해로 이어진다. 수줍음이 많은 사람들은 자신에게 집중하고, 앞으로 나아가는 이들, 즉 외향적인 사람들만이 성공하고 인기를 얻는다고 생각하는 오해 말이다.

그러나 외향적이면서 예민한 사람들은 늘 스트레스에 시달리고 있다. 언제나 바쁘고 흥분된 상태이며, 자신의 분노를 제대로 통제하지 못한다. 그들은 오히려 사람들의 눈을 피하고 싶어 하며, 이러한 혼란 속에서 자주 길을 잃고는 한다. 동시에 이 땅 위에 존재하는 인류가 이러한 혼란스러운 상황을 어떻게 다루며, 어떻게 휴식을 취할 수 있는지 전혀 이해하지 못한다.

심리학 박사이자 심리치료사 마티 올슨 레이니Marti Olsen Laney가 쓴 《내성적인 사람이 성공한다The Introvert Advantage》에 따르면, 내향적 기질과 외향적 기질의 근본적인 차이는 스트레스를 다루는 방식에 있다. 특히 '배터리'를 분해하고 다시 충전하는 법을 예로 들 수 있다. 외향적인 사람들은 다른 사람들을 만나 이야기를 나누고 우정을 쌓으며 사회적 활동과 모임, 파티나 활동을 즐긴다. 그들은 자신의 에너지를 밖으로 발산한 뒤 외부에서 다시 충전한다. 그렇다고 해서 그들이 꼭 내향적인 사람들보다 더 활기차거나 밝은 사람이라는 뜻은 아니다. 사회적 활동과 모임이 외향적인 사람들에게 이익이 된다는 뜻일 뿐이다.

반면에 내향적인 사람들은 그 반대를 선호한다. 그들은 집으로 돌아와 충전하고 조용한 활동을 통해 휴식을 취하며, 개인적인 만남과 대화를 선호한다. 혼자 있는 것을 두려워하지 않으며, 오히려 그것을 통해 창의력을 발휘하고 힘을 얻기도 한다. 그렇다고 해서 그들이 사회적 접촉을 피하거나 절대 파티에 가지 않는다는 것은 아니다. 오히려 그 반대로 그들 역시 행복감을 느끼기 위해, 많지는 않지만, 남들처럼 우정을 쌓고 사랑을 하는 인기인이 될 수도 있다. 또한 사회적 활동에 참여하고 그것에 적응하는 경험 전부를 반드시 불편하고 강요된 것으로 받아들이지는 않는다. 하지만 그럼에도 이러한 활동에는 그들이 받는 것보다 훨씬 많은 에너지를 소비해야 하는 위험이 존재한다.

내밀하고 안전한, 조용한 공간이나 자연과 함께하는 경험은 그들에게 아주 긍정적인 영향을 준다. 따라서 내향적인 성향과 예민함이 늘 두 짝의 신발처럼 같이 존재하는 것은 아니다.[3] 대부분의 예민한 사람들은 자신이 내향적인 사람인지, 외향적인 사람인지에 대한 질문을 받으면 두 가지가 혼재되어 있다고 대답하고는 한다. 이 책의 뒷부분에서 나는 예민한 기질을 가진 사람의 본성은 어떤 차이가 있는지 한 번 더 설명할 것이다.

부모와 자녀가 거쳐가는 일반적인 사회기관에서 예민함이라는 주제는 사실 그리 중요하게 받아들여지지 않는다. 그렇기 때문에 부모들은 실제로 우리가 무엇을 하고, 어떤 상황에 처해 있는지 1분도 진지하게 고민하지 않고 수년 동안 아이들을 유치원부터 학교에 이르기까지 다양한 기관에 보내는 것이다.

우리는 우리 스스로를 외계인처럼 낯선 사람으로, 조금 특별하지만 어느 곳에서도 소속감을 갖지 못하는 사람으로 느낀다. 독일 연방통계청에 따르면 2018년을 기준으로 독일에는 1억 1,300만 명가량의 엄마가 존재한다.[4] 그중 약 15퍼센트에서 25퍼센트가 예민한 사람이라고 가정한다면, 독일에는 1,700만 명에서 2,800만 명의 예민한 엄마가 존재하는 셈이다. 이걸 다른 말로 설명하자면 이렇다.

당신은 혼자가 아니다!

우리 같은 사람은 꽤 많이 존재한다! 열린 눈과 마음으로 세상에 다가가는 법을 배운다면, 그래서 우리 자신과 다른 사람에게 우리의 깊이를 알리고 거기에 집중하면, 이제껏 단점이라고 여겼던 이질감은 이 세상 어디에서든 하나의 역할을 하며 세상과 우리를 연결시켜 줄 것이다. 그렇게 된다면 우리 또한 주변 사람들을 다르게 보는 법을 배

우게 될 것이다. 우리는 우리의 감정을 다른 방식으로 다루고 평가하는 법을 배우고 섣부르게 판단하는 것을 멈추게 된다. 그렇게 되면 우리는 '예민함'이 실제로 우리가 생각하는 것보다 보통의 사람들과 공통점이 많다는 사실을 깨닫게 될 것이다. 우리는 사실 '말썽꾸러기 zappelphilipp(독일 우화에 나오는 말썽쟁이로 부모님 말을 듣지 않고 사고를 치는 필립이란 뜻으로 우리나라의 '청개구리'와 비슷한 말썽을 많이 부리는 아이를 대표하는 말 - 옮긴이)'가 보기보다 깊고 복잡한 내면을 가지고 있다는 사실을 알고 있다. 예민함이 어떤 식으로 발현되는지 아는 것만으로도 우리 자신을 비롯한 모든 것이 바뀐다. 우리의 힘만으로는 그것을 통제할 수 없으며, 다른 사람들 역시 우리의 생각보다 훨씬 더 우리와 비슷하다는 점을 이해하게 되기 때문이다.

내가 이 책에서 설명하고자 하는 뇌의 생리학적 원리와 처리 과정, 과흥분, 감정의 힘과 인식 과정의 전달에 대한 지식은 수많은 예민한 여성들과 엄마들을 해방시켜 줄 것이다. 평생을 안개 가득한 곳에 서서, 끊임없이 매달릴 난간을 찾거나 실체를 알 수 없는 혼란에 시달렸던 아네테 같은 사람들은 이제 자유롭게 앞으로 나아갈 수 있다. 뿐만 아니라 갑자기 인생의 많은 순간을 이해할 수 있을 뿐만 아니라, 논리적으로도 명확하게 받아들일 수 있게 될 것이다.

예민함이 재능이 될 수 있도록

나는 오늘 하루 있었던 일을 이야기할 때면 스스로 그 시간으로 돌아가서 나 자신을 멀리서 객관적으로 바라볼 수 있게 한다. 그리고 무언가 다른 일을 할 때나 내 인생을 변화시키기 위해 왜 나는 먼저 바닥에 내려와야 했는지 고민하는 것은 오늘을 더욱 가치 있고 보람차게 바라보기 위함이라고 여기려 한다.

사실 내 매력을 키우고 내 목적지를 밝혀준 것은 바로 나의 이야기였다. 그것들은 언제나 내 주위를 맴돌고 있으며, 때로는 내 무릎에 앉거나 내 귓가에서 작은 목소리로 속삭이곤 한다. 내 성격 중 예민함이 가장 두드러졌기 때문에 나는 다른 예민한 사람들과 아주 특별한 방식으로 연결될 수 있었다. 한때 나는 스스로를 정말 실망시켰기 때문에 이 책에 나오는 모든 방법과 적용법을 매일같이 나 자신에게 그대로 적용시켰다. 그때의 나는 예민함이 내 인생 전체를 지배하도록 그저 내버려 두었기 때문에 오늘날 나의 하루는 귀중한 전략과 의식, 결심으로 가득 차 있으며 이것은 내 상담시간에도 그대로 적용된다. 또 오랫동안 나는 나의 직감을 그저 무시했기 때문에 오늘날 나의 목소리는 나에게 가장 소중한 것이 되었다. 또한 아주 오랜 시간 동안 나의 가족들은 나와 함께 나의 예민함, 나의 성격, 그리고 궁극적으로 나 자신을 방치하는 것과 싸워왔기 때문에 많은 예민한 엄마와 그녀의 자녀들과 함께한, 가치를 따질 수 없을 정도로 소중한 지난 몇 달은 나의 마음에 깊게 간직되어 있다.

이 책은 나에 대한 것이 아니라 바로 당신에 대한 것이다. 하지만 그럼에도 나의 이야기는 당신에게 가르침을 주고, 당신을 보호하고 격려해 줄 것이다. 여러분의 출구는 아주 특별하기에 결국 당신에게 확실한 희망을 만들어줄 것이다.

오늘 나는 나의 예민함을 나의 가장 큰 장점으로 여길 것이며,
다시는 그것이 나를 지배하도록 허락하지 않을 것이라고 결심했다.

나는 당신에게 그 이상의 것을 바라지 않는다. 이 책을 통해 당신은 당신에게 좋지 않은 것을 버리고 당신의 재능을 강화하는 방법을 배울 것이다. 그리고 당신은 확신하게 될 것이다. 당신은 여기서 그 방법을 발견하고 이용하게 될 것이며, 그것을 당신의 가장 큰 힘으로 만들 것이다. 무엇보다 여기서 가장 중요한 사실은 하나의 깨달음이다.

당신은 중요한 사람이다. 당신은 그 자체로도 이미 충분하다. 또한 당신은 귀중한 존재다. 더불어 당신은 이미 당신이라는 것만으로도 괜찮다. 당신의 예민함, 섬세함, 감수성이 가득하고 열정적인 '낯선' 방법으로 말이다.

"하루는 길지만 1년은 짧다." 이 말은 아이들의 어린 시절과 모성에 관해 오랫동안 전해오는 말이다. 그러나 당신과 나, 그리고 다른 많은 사람들은 우리 아이들이 더 독립적이 되어 우리에게 덜 의지하게 되

는 날이 올 것이라고 상상도 하지 못한다. 그러다 어느 순간, 그런 순간이 눈 깜짝할 사이에 닥쳐오면 우리는 아이의 어린 시절을 제대로 즐기지 못한 것을 슬퍼하며 눈물을 흘릴 것이다.

나는 당신이 당신의 아이에 대해 무한한 애정을 가지고 있다는 것을 알고 있으며, 당신이 하는 모든 행동이 이 작은 아이를 위한 것이라는 사실도 알고 있다. 그러기 위해 당신은 매일매일 노력하는 것이다. 하지만 그럼에도 당신은 너무 자주 당신의 노력이 충분하지 않다고 생각하고, 더 나아지기 위해 더욱 노력하거나, 적어도 달라져야 한다고 생각한다.

그러나 아이들의 행복을 쥐고 있는 열쇠는

바로 당신의 행복을 향한 열쇠다.

당연히 당신은 당신의 아이가 괜찮기를 바라고 있다. 그리고 당신의 아이도 당신에게 똑같은 것을 바란다. 당신은 아이가 태어난 그 순간부터 그 아이의 전부다. 당신은 아이에게 안식처이자 아이들을 순수한 사랑으로 보호하고 있는 집이다. 그것은 사랑과 유대감에 대한 직관적인 인식이다. 당신은 아이들에게 근원이자, 시작이고 끝이다. 그러니 오늘은 바로 당신이 당신의 아이들보다 중요하지 않다고 생각할 이유가 전혀 없다는 것을 이해하는 첫 번째 날이다.

이 책은 당신과 나를 위한 책일 뿐만 아니라, 당신의 아이들을 위한 책이기도 하다. 단순히 살아남고 커가는 것이 아니라, 가정 안에서 누려야 할 삶의 모든 혜택을 받고 그것을 즐겨야만 하는 아이들 말이다. 당신의 성향과 당신의 성격, 그리고 무엇보다 고유한 당신의 감정적 특징, 바로 당신의 예민함이 조화를 이루는 속에서.

2장

예민함과 모성애

이 책을 보고 있는 당신, 예민한 여성인 당신은 아마도 아이가 태어나기 전부터 오랫동안 예민한 사람이었을 가능성이 크다. 이미 그 사실을 알고 있었다면 당신은 운이 좋은 것이다. 이 사실만으로도 사실 굉장한 것이며, 그것은 하나의 기회가 된다. 대부분의 여성들은 엄마가 되고 나서 굉장히 다른 길을 걷기 때문이다.

상담을 하면서 나는 여성들이 아이가 태어난 날 엄마가 되었을 뿐만 아니라, 감각이 아주 예민해지는 일이 흔하다는 것을 알게 되었다. 이런 현상을 나는 아이들과 우리가 연결되어 있다는 사실로 설명하곤 한다. 수십 년 동안 우리가 어떤 감정을 느끼든 그것을 잘 숨길 수 있었음에도 불구하고 말이다. 이것은 그녀들의 초능력이다. 다른 한편으로는 출산이 여성들에게 어느 것과도 비교할 수 없는 경험이기 때문이라고 설명하기도 한다. 우리는 단 몇 시간 동안 새로운 생명의 탄생이라는 기쁨과 동시에 죽음에 대한 공포를 가까이 느끼고, 어쩌면 거의 그 언저리까지 다가간 경험을 하기도 한다. 임신 기간인 40주 동안 우리는 아이와 아주 협소한 공간을 같이 공유하지만 서로를 잘 모르고, 그것은 아이가 태어난 이후에도 여전하다. 우리는 큰 고통을 겪고 가장 어려운 일을 해냈지만, 그것은 아직 시작에 불과하다.

우리는 임신 중에 어마어마한 행복 호르몬과 동시에 스트레스 호르몬에 취해 있지만 이 호르몬은 출산 직후 급격하게 줄어든다. 이러한 과정은 당연히 자연적으로 정당한 이유 때문에 일어난다. 그러나 동시에 이 과정은 여성들이 아주 특별한 여행, 자기 자신을 향한 여행을 시작하게끔 만든다. 이러한 아주 특별한 여정은 인생의 각 순간이 꿈처럼 아름다운 것만은 아니며, 때로는 무거운 짐을 들고 험난한 샛길을 걸어야만 한다는 것을 의미한다는 사실을 논리적으로 깨닫게 한다. 엄마가 되는 것은 이 과정을 거치고 반복하고 또 반복하는 것이다. 한 명, 혹은 그 이상의 아이를 둔 여성들은 전부 이러한 과정을 경험한다. 결국 단 몇 시간 만에 우리는 인생에서 가장 어려운 과제를 만나게 되는 것이다. 이렇게나 두렵고, 몸을 떨며 눈물을 흘리고 절망감을 느끼며 도움을 청해야 하는 상황을 만나면 그 누가 포기하고 싶지 않겠는가. 아이가 태어날 때까지 자신의 성향이 아주 예민하다는 것을 전혀 알지 못했던 여성들은 홍수처럼 밀려드는 감정에 빠져 허우적대는 사이에, 떨어지는 호르몬 폭탄을 맞고 이러한 현실에 완전히 자신을 맡겨버리고 만다. 시작에 불과한 생명 탄생의 과정이 끝나면 불과 단 몇 시간 만에 세상 모든 것은 완전히 달라져버린다. 예민한 여성은 그런 감정을 이해하고 논리적으로 받아들이기 전부터 직감적으로 이것을 이미 깨닫고 있는 것이다.

아마도 크리스마스 축제나 콘서트가 당신의 인생에서 큰 의미를 차지한 적은 한 번도 없었을 것이다. 바로 지금, 아이가 태어난 바로 지금 이 순간까지 말이다. 갑작스럽게도 당신의 지루했던 일상을 영위하기 위해 너무나도 많은 준비가 필요해지고, 어쩌면 그런 일상은 존재하지 않는다는 느낌마저 든다. 놀아주고 기저귀를 갈아주고 먹이고 재우고…. 당신은 하루 종일 소음과 감정 노동에 노출되어 있고, 그저 피곤하다는 이유로 크리스마스 행사나 사람들이 많이 모이는 곳에 가는 것을 꺼리는 일을 제외하고라도, 이런 종류의 행사를 더 이상 견딜 수 없게 된다. 당신의 여유와 모든 에너지는 엄마로서의 하루를 보내느라 소진된다. 하지만 걱정할 필요는 없다. 아이들이 나이가 들고 자라나면서 다시 자유로워지게 될 테니 말이다.

우리 중 많은 사람들이 아이가 태어난 이후, 그 아이에 대해 알게 되는 것보다 아이와 함께 지내는 몇 달, 혹은 몇 년 동안 자신에 대해 훨씬 더 많은 것을 배운다. 우리에게는 아직 새로 시작할 기회가 남아 있다. 우리 자신과, 그리고 우리 아이들을 위한. 그리고 우리가 제대로 물을 주지 않았던 씨앗은, 늦긴 했지만 이제 싹이 피고 자라나 결국 우리 곁에서 수많은 여름을 함께 보낼 아름다운 꽃을 피울 것이다.

감정 없는 지난 20년의 삶

나는 첫 아이 페터를 낳고 난 이후에 점점 사소한 일들에 신경 쓰느라 다양한 상황을 제대로 헤쳐나가지 못한다는 것을 깨달았다. 어쩌면 나는 평생 동안 그래 왔을지도 모른다. 단지 '이전'의 인생에서는 비교 대상을 찾지 못했을 뿐이었다. 나는 늘 엄격한 감시하에 있는 것 같은 기분이 들었다. 내가 무엇인가를 하든 하지 않든 엄마로서의 나의 결정은 그 순간부터 주위 사람들의 평가와 해석의 대상이 되었다. 가족, 친구, 그리고 지인들은 전문가이자 비평가가 되었다. 게다가 나는 내가 나의 모성애에서 무엇을 원하는지 전혀 몰랐다.

첫 번째 출산은 나를 이전과는 완전히 다른 사람으로 만들었고, 나는 어느 때보다 나 자신으로 있는 시간이 적다는 것을 알았다. 하지만 동시에 어느 때보다 생기 넘친다는 것도 알았다. 출산은 엄마뿐 아니라 아이에게도 아주 긴 여정이라는 것을 어디에선가 읽은 적이 있었고, 실제로도 겪었다. 내 몸은 내 의지와는 상관없이 변화했고, 그 과정은 몹시 고통스러웠고, 나의 상상과도 완전히 달랐다. 나는 어마어마한 피로감을 느꼈지만 잠이 문제가 아니었다. 어떤 날은 에너지 드링크를 많이 마신 것 같은 느낌이 들다가, 또 어떤 날은 고개를 들지도 못할 정도로 힘이 없었다. 페터가 태어난 지 몇 주 지나지 않았는데도 나는 극단적인 삶을 살고 있었다. 아기의 울음소리는 너무 시끄러웠고, 밤은 너무 짧았으며, 반면에 낮은 끝도 없이 길었다. 고통은 점점 심해졌고 늘 초긴장 상태였다.

나는 틈만 나면 울었지만, 그 사실에 대해서는 잘 말하지 않았다. 내 아들은 끊임없이 지금 이 순간, 바로 여기 이곳 현실로 돌아와 당장 자신을 돌보라고 나를 압박했지만, 나를 사로잡고 있는 것들은 전부

과거였기 때문이었다. 나의 감각과 감정은 어느 때보다 분명하고 강렬해졌고, 나는 그것을 없애기 위해 에너지의 대부분을 소비했다. 문제를 해결할 시간도 가능성도 이해도 없었다. 페터 이전의 삶을 돌이켜보면 나는 내 감정을 상당히 부정적으로 받아들였다. 사람들은 항상 나를 예민한 사람이라고 불렀고, 내 성격에 대해 약간은 '지나치게 착하다'라고 평했다. 나를 칭하는 이러한 '정의'는 아주 가까운 가족이나 부모님의 친구들, 선생님, 그리고 다른 어른들의 느낌이었다.

나는 좁은 공간에서 하루 종일 수업을 받을 능력이 없었기 때문에 늘 학교와 갈등을 겪었다. 하지만 엄마는 그때마다 완벽한 해결법을 알고 있었다. 크나큰 공감능력 덕분에 나는 열네 살 이후로는 동물로 만든 어떤 음식도 먹지 않았다. 우리 동네 작은 아시아 상점에서 산 두부를 맛본 사람들은 모두 혹평했지만 나는 아니었다.

어렸을 때부터 나는 오후 시간과 주말을 글쓰는 것으로 보냈다. 이야기들은 서로 연결되지 않았지만, 나는 그것을 하나의 책으로 완성해야만 했다. 블로그 같은 건 존재하지도 않았다. 모뎀을 켜면 여전히 전화 연결음이 들리던 그런 시대였으니 말이다. 글을 쓰지 않고는 일상생활을 견딜 수가 없었다. 내 머릿속에서 이 혼란을 해결해 달라고 계속 소리치고 있었기 때문이다. 글쓰기는 나의 충실한 동반자였고, 나는 내 인생의 거의 모든 사건을 글로 기록했다. 글을 쓰다보면 생각이 정리되었다. 생각이 마무리되면 그것을 기록하기 시작했고, 그럴 때 나는 완전한 나 자신과 함께였다.

글쓰기는 나에게 명상이었다. 내 머릿속은 단 한순간도 조용하지 않았기 때문에 어떤 명상도 할 수 없었다. 남편에게 이런 이야기를 하면 그는 아마 나의 이런 특징을 전혀 이해할 수 없을 것이다. 그는 스트레스가 쌓이면 잠시 짬을 내어 거실 소파나 정원 의자에 앉아 편안하게 휴식을 취하면서 아무 생각도 하지 않을 수 있는 사람이다. 그는 화면에 집중하면 잡생각을 떨칠 수 있기 때문에 텔레비전 보는 것을 즐긴다. 별로 떠올리고 싶지 않은 것은 생각하지 않아도 되는 선물 같은 특징에 대해 그는 아주 따뜻하고 기쁘게 이야기한다. 나에게 그런 날들은 상상할 수도 없다. 단 한순간도 내 인생에서 생각이 없었던 날은 존재하지 않았다. 내 머리 위에서는 늘 천둥 번개가 쳤다. 생각들이 포효하며 번쩍였고, 천둥 치는 소리가 고막에서 울렸으며, 마음속에서는 자주 비가 내렸다. 특별히 힘들었던 날이어서가 아니라, 그냥 내가 불만족스럽고 불행했기 때문이다. 번개처럼 번쩍이는 생각들이 너무 많았고, 너무 시끄럽고, 너무 혼란스럽고, 너무나도 마구잡이였다. 매일매일 그런 생각들이 쌓이고 넘쳐났다.

무엇보다도 내 인생은 내가 어디에도 소속되지 못한다는 느낌에 휩싸인 채 흘러가고 있었다. 거의 모든 인생의 단계마다, 학교에서 돌아온 지 한참이 지나도록 정신적으로 불안정했고, 매일 눈물을 흘렸고, 몇 주 동안이나 극심한 육체적 피로를 느끼곤 했다. 이전의 삶에서 나는 단 한 번도 기분이 좋았던 적이 없었고, 그런 기분을 바꿀 수도 없었을 뿐더러, 그럴 자격도 없다고 확신했다. 그렇기에 나는 나를 더 몰아붙였고, 더 많은 것을 성취하여 어딘가에 도착해 마침내 어딘가에 소속되었다. 그제야 너무 많은 생각과 느낌과 감정, 그리고 그것에 압도당하는 것을 멈추었다.

거의 8년 동안 나의 일상은 똑같았다. 알람이 울리고, 일을 하고, 먹고, 잠을 자는 것. 주말에는 사람들과 어울리기 위해 클럽에서 시간을 보내고, 잊기 위해 (혹은 어울리기 위해) 술을 마셨다. 어딘가 소속되기 위해 높은 굽의 힐을 신고, 지금은 남편이 된 동료와 싸웠다. 그는 나의 감정을 받아주었고 나의 깊은 마음속을 들여다보고 그것을 견뎌내는 유일하고 진정한 친구가 되어주었다. 나는 친구가 없었다. 적어도 진정한 친구가 없었고, 무엇보다 이야기를 나눌 사람이 없다는 사실이 나를 더욱 우울하게 했다. 나는 글쓰기를 그만두고 '반대로' 콘서트에 갔다. 감정 없는 20년의 세월이 흘렀고, 나는 여전히 완벽하게 보통인 사람들 사이에 있는 외로운 이방인이라고 느꼈다. 이제는 더 이상 힘이 없었다. 그렇게 나는 내가 누구인지도 모른 상태로 살아왔다. 첫 아이를 임신하기 전까지 말이다.

예민한 여성에서 예민한 엄마로

아이를 낳은 직후에는 모든 것이 훨씬 연약하게 느껴질 수도 있다. 모든 순간, 특히 행복으로 가득한 멋진 순간들은 이전보다 훨씬 큰 의미를 가진다. 아이의 작은 움직임 하나, 아이가 눈을 깜빡이는 것조차 소중하고, 스트레스에 무너져 다시는 일어나지 못할 것 같은 날도 결국은 가치 있는 날이 된다. 녹초가 되어 쓰러지는 그날들도 사실은 당신의 인생에서 가장 중요한 사람과 함께 보낸 것이다. 엄마들은 본능적으로 아이들이 얼마나 소중한 존재인지 알고 있다. 이 모든 것들이 얼마나 값진 것인지는 설명할 필요가 없다. 상담한 지 몇 주가 지나고 나서 아네테는 나에게 딸을 낳은 이후 진정으로 만족스러운 삶을 사는 것이 어떤 기분인지 처음으로 이해하게 되었다고 말했다.

바로 그런 느낌이 우리를 자주 힘들게 만든다. 우리는 그런 느낌이 드는 순간에 이렇게나 값지고 소중한 감정들이 왜 우리의 마음과 영혼에 특별한 감동을 주었다가, 동시에 왜 이렇게나 우리를 힘들게 하는지 의문을 품기 때문이다. 우리는 때때로 누군가에게 생명을 선물한 것에 대해 벌을 받는다고 느끼기도 한다. 최고가 아니면 안 되기 때문에 모욕적으로 느끼기도 한다. 어떻게 기쁨과 고통이 이렇게나 가까이 있는 걸까? 내가 그토록이나 간절하게 원하고 내 삶을 무한히 풍요롭게 해줄 것이라 여겼던 일이 왜 나를 이토록 고통스럽게 하는 걸까? 그저 가족과 함께 보내는 단순한 일상이 어떻게 이렇게 갑자기 나의 모든 에너지를 바닥내고 더 이상 즐길 여지조차 남기지 않을까? 왜 나는 여기에 살아남아 있으며, 언제쯤 마침내 편안함과 평온을 찾게 될까? 우린 이런 질문을 스스로에게 자주 던진다.

나는 내가 자신을 숨 쉬게 하는 공기인 듯 끊임없이 나를 필요로 하는 아기와 함께한 첫 달에 이런 질문을 던졌다. 아기는 계속 울었고 비명과 눈물 섞인 나의 행동에 답했다. 나는 내가 가치 없다고 느꼈고 모든 것에 실패를 거듭하고 있다는 느낌을 지울 수 없었다. 나에 대한 부정적인 생각, 퇴색한 자존감과 내면의 신념, 이 모든 것들이 나에게 충고를 했고, 그것들은 나를 다시 절망스럽게 만들었다. 나는 내가 새로운 역할에 잘 적응하지 못한다고 생각했다. 첫 아이를 키우는 과정이 너무 험난했다는 사실이 도움이 되지 않을 수도 있지만, 나는 다른 아이, 그러니까 훨씬 덜 예민한 둘째 아이를 가졌다 하더라도 그다지 다르게 생각하지 않았으리라 확신한다. 그렇기에 '쉽고' 덜 예민한 아이를 가진 다른 예민한 엄마들의 사정도 그리 다르지는 않다. 예민함이라는 특성 자체가, 새로운 인생을 받아들이는 당신의 방식과 방법이 당신의 상황을 특별하고 아주 복잡하게 만들기 때문이다. 스트레스와 긴장감, 엄마라는 역할, 새로운 일상과 새로운 행동 방식, 이 모든 것은 아주 주관적이고 매우 개인적인 것으로 여겨진다. 예민한 엄마들은 바로 이러한 인생의 과정에 큰 압박감을 느끼고, 그 과정에서 평균보다 더 크게 좌절감을 느끼고 불안해할 가능성이 크다. 아이의 기질과 상관없이 말이다.

단언컨대 아이가 태어나기 전까지는 단 한 번도 해보지 않던 의문들이 많이 생길 것이다. 바로 내가 그랬던 것처럼 말이다. 주변에는 믿을 수 없을 만큼 많은 엄마들이 있다. 그리고 지금 여기에 당신의 아이가 있고, 시간은 점점 부족해지기 때문에 당신은 믿기지 않을 정도로 많은 중요한 일을 한번에 파악하고 실행하고 결정해야만 한다. 당신은 하룻밤 사이에 이 세상에서 가장 힘들고 중요한 사업의 매니저가 되었다. 아무도 당신에게 해야 할 일을 인수인계해 주지도 가르쳐 주지도 않았으며, 수습 기간이 끝난 다음에도 배워야 할 일은 끝나지 않는다. 그렇다. 당신의 직무는 계속 바뀌고, 일이 잘 돌아가고 있다고 생각하는 바로 그 순간에 늘 주가가 폭락하고, 최악의 경우에는 동료가 아프다. 게다가 이런 일만으로는 상황이 충분히 복잡하지 않다는 듯이, 어느 날 갑자기 당신의 호르몬이 당신의 감정과 생각을 완전히 헤집어놓고 있다는 사실을 깨달을 것이다.

당신의 이전 직장이나 인생에서 이런 일들은 큰 문제가 되지 않았다. 당신은 많은 일들을 수월하게 해냈다. 그렇다면 왜 아이가 태어난 이후 모든 것이 갑자기 이렇게 힘들어진 것일까?

예전에 당신의 예민함은 당신 인생의 일부였다.

하지만 엄마가 된 지금만큼 예민함이 필요했던 적은 없었다.

이제 당신의 인생에는 아이 같은 소중한 존재가 생겼으니 예민함을 제대로 발휘할 수 있다. 당신은 모든 것을 느끼고 경험할 수 있다. 당신은 단지 슬픔이나 외로움, 스트레스, 피로감 같은, 가끔 숨을 크게 들이쉬어야 하는 감정들만 느끼는 것이 아니라, 마법 같은 감정들도 경험한다. 찰나의 부드러움, 포옹하는 순간의 만족감, 아이가 웃을 때

느끼는 행복감, 이 모든 것들을 만드는 많고 작은 순간들에 대한 감사. 당신은 아이에게 입을 맞추는 기쁨을 느낄 수 있으며, '엄마 사랑해요'라는 글자 하나하나는 당신의 심장을 부드럽게 어루만져 준다.

당신은 아이가 처음으로 밸런스 바이크(두발자전거를 타기에는 아직 어린 아이들을 위한 자전거로 페달이 없어 아이 스스로 달리듯 발을 굴러 균형을 잡고 탄다. 아이 의지대로 속도를 내기 쉽지만 그만큼 균형을 잃으면 넘어져 다치기도 쉽다 - 옮긴이)를 타거나 놀이터에서 놀이기구를 기어오를 때 두려움으로 혈관 속에서 피가 거세게 흐르는 소리를 듣는다. 하지만 이런 감정은 아이가 처음으로 학교를 가거나 처음으로 시험을 보고, 혹은 처음으로 남자친구나 여자친구를 만났을 때에도 일어난다. 당신의 가족만큼 소중한 것은 단언컨대 절대 존재하지 않을 것이다. 몸에 있는 모공 하나에서도, 모든 신경세포에서도 당신은 느낄 수 있다. 가족이 당신의 전부라는 것을 말이다.

당신은 인생의 초점을 다시 맞추고 인생의 모든 순간을 당신의 삶을 지탱하는 기둥으로 만드는 법을 배울 수 있다. 당신은 특히 더 많이, 그리고 더 깊이 느낀다. 당신은 당신의 인생에 기쁨과 감사를 덧붙여 그것이 자신의 내면의 목소리가 되게 하는 법을 배울 수 있다. 지치고 힘들었던 날들은 이제 점점 줄어들어야만 할 것이다.

당신의 예민함은 매혹적이고, 영감을 불러일으키며, 아름다운 것이다. 그것은 귀한 특징이며, 가치 있으며, 새로운 아이디어를 만들어낸다. 그리고 사람들과 특별한 관계를 맺게 하고, 모든 생명체와 깊은 유대를 갖게 하며, 우리 주변의 세계와 우리의 삶에 대해 감사한 마음을 갖도록 만든다. 무엇보다 아이들과 함께 있다는 것이 그렇다! 그러나 그러한 감각은 당신을 통제하고 지배하기도 한다. 당신의 상사처럼 당신을 손아귀에 넣으려고 끊임없이 노력한다. 만약 그러한 감각에 지배당하면 당신의 인생은 돌투성이의 거친 땅에서 눈이 먼 채로 존재하지도 않는 목표를 향해 거친 추격전을 벌이는 험난한 여정이 되어버리는 것이다. 그러니 그것과 게임을 하지도, 그 생각과 논쟁을 벌이지도 말고, 그것이 말하는 생각을 절대 믿어서는 안 된다! 예민함이 당신의 하루를 온통 차지하도록 내버려둔다면 당신은 절망에 빠질 수도 있다. 그러나 그런 결과는 당신의 감각 때문에 벌어진 일이 아니다. 당신 때문에 벌어진 일이다.

예민함이라는 감각이 당신의 의식에 하나의 장점으로 자리 잡게 된다면, 예를 들어 높은 공감력과 창의력, 상상력, 놀라운 기억력과 상냥함 같은 것들이 깨어난다면, 당신의 삶은 더욱 풍요롭게 채워질 것이다. 그렇게 된다면 당신은 무엇이 당신을 특별하게 만들 수 있는지 정확히 알게 될 것이고, 주변 상황도 변화될 수 있음을 이해하게 될 것이다.

완벽함은 우리가 오래 유지할 수 없는 상태다.

이미 평온하다 할지라도!

나는 예민한 엄마가 된다는 것은 아주 큰 선물이라고 생각한다. 나의 예민함으로 결국 내 연구의 이유이자 동기가 되었던 내 아이를 특히 잘 이해할 수 있었기 때문이다. 예민함은 사람들의 진짜 모습을 바라볼 수 있게 도와준다. 화장과 옷, 그리고 그들의 말 뒤에 있는 진짜 그들의 모습을 말이다. 예민함은 내가 어리석은 결정을 할 때마다 몸속 어딘가에서 경고의 느낌을 보내곤 한다. 그 느낌은 모든 것이 명확해야만 확신할 수 있게 했고 공감능력을 주었다. 다른 부모들이나 아이들, 그리고 내 주변 사람들에 대해서 말이다. 혹은 그보다 훨씬 더 많은 것들에 대해서, 그리고 무엇보다 나의 한계와 동시에 발전 가능성도 보여주었다. 나는 한 명의 인간이자 인격체로 아직 채울 수 있는 영역이 많다. 그것을 위해 나는 누군가, 혹은 무엇인가가 '더 나아지기 위해' 일을 하는 것이 아니라, 매 순간을 온전히 즐기기 위해 일할 수 있었다. 우리 모두는 그만한 가치가 있다.

나는 태어날 때부터 엄마가 아니었고, 내 아이들의 엄마가 되는 법을 배우는 것은 너무나도 멀고 먼 여정이었다. 나는 굉장히 예민한 사람으로 태어났다. 아마 당신은 모를 것이다. 인생을 살아가고 그것을 처리하는 것을 배우는 과정은 그렇게 어렵지 않은 일이라는 것을. 그리고 그 끝에는 항상 보상이 있다는 것을.

예민한 모성애가 빠지는 함정

부모가 끊임없이 관찰당하고 평가받는 것은 어쩌면 하나의 사회적 문제다. 아무런 말 없이 조용히 살아가는 것은 사실상 불가능하다. 주변의 의견을 듣지 않기 위해 가족과 함께 집에서 고립되는 일은 인간의 유전적 특징과도 더 이상 맞지 않다. 사회적 동물이자 무리를 지어 생활하는 것이 인간의 역사적 특징이기 때문이다. 우리 선조들의 시대를 살펴보면 오늘날처럼 부모가 홀로 자녀를 양육한 적이 한 번도 없었다는 것을 금방 알 수 있다. 이전 세대의 가족은 씨족 집단을 이루어 살거나 적어도 한집에 몇 대가 모여 살았다. 자매들과 고모, 숙모, 그리고 친어머니가 아이를 낳은 이후에 모유 수유와 육아, 다른 모든 일을 도왔기 때문에 부모, 특히 갓 엄마가 된 사람은 당연히 지금보다 훨씬 덜 외로웠다. 나의 엄마는 그 시절에 대해, 물론 모든 일이 항상 순조롭지는 않았다고 이야기하고는 한다. 당시에도 갓 부모가 된 사람들은 오늘날과 마찬가지로 간섭하는 가족에게 짜증이 났을 것이다. 게다가 폭력은 일상적인 일이었다. 모두가 아이를 조금씩 나누어 양육했고, 아이들은 그때그때 아이를 돌볼 수 있는 가족 구성원에게 맡겨졌다. 누군가가 보고 싶지 않거나 집을 나가고 싶으면 혼자 해결해야 했다. 빈곤은 드물지 않은 일이었고, 그것은 또 다른 극심한 스트레스가 되었다. 그렇게 딜레마가 시작되었다.

사실 진화론적 관점에서 볼 때 인간이 집단의 도움 없이 온전하게 자식을 키우는 건 거의 불가능한 일이다. 그리고 그 과정을 볼 때 우리가 예민한 사람에 대해서 이야기하는지, 그렇지 않은 사람에 대해 이야기하는지 전혀 상관없는 일이다. 1년이나 2년 동안 육아휴직을 하며 일상생활에서 어떤 지원도 없이 홀로 아이와 시간을 보낸 사람들은 이미 때가 늦었을 무렵에 공허함이라는 감정을 겨우 깨닫는다. 그리고 우리는 종종 우리가 놓치고 있는 것이 사실은 인류의 특징적 요인이라는 것을 깨닫지 못한다. 하지만 아무리 부정하려 해도 인류라는 종족의 특성은 DNA의 일부다. 따라서 분명히 남들보다 훨씬 더 많은 스트레스를 느끼고 외부 자극에 균형이 금방 깨져버리는 예민한 뇌가 외부 지원을 받지 못할 때 큰 스트레스를 느끼며 병들어간다는 사실은 놀라운 일이 아니다.

그리고 바로 거기에 예민한 엄마의 가장 큰 함정 하나가 숨어 있다. 스트레스가 갑자기 일상이 되어버리는 것이다. 당신은 사우나나 좋아하는 카페, 공원에서 가장 친한 친구와 시간을 보낸 일, 아니면 가장 좋아하는 일을 떠올릴 수 있는가? 아이가 없던 시절에 어떻게 행동했는지 떠올려보면, 임신을 했다는 한 가지 사실만 바뀌었을 뿐이지만 적어도 아이를 낳은 이후에 당신의 모든 결정이 바뀌었다는 것을 금방 알게 될 것이다. 바로 당신의 자기 결정권이 말이다. 모든 일이 아이를 낳으면서 멀어진 것 같고, 아무리 노력한다 해도 그것을 새로운 일상에 다시 맞출 수는 없을 것이다.

— **모리:** 저를 가장 괴롭히고 힘들게 하는 느낌은 이질감이에요. 그런 느낌이 들면 정말 기절할 것 같아요. 저는 무언가를 요구하는 것에 아주 서툴어요. 아이를 키우면서 느낀 것은 평범한 일이 더 이상은 가능하지 않다는 거예요. 이 장소에서 다음 장소로 이동하는 것 같은 일 말이죠. 딸아이가 9개월이 다 되어가던 어느 날을 정확하게 기억해요. 우리는 크리스마스 마켓에 가려고 했죠. 하지만 근처에도 가볼 수 없었어요. 집을 나갈 수조차 없었거든요. 아이가 방한복을 입으려 하지 않았으니까요. 딸아이는 어떤 점퍼를 입혀도 죄다 벗어 던졌어요. 내 품에 안겨서 내려갈 생각도 하지 않았고, 유모차는 물론 어떤 것도 타려고 하지 않았어요…. 세 번 정도 시도하는 동안 하루가 지나가버렸고 저는 완전히 지쳤어요. 내 스스로 결정하는 것, 그 이상은 바라지도 않아요.

일상적 스트레스가 때로는 당신을 미치게 만드는 것 같은 기분이 들 것이다. 예전에도 이렇게 힘들었던 적이 있었을까 싶다. 하지만 걱정할 필요는 없다. 나 역시 그랬기 때문이다. 그리고 다른 모든 예민한 사람들도 마찬가지다. 사실 그 이유는 아주 간단하게 설명할 수 있다. 아이가 생기기 이전에 당신은 누군가에게 휴식이 필요하다는 사실을 납득시킬 필요가 없었기 때문이다. 그러나 아이가 생기고 나자 사람들은 갑자기 당신에게 많은 것을 요구하기 시작한다. 그들은 자신들이 모든 것을 알고 있으며 당신도 그대로 할 것을 요구한다. 당신은 그들이 당신을 판단할 자격이 없다는 것을 깨달아야만 했지만, 그럼에도 그들의 말은 당신에게 상처를 입힌다. 그들의 시선, 길고 힘든 하루, 짧은 밤, 아이들의 요구, 새로운 역할과 이것에 대한 완전히 새로운 느낌, 그리고 이러한 노력이 실제로 어떤 느낌인지는 스트레스를 완전히 새롭게 정의한다. 스트레스는 더 이상 견디기 힘든 것이어서 때때로 당신은 비명을 지르며 도망가고 싶다. 하지만 그러는 중에 당신은 완전히 새롭게 재정의되어야 한다고 느끼는 감정이 있음을 알게 된다. 바로 사랑이다. 당신은 아이 때문에 생기는 폭발적인 감정과 온몸을 감싸고 있는 끊임없이 스트레스 사이에서 고민을 거듭한다.

— **제이미:** 저는 아기를 낳고 첫해에 느끼는 이질감이 가장 끔찍하다고 생각해요. 특히 첫아이는 저한테 너무 집착했어요. 마치 감옥에 갇힌 기분이 들어서 거기서 빠져나와야만 할 것 같았죠. 그래서 저를 위한 무언가를 했고 아이를 떼어놓고 학원을 다니기도 했어요. 그건 사실 미친 짓이기도 했어요. 예민한 아이와 단둘이 하루 종일 집에 있어야 하는 게 너무 힘들어서 누구에게 물어보지 않고 혼자 결정한 일이었으니까요.

— **세린:** 지나고 보니 아주 잘한 결정이었어요. 내 삶 어딘가에는 여전히 '나'라는 존재가 있었고 내 자신에게 집중할 수 있었는데, 그것은 새로운 도전이기는 했지만 나를 짓누르지는 않았어요. 내 일을 할 수 있게 되자, 생각했던 것만큼 제가 나쁜 엄마는 아니더라고요.

아이에게 이질감을 느끼고 아이의 요구에 휘둘리고 있다면 당신은 아마도 삶의 질이 많이 떨어졌다고 느낄 것이다. 아마 당신 역시 다른 많은 (예민한) 엄마들처럼 집 안에 당신을 도와줄 가족이 없을 것이고, 그 상황을 해결할 방법을 찾지 못했을 것이다. 하지만 이 책을 읽고 있는 당신은 알게 될 것이다. 당신을 지지하는 사람들의 수가 문제가 아니라 질이 중요하다는 사실을. 더 정확히 말하자면 관계의 질 말이다. 당신의 성격적 특성 때문에 많은 편견이 들더라도, 당신 스스로 답을 찾아내고 행복해질 수 있다는 것을 이해해야 한다.

앞에서 예민함을 테스트해 보는 28개의 질문을 만나 보았다. 인간은 지성과 감성으로 이루어져 있으며 상대를 멈추게 할 수 있는 능력 또한 가지고 있다. 물론 같이 달리게 할 수도 있다. 당신이 지금까지 예민한 엄마들의 다양한 이야기에 공감했다면, 그 느낌은 테스트의 결과만큼이나 중요한 것이다. 어느 것도 단독으로 존재하지 않는다. 감정의 강도를 조절하는 것이 가능해지고 그러한 성향에 대한 지식을 얻는 것은 아주 중요하다. 심리적 회복 능력인 회복 탄력성은 엄마로서 반드시 필요하고 꼭 갖추어야 하는 것이다. 우리는 각 장이 끝날 때마다 그런 능력을 연습하고 자신을 발전시키기 위한 잠재력을 이끌어낼 것이다. 분명히 당신의 예민한 모성은 당신의 앞길을 막고 있는 것처럼 보이는 걸림돌과 장애물을 만든다. 하지만 지성과 감성은 우리에게 그것을 피할 작은 샛길 또한 안내할 것이다.

예민함에 대하여

당신의 성향이 현재의 삶의 단계와 어떻게 연관되어 있는지, 그리고 어떻게 그 두 가지가 함께, 혹은 반대로 작용하는지 이해하려면 당신의 의지와 상관없이 예민함이 어떻게 뇌에 혼란을 일으키는지 아는 것이 중요하다. 이 책에서 나는 먼저 당신을 당신의 몸속으로 데려갈 것이다. 당신의 뇌, 심장, 그리고 당신에게 심한 상처를 줄 수 있는 다른 영역들로. 예민함은 육체적으로도, 그리고 당연히 정신적으로도 다양한 측면에서 영향을 끼친다. 이 모든 것은 하나의 중심, 즉 변연계라 불리는 뇌의 한 가운데 있는, 신체적으로 감정의 중심이라 불리는 곳에서 시작된다.

내면을 여행하기 위해서 항상 전문가의 도움이 필요한 것은 아니다. 그리고 이 책이 그런 전문성을 대체할 수 있는 것도 아니라는 점을 이야기하고 싶다. 당신이 내면을 여행하는 도중 언제라도 자신의 지식을 누군가와 나누어야 할 필요를 느끼거나 심리적 지원이 도움이 된다는 생각이 들 때, 또는 정말 어떻게 해야 할지 모를 때에는 도움을 줄 수 있는 사람의 주소를 찾아보거나 당신이 믿는 친구에게 연락해 보는 것이 좋다. 아마 만나보고 싶은 심리치료사나 코치가 있을 것이다. 유감스럽지만 이 책만으로는 당신에게 맞는 개인적 심리상담을 할 수가 없다. 무엇보다 치료법은 애초에 존재하지 않는다.

예민함에 대한 연구, 어디까지 왔을까?

오늘날에도 여전히 고감도/예민함 분야[5]의 선구자로 손꼽히는 과학자이자 심리학자인 일레인 아론Elaine Aron 박사가 이끄는 연구팀은 1991년 고감도에 대해 집중적으로 연구했다. 총 7개의 고감도/예민함에 대한 연구를 통해 예전에는 내성적인 특징으로 인식되던 것과의 연관성을 처음으로 밝혔고(1968년 1975년 Eysenck, 1994년 Kagan) 감정적인 것과 어린 시절 경험과의 관계도 밝혔다(회복탄력성 연구, Resilienzforschung, Werner 1989).[6] 그들은 지난 몇 년 동안 관찰한 내용을 바탕으로 아주 예민한 사람들이 공통적으로 갖고 있는 특성을 골라내기 위해 테스트를 시작했다. 연구팀은 예민한 엄마와 예민한 아이들을 면담할 때 사용할 일련의 질문을 만들었다.

첫 번째 연구를 위해 연구진은 미국 산타크루스에 있는 캘리포니아 대학의 신문에 심리학과 학생 중에서 인터뷰를 진행할 예민한 사람을 모집한다는 광고를 냈고, 다른 신문에는 예술전공 학생을 모집한다는 광고를 냈다. 연구팀은 예민하거나 스스로 예민하다고 생각하는 사람들을 찾고 있다고 밝히면서 내성적인 성격이나 외부 자극을 받았을 때 압도되는 성향의 사람들을 예로 들었다. 그리고 인터뷰에 응한 사람들은 2시간에서 3시간 정도 설문조사에 임할 예정이고, 개인사와 내면적인 삶, 어린 시절에 대한 질문이 많이 포함될 것이며, 보수는 없다고 덧붙였다. 이런 엄격한 요구에도 응모자의 약 90퍼센트의 사람들이 요구에 응했다. 첫 번째 연구에서 연구팀은 18세에서 66세 사이의 참가자 39명을 모았다.

인터뷰는 참가자의 배경에 대한 질문으로 시작하여 스스로의 기대치와 본인의 예민함에 대한 평가 등 일반적인 질문을 몇 개 한 다음, 자신의 정서적 세계와 개인사, 그리고 어린 시절 같은 아주 개인적인 주제로 질문을 바꾸었다. 마지막 질문에는 참가자의 애착 유형을 알아볼 수 있는 질문이 기다리고 있었다.

아론과 그녀의 연구진이 행한 첫 번째 연구에서 50퍼센트의 사람들이 예민함에 대해 진지하게 고민해 본 적이 있다고 답했다. 일부는 처음으로 예민함을 느꼈고 자신이 예민한 사람인 것 같다고 답했다. 단 세 명만이 자신은 예민하지 않다고 답했을 뿐이다. 인터뷰를 끝낸 36명 중 24명은 자신을 내향적인 사람으로, 7명은 자신을 외향적인 사람이라고 답했다(나머지는 모르겠다거나 그 중간이라고 답했다). 모두 자신의 애착 유형에 대한 설문을 작성했고, 12명이 완전애착, 15명이 회피 유형, 불완전 애착이 4명이었다. 어린 시절에 대해 질문했을 때 응답자의 대부분이 좋은 유년기를 보냈음에도 아주 예민하다는 것이 밝혀졌기 때문에 유년기와 예민함의 관계에 대한 추가 연구가 이루어졌다. 예민함은 타고나는 것인지, 아니면 수년에 걸쳐 만들어지는 것인지가 분명해져야 했기 때문이다.

이 설문에 응한 사람들의 70퍼센트 이상이 자신은 다른 사람들과는 다른 느낌을 받는다고 말했다. 특히 휴식이 필요하거나 자극을 줄여야 할 상황이 되었을 때 그 현상은 두드러졌다. 그들은 영적인 것이나 강렬한 꿈에 대한 인식, 그리고 과도한 부담감이나 경쟁 상황에 놓였을 때 그런 성향을 보였다. 예를 들자면, 그들은 실패에 대한 두려움으로 괴로워하고 있었다. 큰 실수를 하거나 직장에서 감시받는 것, 사회적 평판에 힘들어 했고, 데이트를 하는 중에도, 아니면 사회적으로나 가족으로부터도 큰 부담감을 느끼고 있었다.

아론은 다른 대학에서도 무작위로 전화설문을 진행해 6건의 추가 연구를 했고, 마침내 1997년 논문집을 내고 1996년 책을 출판하여 자신의 연구 결과를 발표했다.

- 기록된 자료는 명확한 기준점이 있기 때문에 고감도/예민함은 이제 확실한 하나의 독립적 특징으로 정의될 수 있다.
- 처음 가설 그대로, 내향적인 것과 예민함은 서로 연관이 있을 수는 있지만 필연적인 것은 아니다.
- 아주 감정적이고 감수성이 높은 사람들은 높은 확률로 고감도와 관련이 있지만, 그렇다고 절대적으로 동일한 것은 아니다(고감도의 사람들은 감정적이고 감수성이 뛰어나지만, 그렇다고 감정적인 사람들이 전부 고감도인 것은 아니다).

- 고감도는 내성적이고 감성적인 것들의 조합이 아니라 단독적인 특징이다.
- 이러한 특징은 유전과 아주 밀접한 관련이 있다는 가설이 확인되었다.
- 일곱 번의 모든 연구에서 남성보다 여성의 민감도가 훨씬 높았지만, 이는 의미 있는 차이를 뜻하는 것은 아니다. 이런 차이는 감성적이어서는 안 된다는 서구적 남성성이 지배하는 문화와 더 관련이 깊다는 가설이 제기된다. 적어도 현재까지 두 성별 중 하나가 다른 성별보다 훨씬 더 민감도에 예민한 경향이 있다는 증거는 없다.

이러한 연구 결과를 토대로 아론은 성인과 어린이를 위한 심리 측정 척도인 '고민감성 척도Highly Sensitive Person Scale', 즉 HSPS를 개발했고, 이는 오늘날에도 과학적이라고 인정받고 있다. 이를 토대로 아론은 새로운 연구와 심리 평가를 위해 오늘날에도 여전히 자주 사용되고 있는 (자가)심리 테스트를 만들어냈다. 이는 총 27개의 질문으로 구성되어 있다.[7]

아론은 고도로 민감한 사람들의 특성을 '감각 처리 민감성Sensory Processing Sensitivity'이라는 용어로 요약하고 "내부와 외부의 자극에 민감하게 반응하는 것을 특징으로 하는 기질/성격"이라고 정의했다.[8]

'매우 민감한 사람'이라는 용어는 독일어로 '고감도'라고 번역되었다. 아론은 이 연구를 토대로 책을 출간했다. 그 책이 바로 출판된 지 거의 20년이 지난 오늘날까지도 이 분야의 바이블로 평가받는《타인보다 더 민감한 사람The Highly Sensitive Person》, 그리고《예민한 부모를 위한 심리 수업The Highly Sensitive Parent》이다.

아론과 연구팀이 무엇보다 관심을 가졌던 것은 아주 예민한 이 특정 그룹들의 유사성이었다. 초기 연구의 일부에서 아론은 특히 억압되고 내성적인 아이들에 대한 연구를 진행한 제롬 케이건Jerome Kagan을 참고했다. 그의 연구팀 발표에 따르면, 주요 영어권 국가에서는 많은 연구 결과가 발표되었지만 다른 연구에 비해 고감도에 대한 연구는 아직 미미한 수준이다. 20년이라는 시간은 학문적으로 그렇게 긴 시간이 아니기 때문에 아직 우리의 지식은 그리 충분하지 않다. 이는 이 주제가 많은 사람들에게 알려지지 않았고, 특히 의료계와 교육 분야에 상대적으로 덜 알려졌다는 뜻이다. 그러나 독일은 물론 해외에서도 다양한 조사와 연구가 진행 중이니 우리는 앞으로 향후 몇 년 동안 고감도/예민함에 대해 훨씬 더 많은 것을 알게 될 것이다. 따라서 지금까지 알려진 것들이 그렇게 쓸모 있다고 말할 수는 없다. 이것은 특히 앞으로 우리 아이들의 고감도 현상을 이해하고 인정하는 데 아주 중요한 사실이다. 수십 년에 걸친 연구에 의하면 현재까지 아주 고감도의 사람들이 공통적으로 갖고 있는 네 가지 기본적인 특징이나 속성은 다음과 같다.[9]

1. 처리 깊이Depth of processing
2. 과잉 각성Easily overstimulated
3. 정서 반응성Emotional intensity
4. 감각 민감성Sensitivity to subtles timuli

물론 우리 인구의 15퍼센트에서 25퍼센트 사람들을 이 네 가지 특징에 기초해 나누어 규정지을 수는 없다. 고감도의 사람들은 다양한 특징 또한 가지고 있기 때문이다. 하지만 위의 네 가지 특징에 해당되거나, 적어도 연관이 있다는 것은 확실하다.

나는 정말 예민한 사람일까?

'고민감성 척도HSPS', 즉 당신이 아주 고민감도의 사람인지 여부에 대해 스스로 평가하기 위한 공식 질문지는 무료로 제공되고 있으며 웹사이트(www.hsperson.com)에서 직접 테스트해 볼 수 있다. 여기에 대한 의심을 지우고 확실성을 더하기 위해 이 책에서도 HSPS에 기초하여 예민한 사람들을 많이 만난 나의 경험을 토대로 만든 자체 설문지를 기재한다. 본문 20~21쪽을 참고하자.

만약 이 테스트에서 14개 이상 '그렇다'에 해당되면 당신은 예민한 사람일 가능성이 아주 크다. 하지만 HSPS 웹사이트에서 말하는 것처럼 이것은 정확한 심리 평가는 아니며, 평생 의지해야 하는 결과도 전혀 아니다. 다른 책을 읽고 공부를 계속함으로써 스스로에 대한 의문을 없앨 수 있다면 그것도 아주 좋은 방법이다. 이 설문지는 단지 당신의 성향을 이해하고, 이 책에서 제시할 수많은 연습과 실행의 도움을 받아 스트레스에서 벗어나기 위한 하나의 제안으로만 받아들여야 한다. 이 설문에서 '그렇다'라는 응답이 14개 이하라 해도 당신은 다른 방식으로 자신의 모습을 읽어낼 수 있다. 때때로 당신이 예민하고 고감도의 사람인지 명확하지 않더라도 그 범주에 해당될 수 있기 때문이다. 특정 영역에서 유독 예민할 수 있지만 다른 영역에서는 그렇지 않을 수도 있다. 그러니 대답할 때에는 직감대로 해야 한다. 그러면 다른 고감도의 특성들이 당신을 발견해 내고, 당신이 그것을 어떻게 다루어야 하는지 도움을 줄 것이다.

예민한 엄마의 또 다른 특성

위에 언급했던 네 가지 중심적 특징(처리 깊이, 과잉 각성, 정서 반응성, 감각 민감성)이나 HSPS를 테스트해 보고 정확하게 알아낸 것을 종합해 보면, 왜 예민함과 모성이 만나면 일상생활에서 엄청난 부담감을 만드는지 쉽게 이해할 수 있다. 그런 엄마들은 자녀를 이해하고 싶어 한다. 그들은 왜 아이들이 이런 상황에서는 이렇게 행동하고 다른 상황에서는 다르게 행동하는지 이해하고 싶어 한다. 아이와 보내는 시간에 대해 많은 책과 블로그를 뒤지며 열심히 연구하고 공부하며, 최대한 많은 새로운 지식을 직접 처리하려 한다(처리 깊이). 동시에 그녀들은 끝없는 피로감과 아침부터 계획했던 일이 제대로 되지 않는다는 좌절감까지, 혼란스러움에 대한 분노와 긴장감, 부담감에 대한 스트레스, 심장에 스며든 작고 새로운 아이에 대한 끝없는 사랑, 그리고 그 아이를 위해 세상의 모든 산을 옮겨야만 할 것 같은 부담감 같은 엄청난 감정들을 매일매일 만나야 한다(정서 반응성). 그리고 그런 날은 때때로 매우 힘들고 피곤하다. 아이는 많이 울고, 소란스럽게 놀고, 할퀴고 때리고 문다. 그녀들은 어느 누구에게도 인정받지 못할 것이라는 느낌, 긴장, 나를 제외한 다른 모든 사람들이 훨씬 잘하고 있을 것이라는 느낌으로 괴로워한다(감각 민감성). 무어라 부를 만한 가치 있는 일이 전혀 일어나지 않았는데도 그런 날들은 때때로 아주 평온하고 지루하지만, 쓸쓸하다. 그리고 스트레스를 받는다. 이런 상황은 당신에게 죄책감을 안겨줄 뿐만 아니라, 예민한 엄마라면 아는 그 느낌, 실제로 고통을 수반할 수도 있는 바로 그 기분, 다른 사람들과 자신이 다르다는 기분이 들도록 한다. 다른 사람이나 다른 엄마들에게는 여유롭게 산책하는 것처럼 보이는 모습이 정작 예민한 엄마에게는 목표 없는 마라톤처럼 느껴지는 것이다. 낯선 결정과 긴장감, 알 수 없는 두려움, 사회적 압박감, 기대와 요구, 촉박한 시간, 명성에 대한 압박, 외부로부터 끊임없이 관찰당하고 평가받는 느낌, 이 모든 것들이 감지되고 계속 신경이 거슬린다. 이런 요소는 고감도의 사람들에게 지속적인 영향을 미친다.

물론 많은 엄마들이 이러한 힘든 과정을 거치면서 성장하고, 더욱 강해지며, 스스로를 다지고, 강인함을 유지하는 법을 배워나간다. 하지만 적지 않은 수의 사람들이 한 사람의 인생에서 가장 아름다운 순간을 가장 고통스러운 순간이라고 생각하면서 그 시기를 허비한다. 특히나 예민한 엄마들에게 그런 현상은 더욱 두드러진다. 그러니 하루를 온전히 즐기면서 나에게 부여된 사명들, 즉 그 누구보다 사랑하는 내 아이를 어떻게 키울지, 어떻게 해야 육아를 망치지 않을지, 어떻게 이 값진 순간들을 보호할지를 제대로 수행할 수 있겠는가. 이러한 압박감은 사실 아주 힘든 감정이다.

고감도라는 특성이 이미 삶의 일부분이 되어버린 사람들에게는 그런 특성이나 특징이 아주 제한된 범위에서만 발현될 수 있다. 하지만 일부 특징은 종종 자주 관찰되기 때문에 어떤 사람이 특히 예민한 사람인지 알려줄 수 있다. 그 특징을 한번 살펴보자.

- 깊은 감성과 높은 감수성이 일상생활의 전 영역에 걸쳐 나타난다. 뿐만 아니라 직관력이 강하고 직감이 뛰어난 편이며, 선견지명도 넓다.
- 빠르고 예리한 지각으로 주변을 파악하고 받아들이는 능력이 뛰어나다.

- 외부와의 경계가 명확하지 않거나 늘 자신의 경계를 넘어야 한다는 느낌을 가지고 있다.
- 다른 사람이나 동물에 대한 공감능력과 배려심이 강하게 발달되었다. 이로 인해 종종 죄책감에 빠지거나 생각이 복잡해진다. 판단력이 날카롭다.
- 대화나 갈등 상황 혹은 정신적으로 받은 상처가 오래간다.
- 자극에 예민한 경향이 있거나 과잉각성 상태이고 스트레스와 그 요인에 예민하다.
- 적어도 하나의 감각기관이 극도로 발달되어 있고 아주 예민하다.
- 높은 기대에 부응하지 못할 것이라는 생각을 늘 하고 있거나 자신감이 부족하고, 또는 내면에 냉정한 비평가가 있다.
- 강하고, 목표 지향적이며, 용감한 사람들로 가득 차 있는 이 세상에서 혼자 외톨이가 된 느낌을 받는다. 자신이 다른 사람들보다 더 많은 생각을 하고, 더 많은 느낌을 받으며, 항상 다르게 생각하는 유일한 사람이라고 여긴다.

물론 이러한 특성은 절대적이지 않으며, 모든 특성이 동시에 나타나는 것도 아니다. 교육자이자 상담사로 일하면서 나는 예민한 사람들을 많이 만났지만 그들 중에는 위에 설명한 특징 중 '하나만' 가지고 있는 사람들도 있고, 다른 영역에서 고민감도가 분명하게 표현되기도 한다. 예민한 사람들은 다른 사람들과 나눴던 대화나 경험을 아주 오랫동안 간직한다. 공감능력이 높고 감수성이 뛰어나기 때문에 개개인의 경계를 그리는 것이 그들에게는 쉬운 일이 아니다. 그래서 경계가 희미할 가능성이 있다. 게다가 예민한 사람들은 종종 통증에 더 민감하고, 알레르기와 예민한 피부를 가지고 있을 가능성이 크며, 약물과 맛에 강하게 반응한다. 그들은 종종 다른 사람들보다 식사를 잘 못하거나 잠을 제대로 못 자고, 사랑했던 사람과 헤어지는 데 큰 고통을 겪으며(그 기간이 아무리 짧더라도), 대부분의 시간을 거의 혼자 지내곤 한다. 그들은 고요함을 즐기고 많은 휴식을 취해야 하지만, 아이러니하게도 금방 지루함을 느끼고 좌절감을 맛보기도 한다. 그들은 조금이라도 부당한 대우를 받으면 그것에 사로잡혀 자신이 오해를 받는다고 느낀다. 갑작스러운 휴가와 달라지는 상황들은 그들에게 힘든 일이다. 이런 사람들은 다른 사람들에게 상처를 주거나 그들을 다치게 하는 일에는 전혀 관심이 없다.

예민한 사람 중에는 채식주의자들이 많고 사회복지나 간호 계통의 일을 하거나 예술가 같은, 자신의 직업이나 취미를 통해 다른 사람들에게 기쁨이 되는 일로 생계를 꾸리는 사람들이 많다. 그들이 가진 높은 공감능력은 일반적인 연민의 감정뿐 아니라, 다른 사람들을 위해 선한 일을 함으로써 높은 성취감을 느끼게 한다. 또한 화합이나 사랑, 행복 등은 예민한 사람들에게 진정한 가치를 지닌다. 나는 권력이나 권리를 얻는 것이 인생에서 아주 중요한 사람 중에 예민한 사람을 만나본 적이 단 한 번도 없다. 예민한 사람들 중 대다수인 70퍼센트의 사람들은 '내향적인 예민함'을 지녔다. 낯을 많이 가리고, 소극적이며, 참을성이 많고 조심스럽거나, 어쩌면 조금은 위축된 사람들이다.

이런 성향은 외부 세계에 우리의 성향을 가장 뚜렷하게 나타내는 특징이자, 이 주제에 대해 전혀 알지 못하는 사람들도 인정하는 특징이다. 엄마와 떨어지는 것이 너무 '싫은' 아이, 점심시간을 혼자 보내는 직장 동료, 다른 엄마들과 수다를 떨기보다는 놀이터에서 아이와 놀아주는 엄마들이 그들이다. 요약하자면, 슬프게도 그런 부드러운 면이 그들에게 '예민하다'라는 꼬리표를 붙이는 것이다. 그들 중에는 자신의 의지로 사회에서 떨어져 나와, 피드백이나 비판을 하기보다는 '상대방의 입장에서 생각하기'를 선호하는 사람들이 있다. 그러나 대부분은 사소한 다툼이나 대립에도 몇 주 동안 괴로울 것이 너무 두려운 나머지 다른 사람의 의견과 생각에 휘둘릴 위험이 존재한다. 그것은 어찌 보면 자연스럽게 자신과 다른 사람을 구분하는 경계선을 만드는 방법을 찾은 것이라 할 수 있지만, 그럼에도 아주 외로운 길이다. 다른 사람에게 정신적으로 상처받는 것에 대한 두려움이 본인의 인생과 사회적 교류를 온통 지배하고 있으니 말이다. 그래서 비꼬는 말이나 충고에 감정이 동요되느니 집에서 혼자 하루를 보내기를 원하는 것이다. 하지만 그것은 실제로 다른 사람과의 분리가 아니라 후퇴이자 망명에 불과하고, 더 나아가서는 공포나 공황장애. 또는 심각한 불안장애를 촉발하게 하는 경계선일 뿐이다.

어떤 경우에도 예민함은 병에 대한 진단이 아니다.
이러한 성격 특성은 정신질환에 대한 국가 분류인 ICD-10 코드에서
어떠한 코드도 부여받지 않았기에 진단과 치료가 필요한 질병이 아니다.

이것이 '예민한 사람'들에 대한 나의 평가이고, 그렇기에 이 책의 목적은 바로 이러한 기질에 대한 두려움을 없애는 것이자, 예민한 사람들이 자신이 병에 걸렸다는 느낌을 받지 않아도 된다는 것을 증명하는 것이다. 예민한 사람들은 그렇지 않은 사람에 비해 주변 환경에 대해 더 명확하고 독특한 인식을 지니고 있다. 게다가 이러한 기질과 원인, 성격적 특징의 가장 중요한 요인은 뇌의 특별한 기능일 뿐, 절대로 질병이 아니다.

또한 예민한 사람들은 섬세하고 날카로운 지각능력을 갖고 있는데, 예를 들어 후각이 아주 예민한 사람들은 그 부분의 신경기관을 통해 알 수 있다. 예민한 사람들은 냄새와 후각적 자극을 아주 명확하고 빠르게 구별해 내고 종종 그로 인해 일상생활에서 불편을 겪는다. 그들은 향수나 새로 산 샤워 젤 냄새를 너무 강하게 느껴 종종 두통이나 현기증, 메스꺼움을 느끼는 경우가 많다. 운전을 하거나 쇼핑을 하는 것과 같이 일상적인 일을 하더라도 많은 자극이 짧은 시간에 뇌에 전달된다. 보통 이처럼 고감도의 뇌에서는 자극을 우선순위에 따라 분

류하지 않기 때문에 일상생활조차 힘겹게 느껴질 수 있는 것이다. 따라서 수프 선반에 신경이 쓰여 그곳에 정신을 빼앗기는 일들은 일어날 가능성이 있는 일이 아니라, 그들에게는 우리 상상보다 훨씬 더 흔히 일어나는 일이 될 수 있다.

스트레스와 예민함의 관계

왜 이런 상황이 벌어질까? 뇌가 특별한 방식으로 자극을 받아들여 끊임없이 자극으로 인지하고 처리하려 하기 때문이다. 이런 자극은 많은 에너지를 소비하게 할 뿐만 아니라 충분한 휴식이 없는 한, 신체를 끊임없이 통제해야 하는 뇌에 크나큰 무리를 준다.

의사이자 호르몬 학자인 한스 셀리에Hans Selye는 1936년 스트레스에 관한 첫 번째 학문적 연구를 발표하여 역사에 길이 남게 되었다. 그의 학설은 당시에는 완전히 새로운 것이었다. 당시에는 아직 육체적인 것을 연구하는 단계에 머물러 있었기 때문이다. 셀리에는 뇌가 경고 신호를 보낼 때 신체가 어떤 물리적 반응을 보이는지 흥미롭게 관찰했다. 이 연구를 위해 그는 식물성 신경계 시스템과 그 구성 요소인 교감 신경계와 부교감 신경계를 관찰했다. 교감 신경은 주로 신체의 활동 능력(심박수 증가, 호흡 속도의 증가, 근육의 기능 향상)을 증가시키는 신호를 보내는 역할을 하는 반면, 부교감 신경은 그것을 진정시키는 역할을 담당한다. 그는 이것을 '고요한 신경'이라고 불렀다.

그는 뇌의 경고 신호(보다 정확하게는 뇌의 편도체로 우리 신체의 '경보 센터'라고 부를 수 있다)를 받으면 뇌의 시상하부에서는 아드레날린과 노르아드레날린이라는 호르몬이, 뇌하수체 및 부신수질에서는 코르티솔이 나와 우리 몸의 여러 장기와 전신에 퍼져나간다는 사실을 밝혀냈다. 정확하게는 그 호르몬들이 우리 몸의 마지막 비축 자원을 동원하고 모든 가용 자산을 활용하여 위급한 상황이 닥쳤을 때 최대의 성과를 내도록 한다는 것이다. 뇌와 다른 장기들 사이에서 일어나는 의사소통과 호르몬이 생산되는 과정은 너무나 복잡해서 여기서는 간단하게만 다루려 한다.

중요한 사실은 많은 신체 기관이 참여하여 우리 몸이 더 나은 효율을 발휘하도록 한다는 점이다. 우리 신체의 각 기관은 정확하게 계획되어 분명한 목적을 위한 기능을 지니고 있기 때문에 왜 이런 일이 벌어지는지 이해하는 일은 아주 간단하다. 위급한 상황이나 생존에 위협이 되는 상황, 사고를 당하거나 아주 힘겨운 상황을 만나면 우리는 평소에는 몰랐던 초인적인 힘을 발휘할 수 있다. 하지만 평범한 상황에서는 그럴 필요가 없기 때문에 우리는 그 사실을 인식하지 못한다. 따라서 스트레스는 어쩌면 전혀 이득이 없는 힘겨운 상태가 아니라, 일을 수행하고 성장을 가능하게 하는 정교한 우리 몸의 시스템일 수도 있다.

하지만 '부정적인' 스트레스, 우리가 디스트레스라 부르는 것은 우리의 교감 신경계를 자극한다. 처음에는 어느 정도 시간이 지나면 원래대로 회복할 수 있다. 예를 들어 불쾌한 일을 겪거나 스트레스를 받아도 에너지를 사용하여 몸을 원래 상태로 돌려놓는 것이다. 그래서 스트레스를 받으면 피곤함을 느끼고 휴식을 취하거나 잠을 자기도 하고, 아니면 최소한 잠깐 숨을 돌리며 이를 해소하려 하는 것이다. 하지만 이러한 과정 역시 (상황을 인식하고 해결하기 위해 필요한) 에너지를 소비하기 때문에 결국은 정신적으로나 육체적으로, 혹은 심리적으로 에너지가 고갈되고 회복 능력이 사라지는 '저항 단계'에 이를 수 있다. 이때는 더 많은 휴식을 취하고 노력을 기울여도 회복이 되지 않아 결국 기력이 소진된다.

우리 몸은 적응과 생존을 위한 하나의 섬세한 예술품이다. 따라서 스트레스 호르몬과 그에 대한 반응에 즉시 굴복하지 않는다. 적어도 그 즉시는 아니다. 하지만 과학적 연구 결과에 따르면, 지속적으로 높은 수치의 코르티솔에 노출된 사람들은 면역 체계가 약해져 각종 질병에 더 취약해진다는 것이 밝혀졌다.[10]

운동이나 휴식 등을 통해 적극적으로 스트레스를 줄이고 스트레스 호르몬을 감소시켜 부교감 신경과 미주 신경의 긴장을 완화하려고 노력하지 않으면 우리 몸은 호르몬의 영구적인 영향을 받게 되고, 결국 큰 혼란을 낳는다. 이것은 부교감 신경계의 일부일 뿐이지만, 사실 거의 모든 신체 기관의 기능을 조절하는 데 영향을 미친다. 신경계가 움직이기 시작하면 다른 신체 기관들의 기능이 저하되거나 멈추는 것이다. 이것은 몸과 마음을 연결하는 아주 중요한 연결고리다.

셀리에의 연구로부터 약 50년이 지난 후, 심리학자 리처드 래저러스Richard Lazarus는 보완적인 심리학적 접근 방식을 발표했다. 이제 주제는 스트레스에 대한 주관적인 평가와 외부 자극을 접하는 사람의 인식으로 옮겨갔다. 우리 몸은 먼저 자극이 긍정적이고 스트레스와는 관련이 없는지, 아니면 그 자체가 스트레스가 되는지를 판단한다는 것이다. 그 평가가 '스트레스와 연관'된다고 판단되면 변연계와 편도체가 스트레스에 대한 부담감을 느끼고 즉시 스트레스 호르몬을 분비한다. 몇 초 내로 이루어지는 다음 단계인 2차 평가에서는 이러한 스트레스 요인에 대항할 수 있는 적절한 대처 메커니즘이 있는지 살핀다. 래저러스는 이것이 의식적인 과정이 아니라 거의 무의식적인 상황에서 일어난다는 점을 강조한다. 우리 몸의 시스템이 무의식 수준에서 스트레스에 대한 대처 전략을 세우면 스트레스 반응과 스트레스 호르몬 분비가 조금은 부드러워진다. 이 이론은 작고 짧은 저항 뒤에 재빠른 회복이 뒤따른다는 셀리에의 이론과 일치한다. 그러나 반대로 대처 전략을 짜기 어려운 상황이면 스트레스 요인이 영구적으로 부담을 주어 신체는 늘 긴장 상태에 있고 높은 성과를 이루도록 하는 (장기와 관련된) 호르몬이 뒤이어 배출된다.

래저러스는 모든 인간이 정신적이고 감정적인 측면에서 지니고 있는 일종의 '필터'에 대해 처음으로 언급했다. 즉 어느 호르몬이 신체의 어떤 곳에서 스트레스를 유발하는지에 대한 이론 외에도 개개인이 얼마나 빨리 스트레스에서 빠져나와 회복 단계로 나가는가에 대한 가장 중요한 요인은 세상을 인식하는 개개인의 견해와 사람들 각각의 스트레스 저항 요인이라는 것을 분명히 밝힌 것이다.

우리는 주변에서 우리에게 요구하는 의무가 스트레스의 원인이라 정의하고, 그 결과로 스트레스가 발생한다고 여긴다.[11] 각각의 내용 면에서 스트레스는 완전히 다르고 개별적일 수 있다. 자연 재해, 매일의 뉴스, 아기 기저귀를 가는 일, 매일 직장과 어린이집을 오가는 일, 저녁식사를 준비해야 하는 의무 등 몸 자체가 고통을 겪는 것도 스트레스 요인이 될 수 있다. 고통을 겪거나 배가 고프거나 목이 마르거나, 아니면 심한 피로를 느끼거나 육체적으로 완전히 소진되었을 경우 말이다. 그러나 사실 스트레스는 개인에게 요구되는 것과 그것을 대처하는 능력 사이의 불일치 때문에 발생하는 것이다. 따라서 모든 자극이나 외부의 요구 사항이 전부 스트레스와 관련되거나 부담으로 인식되는 것은 아니며, 그중에서 임시적으로 관리되지 못하고, 해소 방법을 찾지 못하는 것들이 스트레스로 인식된다.

심리학자 거트 칼루차Gert Kaluza는 자신의 책 《스트레스 아래에서도 평온하고 안전하게Gelassen und sicher imStress》에서 이를 이렇게 정리했다.

— 스트레스는 우리 스스로 성공적인 관리가 꼭 필요하다고 주관적인 기준으로 판단했지만, 그것을 분명히 해낼 확신이 없을 때 발생한다.

위의 심리학적 관점을 빌리자면, 우리는 스트레스가 몹시 주관적일 뿐만 아니라 회복에도 영향을 미치는 이유를 이해할 수 있다. 우리가 세상을 인식하는 필터는 위에서 언급된 것과 같은 내적 평가의 과정을 거쳐 '프로그래밍'되기 때문이다.

부정적인 경험과 실패는 개인에게 각인되고, 이것이 반복되면 스트레스 요인으로 인식되어 긴장을 유발시킨다. 하지만 반대로 충분한 지원과 긍정적인 경험이 쌓이면 긴장이 감지되더라고 재빨리 거기에 대처하고 스트레스 요인을 제거할 전략을 짤 수 있기 때문에 곧바로 이완된 상태로 바뀔 수 있는 것이다. 따라서 디스트레스는 몸에 영향을 주는 것에서 끝나는 것이 아니라 때로는 긍정적인 스트레스로 바뀔 수도 있다.

그러므로 당신이 엄마 역할을 할 때 어떤 특정한 일을 두려워하고 쉽게 피할 수 없게 될 가능성이 아주 크다. 하지만 이러한 일들(혹은 아주 작은 일이라도)에 대해 긍정적인 경험을 하게 되면, 뇌는 스트레스 상황이 닥치더라도 이에 대처하기 위한 전략을 만들어낼 방법을 배운다. 당신의 뇌에는 작고 새로운 경로가 무수히 만들어지고, 어느 순간에는 당신이 항상 성가시고 불쾌하다고 생각했던 일이 오히려 기분 좋게 느껴지는 날이 올 수도 있다. 이 부분은 예민한 엄마인 당신에게 아주 중요하다. 아무것도 잃지 않아도 된다는 것을 보여주기 때문이다. 일이 순조롭게 진행되지 않거나 두려움을 느끼거나 자신을 극한까지 몰아가지 않더라도 당신은 기회를 잃어버리지 않으며, 그것이 영원한 스트레스를 의미하는 것도 아니다.

당신의 두뇌는 인생을 살아가면서 끊임없이 발전하고 변화하고 있으며,
궁극적으로는 '나아지고' 있는 놀라운 특징을 가지고 있다.
그리고 그것은 당신의 삶의 질을 높여줄 것이다.[12]

어떤 위협적인 상황은 때에 따라 몇 년이 지나면 전략적 학습을 통해 그저 도전 과제로 여겨질 수도 있다. 그러므로 우리는 이 학습 과정에 에너지를 쏟고 부정적인 스트레스에서 벗어나 우리가 처한 상황에서 무엇이든 긍정적인 것을 만들어내고 싶어 한다. 그리고 이러한 것을 가능하게 하는 능력은 우리 뇌에 기본적으로 갖추어져 있다. 우리는 삶이 끝날 때까지 변화할 수 있다. 그러나 그렇게 되려는 동기를 찾으려면 적어도 가끔은 긍정적인 경험을 할 수 있어야 한다. 그것이 가능해지려면 몇몇 경험으로는 충분하지 않다. 다시 상기하고 기억해 낼 수 있을 만큼 충분히 경험해야 하는 것이다. 만약 어떤 이에게 이런 긍정적 가치가 없다면 그것을 만들기 위해 힘들게 노력해야 하고, 이는 평생을 통해 배우는 하나의 단계에 불과하다.

사실 미주 신경과 부교감 신경계에서 작동하는 것은 '이완'이라고 부르는 것으로, 스트레스와는 반대의 개념으로 인식된다. 이러한 이완과 긴장이 완화되는 상태가 되면, 전부 그런 것은 아니지만, 불행하게도 우리 몸은 감정적으로나(감정의 평정) 신체적으로나(근육 긴장, 호

흡, 면역체계 완화) 정신적으로(집중력 상승, 창의력과 공감능력 상승), 게다가 행동의 측면에서도 가장 이상적인 상태(애정, 인내심, 평정심)가 된다. 이러한 상태를 유지하려면 전전두엽피질(감정적 평가에 이성적 수준의 결정을 뒤따라 내리는 역할을 하는 뇌의 영역)에서 미주 신경을 활성화시키는 충동의 발생에 대해 긍정적이고 건설적인 평가가 내려져야 한다. 이것은 단순히 의식과 잠재의식 사이의 교류를 자극하고 인류를 더욱 감정적으로 존재하게 만들 뿐만 아니라, 우리의 이성과 감정 사이를 편안하고 균형 잡히게 만드는 방법이기도 하다.

한 사람이 살아가는 데 필요한 이상적인 조건은 긴장과 이완의 반복이라고 설명할 수 있다. 위에서 이야기했듯이 스트레스가 없다면 어떠한 성장과 발전도, 아드레날린도 없다. 우리는 스트레스 호르몬 없이는 앞으로 나아가 발전할 수 없고, 그것은 확실한 사실이다.

그러나 고감도 뇌는 과도한 스트레스를 받는 경향이 있고, 그에 따라 코르티솔 수치가 지속적으로 상승한다는 점에서 문제가 있다. 예민한 사람들은 지속적으로 이런 스트레스 상황에 노출되고, 그로 인해 스트레스 관련 질병과 약해진 면역체계를 갖게 된다. 그리고 부정적인 외부 자극으로 상황은 더욱 나빠져간다.

이를 증명하는 많은 이론이 있다. 일레인 아론과 연구팀은 뇌의 시상하부와 크게 연관 있는 다른 특징(심각한 수면 부족을 느끼거나 배고픔 혹은 갈증을 강하게 느끼고, 카페인 같은 신체적 물질에 크게 반응) 때문에 뇌의 시상 활동이 증가한다는 가설을 세웠다.[13] 즉 인간 두뇌의 '감정 조절기'로 여겨지는데, 예민한 사람들의 경우 그것이 너무 높게(아니면 너무 낮게) 설정되어 있어 그 반응이 '너무 과하게' 생성될지도 모른다는 가설이다. 어떻게 이런 일이 일어날 수 있는지, 그리고 무엇이 그 작용을 일어나게 하는지에 대해서는 오늘날 발표되는 수많은 고감도와 예민함, 그리고 그 뇌에 대한 연구 덕분에 그 원인과 작용을 알아낼 수 있었다.

예민한 사람들이 자극에 더 민감한 이유

고감도의 사람들이 지닌 감각기관은 그렇지 않은 사람들보다 감각을 느끼는 강도가 훨씬 강하고 훨씬 더 '투과성'이 크다. 이것은 그렇지 않은 사람들의 뇌가 느끼는 감각기관보다 훨씬 더 분명하게 많은 자극을 느낀다는 뜻이다. 예민한 사람들, 특히 청각이 예민한 사람들이 남들보다 더 많은 소리를 느낀다고 생각하는 것이 아니라, 실제로도 작은 소음을 다 듣는다는 뜻이다. 뿐만 아니라 좋은 냄새(후각)나 맛에 강한 반응을 보인다든가(미각) 예민한 피부(촉각)를 가지고 있을 수도 있다. 대부분의 자극이 보통 사람들에게는 그리 불편한 정도가 아니다. 왜냐하면 일반적으로 외부 자극이 단기 기억에 부담을 주지 않기 위해 우리의 지각 영역에서 자극을 미리 필터링하기 때문이다. 우리의 잠재의식은 어떤 정보가 중요하고 어떤 것이 그렇지 않은지 결정한다. 그러나 이곳은 고감도의 뇌를 가진 사람들에게는 가장 처음으로 난관에 부딪히는 곳이다. 고감도의 뇌에 가해지는 이러한 특별하고 강렬한 자극은 세심하게 분류되지 않고 오히려 단순하게 계속 받아들여진다. 다시 말해, 고감도의 사람들은 끊임없이 자신의 잠재의식을 속이고 있는 상태에 있으며, 누구보다 강렬하고 세심하며 예리한 직관력을 가지고 있지만, 뇌가 이것의 우선순위를 정하는 법을 배우기 전까지는 이러한 자극 전달에 대해 이해하기는커녕 거의 인지하지도 못하는 상태라는 뜻이다. 대신 어떤 작은 정보라도 빠지지 않고 전달하기는 한다.

이러한 현상은 예민한 아기들에게서 흔히 관찰되기도 한다. 오랜 시간 동안 아이들의 기질을 연구해 온 미국의 심리학자 제롬 케이건은 1994년 연구 결과를 발표하며 이러한 현상을 '고반응'이라고 불렀다.[14] 단 몇 분만 지켜보면 그들의 아주 전형적인 행동을 알아챌 수 있다. 모든 정보를 끊임없이 받아들이려 하는 뇌의 욕망은, 그러나 동시에 이 모든 정보가 너무 빠르게, 그리고 너무 많이 입력되는 상반되는 상황에 빠지고, 이것은 곧 특정한 행동으로 나타난다. 그런 아기들은 대부분 필요한 상황보다 너무 일찍, 특히 자신이 할 수 있는 한 독립적으로, 부모의 무릎 위에서 눈을 크게 뜨고 앉아 무슨 일이 일어나는지 관찰한다. 자꾸 고개를 부모 쪽으로 돌려 쳐다보다가 눈을 비비기도 하고, 머리를 파묻거나 눈을 떨구며 피곤한 듯한 모습을 보이며, 때로는 울며 몸부림을 치기도 한다. 그러다 어느 순간, 또다시 고개를 돌리고 흥미를 보인다. 물론 이러한 행동은 아기가 성장해 나가는 과정에서 변하기도 하고, 그의 뇌도 '너무 많은' 정보로부터 스스로를 보호하는 법을 배우게 되지만, 기능적인 뇌의 가장 첫 번째 정보 처리 구역은 변화하지 않는다.

성인이 된 예민한 아기는 이미 전략을 배웠기에 더 이상은 눈을 크게 뜨지 않아도 되고 시선을 이리저리 돌리지 않아도 되지만, 그럼에도 늘 그를 지치게 하는 이러한 방식의 정보 습득 방식을 막을 방법을 자연스럽게 배울 수는 없다. 이러한 자극 인식은 노년기가 되어서도 똑같이 유지되기 때문에 이를 이해하고 다루는 법을 배우지 않으면 분열은 계속된다. 즉 고감도의 뇌는 너무 과도할 것 같은 자극을 처음 접하면, 그것을 걸러내는 능력과 우선순위를 정하고, 때로는 받아들이지 않도록 구분하는 능력을 평생에 걸쳐 힘들게 배워야만 한다는 뜻이다. 시각 자극을 처리하고 정보를 분석하는 곳[15]은 아주 예민하게 발달된 신경 세포로, 상대방 시선의 움직임을 번개 같이 알아채고 해석하는 일을 담당한다. 그것은 다른 사람의 시선을 통해 현재 상황을 판단하고, 주변 사람들의 생각과 의도, 그리고 행동의 이유를 해석하는 데 활용된다.

자극이 어떻게 처리되며, 스트레스 호르몬이 어떤 상황에서 분비되는

지가 왜 중요한 일인지 이해를 돕기 위해 예를 하나 들어보려 한다.

당신은 자녀와 함께 수영장에 갔다. 엄청난 양의 자극이 당신의 감각기관을 통해 뇌로 전달된다. 청각적(시끄러운 소리, 사람들의 환성과 물이 튀는 소리, 많은 사람들의 대화, 확성기의 음악, 안내 방송, 물줄기 소리), 시각적(알록달록한 수영복 색깔, 물 색깔, 각종 물놀이 기구, 다른 사람들의 머리카락, 수영장 시설물들의 모양, 수영장 구조), 후각적(소독제, 샤워 용품, 화장실, 선크림), 촉각적(미끄러운 바닥, 차가운 수도관, 따뜻한 물, 거친 수건) 감각들과 그 외의 엄청나게 많은 자극이 전달된다. 감각기관을 통해 감지된 이러한 모든 자극은 뇌의 지각 영역에 가장 먼저 전달되지만 모든 감각이 그대로 인식되는 것은 아니다. 우리 몸의 신경 전달 물질은 이러한 자극을 감정적으로 평가하여 판단할 수 있는 변연계로 정보를 모아 전달한다. 변연계에는 우리의 가장 감정적인 근간과 우리의 인생에 대한 느낌을 결정하는 시상하부와 대상회라는 영역이 자리하고 있다. 이 부분 역시 우리가 이 책의 뒷부분에서 이야기할 공감과 연민을 담당하는 구역이다.

이런 상황에서 들려오는 모든 소음을 필터링을 거치지 않고 녹음하면 그것이 전부 즐거운 환호인지, 아니면 수영장 반대편에서 어린이가 도움을 요청하는 소리인지 우리의 뇌는 전혀 알아차리지 못한다. 자극은 우리 내부의 '경보 장치'인 편도체를 통과하기 때문이다. 편도체는 상황을 감정적으로 평가하고 예전에 겪었던 경험을 떠올려 발생 가능한 위험인지 아닌지를 분석하는 중심 역할을 한다. 우리의 감각기관을 통해 뇌로 전달하는 모든 외부 자극은 이곳에서 처리되어 본능적인 반응을 준비하게 되는 것이다.[16] 편도체라 불리는 뇌의 이 영역은 인간이 즐거움을 느끼는 감정에 모두 관여하는 곳이다. 예를 들어 지속적으로 우리의 반사작용이나 불안한 표정, 위장과 소화기관, 얼굴 표정을 통해 스트레스 반응을 보이도록 아드레날린과 도파민 같은 호르몬을 내보내 호흡을 자극하거나 각성 상태를 만들도록 뇌의 각 영역에 신호를 보낸다. 정리하자면, 뇌의 이 부분이 바로 우리가 스트레스를 받고 스트레스 호르몬을 방출해 우리 몸에 경보를 울릴지 말지 결정하는 곳이라는 뜻이다. 편도체가 신호를 보내면 우리 몸은 재빨리 긴장 상태에 들어가 '전투 모드'로 전환한다. 이것은 우리의 본능으로 거슬러 올라가 그 원인을 찾을 수 있다.

이러한 자극이 뇌의 다음 영역으로 이동하기 전에 우리는 중요한 사실을 알아두어야 한다. 지금 이 단계는 자극 처리가 두 번째 영역, 즉 자극이 전달되거나 인식된 직후의 영역이다. 그런 다음 아주 순식간에 그 자극들은 위에서 자세히 설명한 스트레스 반응을 담당하는 바로 그 영역에 이른다. 우리가 자극을 받았을 때 보이는 논리적인 반응과 행동은 정보 처리 단계에서 아주 나중의 과정인 것이다.

편도체는 우리가 소음이나 화려한 시각 자극 같은 것을 감지하자마자 수백 분의 1초 안에 곧바로 그것이 위험 요소인지 위협적인 것인지 판단하고 스트레스 호르몬을 분비할 것인지를 결정한다. 그리고 이것이 필요하다고 판단하는 순간, 온몸으로 스트레스 호르몬을 방출

한다. 아주 찰나의 순간에 아드레날린, 노르아드레날린 및 코르티솔이 몸 전체로 보내져 내부의 장기로 퍼지는 것이다.

스트레스 호르몬은 자신의 유일한 역할인 신체 효율을 극대화하기 위해 심박수를 올리고 호흡을 증가시켜 우리를 더욱 빠르고 강하고 각성된 상태로 만든다. 그 상태는 우리가 혼란한 상황 속에서 즉시, 그리고 곧바로 달리고 기어오르고 더욱 많은 에너지를 솟아나게 만들어 마지막 힘을 쓸 수 있도록 한다.

인간의 뇌에서 일어나는 이러한 신경생리학적 과정에 대한 정보는 예민한 사람들에게 아주 중요하다. 이것은 스트레스, 혹은 더 중요한 부분인 스트레스 반응이 사실은 의식적으로 결정되는 것이 아니라 뇌의 가장 오래된 본능적인 부분으로 거슬러 올라간다는 것을 보여주기 때문이다. 이것은 거의 본능적으로, 그리고 무의식적으로 일어나는 일이다.

그렇기에 모호한 느낌이나 거의 인지하지 못한 자극, 아주 미세한 소리 같은 감각이 자극 처리의 다음 단계로 가는 과정에서 이미 알려진 것과는 다르게 아주 중요한 차이가 생긴다. 그리고 이 단계에서 다음 단계인 신피질과 전전두엽피질(추론의 중추 센터)의 단계로 넘어가 모든 정보를 논리적으로 처리하는 방법을 결정하게 된다.

그렇다면 왜 예민한 사람들은 그렇지 않은 사람들보다 훨씬 더 자주 스트레스를 받는 걸까? 이 질문에 대한 대답은 뇌 안에서 자극 처리가 어떻게 이루어지는지 이해하는 것보다 훨씬 중요하다. 대답은 무척 간단하다. 고감도의 뇌에서 신경 전달 물질, 즉 전달 물질의 농도가 높아지기 때문이다.[17] 즉 자극이 제대로 걸러지지 않는 것이다. 도파민, 세로토닌 및 옥시토신 같은 특정한 신경 전달 물질을 배출하는 시스템의 유전적 돌연변이도 그중 하나의 가능성으로 추정되고 있으며, 이에 대해 현재 수많은 연구가 이루어지고 있다.[18] 하지만 구체적인 학술적 증거를 얻기 위해서는 아직 몇 년을 더 기다려야 한다.

정리하자면, 우리 뇌 속에는 입수되는 정보들을 아주 열정적으로 전달하기 위해 수많은 작은 도우미들이 줄지어 상시 대기하고 있다는 뜻이다. 누구도 이 과정에 어떤 영향도 줄 수 없기 때문에 예민한 사람들은 짧은 시간 동안 비교적 더 많은 정보를 처리해야 하고, 이것이 그들을 스트레스에 더 취약하게 만드는 것이다. 그들의 뇌는 쉬지 않고 일을 해야만 한다. 통제할 수 없는 다양한 자극만으로도 편도체는 신체를 보호하려는 순수한 목적으로 훨씬 더 자주 경보를 울린다. 이것은 '과자극'을 이루는 완벽한 조건이다.

우리의 뇌는 자극의 형태에 따라 변화하는 복잡하고 유연한 기관이기 때문에 언제든 나아질 수 있다. 이러한 신경가소성Neural plasticity 덕분에 우리 인류는 죽을 때까지 뇌를 훈련할 수 있는 능력을 갖게 된 것이다. 하지만 그와 동시에 우리의 의지와는 전혀 상관없이 이루어지는 이러한 숨겨진 과정의 진행 때문에 지쳐버릴 수도 있다.

고감도의 사람들이 일상생활에서 가장 시급히 해야 할 과제는
자극을 제대로 걸러내지 못하는 뇌가 받아들이고 받아들이고
받아들이는 일을 막아 쉽게 지치지 않게 만드는 것이다.

이러한 상황에 휩쓸리는 것은 당신이 얼마나 오래 깨어 있었고, 그날 얼마나 많은 스트레스를 받아야 했는지와는 아무 관련이 없다. 사실 당신 스스로의 회복력은 짐작할 수 없을 만큼이나 다양한 요인에 달려 있기 때문에 잠자리에서 일어난 지 얼마 안 된 아침 8시 30분에도 경보가 울릴 수 있다. 그러면 신체와 머리는 우리를 보호하기 위해 땀을 내보내거나 공황, 통증 등의 신호를 보낸다. 우리에게 휴식이 필요하다는 사실을 알리는 것이다. 마음은 무거워지고 현기증이 나고 여러 생각이 폭풍처럼 몰아친다. 이때 예민한 사람은 긴장하고 몸이 떨리며 몹시 불안감을 느낀다. 당연히 이러한 일련의 과정은 어느 하나의 원인에서 일어나는 것이 아니다. 일상생활에서 스트레스가 발생할 가능성을 얼마나 줄이는지, 그리고 다시 스트레스를 받는 상황에 놓일 때 동원할 수 있는 에너지를 얼마나 아낄 수 있는가와 관련이 있다.

이 책에 실린 많은 실전 연습, 그리고 자신과 자신의 성향에 대해 확실하게 깨닫게 해줄 지식을 통해 우리는 자신에 대해 많은 것을 발견하고 발전시킬 수 있다.

예민함은 자산이다

예민한 감각을 가진 사람들은 다른 사람들에게 자주 이런 이야기를 듣는다. "도대체 무슨 냄새가 난다는 거야?" "나는 아무 소리도 못 들었는데, 무슨 소리가 났다는 거야?" "햇볕 때문에 머리가 아프다고? 햇볕을 요만큼 쬐서?" "무슨 이유인지는 잘 모르겠지만, 알고 보면 참 좋은 사람이야."

세상은 판단하기를 좋아한다. 본인 스스로나 다른 사람, 일의 성과 등 수많은 것에서 그렇다. 그러니 당신은 이 시점에서 분명히 해야 한다. 다른 사람들이 이해하거나 알아차리지 못하는 것을 당신이 인지하더라도 그것이 절대 당신의 문제가 아니라는 것을 말이다. 다른 사람들의 말이 때때로 당신에게 상처를 입히는가? 그것은 당신이 다른 이들의 정당하지 못한 평가에 굴복하는 것이다. 남들의 평가에 연연하다 보면 당신의 특별하고 다양한 능력을 그저 무엇인가를 '해내는' 것도 아니고 '뛰어난' 것도 아닌 것으로 취급하게 되고, 굳이 묻지도 않은 그런 평가 때문에 부정적인 느낌만 남게 된다. 아주 사소한 평가나 감정이라도 상대방은 당신을 있는 그대로 받아들이지 못하는 것이고, 그것은 당신에게 흔적을 남기기 마련이다.

그 흔적은 분노나 슬픔일 수도, 수치심이나 죄책감일 수도 있다. 아주 드물기는 하지만 당신에게 어떤 흔적도 남기지 않고 지나가버릴 때도 있을 것이다. 하지만 아마도 가끔은 감정이 순간적으로 강하게 끓어올라 다른 일에 집중하지 못할 때도 있을 것이다. 그 슬픔은 당신을 강하게 붙잡고 마비시켜 마음을 무겁고 무기력하게 만든다. 당신의 기쁨은 엄청나게 풍부하고 강력하게 연결되어 있다. 당신의 분노는 강렬하고 충동적이며 다른 사람이 달래줄 수 없으며 시끄럽다. 당신의 사랑은 강렬하며 영원하고 깊고 무한하다. 당신의 두려움은 머리끝부터 발끝까지 파고들어가 밤새 깨어 있게 만든다. 당신은 피곤하지는 않다. 하지만 지쳤다. 당신은 병들어 아프지는 않다. 하지만 고통스럽다. 당신은 실망하지 않았다. 하지만 슬프다. 게다가 당신이 어떤 감정을 느끼든 상관없이 그 느낌은 늘 똑같이 강렬하다. 너무 강렬해서 그 감정이 사라지고 나면 완전히 힘이 빠지고 지쳐버리게 된다.

당신은 이런 상태가 감정 문제도 아니고 감각기관에 문제가 있어서도 아니라는 사실을 알아야만 한다. 게다가 전혀 매력적이지 않은 사실이지만, 그 두 가지는 당신이 어떻게 하더라도 바꿀 수가 없다. 당신이 할 수 있는 것이라고는 당신의 한계를 깨닫고 그것을 조금이라도 빨리 보호하는 것뿐이다. 그것이 자극에 늘 열려 있고 지속적으로 자극을 수용하는 감각기관에 대한 사항이라면 특히 더 그렇다.

— **말린:** 사람들에게서 '냄새'가 나는 걸 도저히 참을 수가 없어요. 아마 대부분의 사람들은 다른 사람에게서 냄새가 난다고 생각하지 않겠지만 저는 냄새를 맡아요. 저는 아주 젊었을 때부터 누군가에게서 생화학적인 '냄새'를 맡으면 더 이상 만나지도 않았어요. 정말 미친 짓이

에요, 그렇죠? 담배를 끊은 다음부터는 후각이 더욱 예민해졌어요. 딸이 태어난 뒤부터는 향수도 전혀 쓰지 않았어요. 그 냄새를 도저히 참을 수가 없었거든요.

— **레라:** 저는 클럽에 갈 때면 상대방의 말을 하나도 알아들을 수가 없었어요. 그곳의 소음이 하나도 빠짐없이 다 들리기 때문이죠. 제가 귀가 밝다는 사실을 아는 친구들은 그런 저의 상태를 이해하지 못하더군요. 하지만 저는 사람들의 말을 하나도 알아들을 수가 없었어요.

이러한 문제는 결코 당신 혼자만 겪는 일이 아니다! 상담하면서 만난 여성들 중에 아무리 적어도 하나의 감각 능력이 평균적으로 발달하지 않은 사람은 찾기 힘들었다. 이러한 능력은 당신과 다른 사람들에게 하나의 결점이나 약점이 아니라, 실제로는 진화의 관점에서 유용한 원인으로 남아 있게 된 우리 인류의 아주 중요한 특성이다. 사냥을 할 때나 위협적인 상황 혹은 습격을 당했을 때 즉시 경고하고 누구보다 가장 먼저 위험을 알려 힘과 체력이 자산인 사람이 모든 것을 재빠르게 결정할 수 있도록 했을 것이다. 당신은 이러한 경향을 조상으로부터 물려받은 것이다.

우리는 여기서 무엇을 배워야 할까? 어떤 것이 더 중요하다거나 중요하지 않다든가, 아니면 어떤 쪽이 더 낫다든가 다른 쪽이 나쁘다는 표현은 맞지 않다. 이러한 특징들의 조합이 균형을 만들고, 세상을 이루고, 결국 조화를 이루었기 때문이다. 따라서 어째서 당신이 당신의 섬세한 감정과 예민한 감각을 지우려는 시도를 멈춰야 하는지 이해하는 것은 아주 중요하다.

일반적인 감각과 예민함의 차이

예민한 사람들이 지니고 있는 '문제점'은 너무 많은 자극이 너무 빨리 뇌에 전달되는 '지배'에 대해 배운 적이 없다는 것이다. 이해하기 쉽게 설명해 보자. 개개인의 사람은 뇌로 통하는 입구 앞에 주차 공간을 가지고 있다. 그곳은 뻥 뚫린 도로 앞에 위치해 있고 무료로 사용할 수 있다. 하지만 예민하지 않은 사람들의 뇌에서 그 입구는 일종의 차단봉으로 막혀 있다. 그곳에는 엄격하고 늙고 불친절한 백발의 남자가 앉아 있다. 수백 년 동안 이 주차장 관리인으로 일해 온 그는 어두운 제복을 입고 엄격하게 이곳을 관리하고 있다. 그는 그곳에 앉아 입구로 들어갈 수 있는 사람과 그렇지 않은 사람을 걸러낸다. 걱정과 불안, 부정적인 생각을 그냥 들여보내는 것이 아니라, 그것들을 분류하여 예민하지 않은 사람들이 지쳐 쓰러지게 두는 것이 아니라, 그저 조용한 곳에서 한 시간 정도 아무 생각 없이 앉는 것만으로 휴식을 취할 수 있도록 하는 것이다. 그렇게 그는 평화로운 내면의 순간을 쉽게 느낄 수 있다. 관리인은 중요한 의미를 가진 정보에는 차단봉을 열어주지만 우선 철저하게 검토하고, 그런 뒤에 차단봉을 직접 다시 내린다.

그리고 뇌가 준비될 때까지 주차장에서 기다리라고 한다. 그리고 아주 오랫동안 기분 나쁜 표정으로 담배를 씹는다.

고감도 사람들의 뇌 앞 주차장도 쉽게 갈 수 있고 무료다. 예민한 사람들의 주차장도 다른 사람들과 다를 바 없다. 하지만 이곳 주차장 관리인은 생각에 잠긴 채 창밖을 내다보며 시를 쓰곤 하는 허술한 철학과 대학생이다. 그는 제복이 아닌 화려한 색의 하렘팬츠를 입고 있다. 그는 차단봉이 아닌 다른 것에 정신이 팔려 있기 때문에 차단봉은 하루 종일 열려 있다. 그래서 모든 생각과 모든 자극이 곧바로 예민한 뇌로 들어간다. 처음에는, 예를 들어 아침 8시에는 전혀 문제가 되지 않는다. 하지만 정오 정도가 되면 불쌍한 뇌는 점점 버거워지기 시작하고 결국 어마어마한 교통체증이 일어나기 시작한다. 엄청나게 많은 차들이 줄지어 서 있기 때문이다. 운전자는 짜증이 나서 경적을 울려대기 시작할 테고 주차장에는 더 이상 자리가 없다. 그제야 정신을 차린 관리인이 차단봉을 내려야 한다는 것을 깨닫고 닫으려고 시도해 보지만 결국 실패한다.

고감도 뇌의 문제는 주차장 관리인과 늘 열려 있는 차단봉이지 거기에 가는 자극들이 아니다. 두 주차장 관리인은 차단봉을 관리하는 것 외에는 할 일이 없다. 하지만 한 사람은 아주 성실하게 자신의 일을 하지만 다른 사람은 신뢰할 수 없고 불안정하다.

바로 이것이 당신의 일상, 당신의 삶이 엄청난 스트레스에 자주 시달리는 이유다. 당신은 늘 스트레스를 안고 사는 상태인 것이다. 우리는 방금 그것을 증명해 보였다. 그리고 당신은 사실을 있는 그대로 받아들여야 한다. 나는 그 자체로 고마움을 느낄 것이다. 당신은 당신 자신에 대한 이야기를 자주, 그리고 충분히 많이 들어야만 하고, 그 이야기들은 그렇게 나쁜 것도 심각한 것도 아니라고 나는 생각한다.

당신은 매일매일 다른 사람들이 당신보다 더 편안하고 더 행복하게 지내는 모습을 목격한다. 사실이다. 하지만 그들이 당신보다 더 뛰어나고 강하고 능력이 있어서 그런 것은 아니다. 그저 그들의 뇌가 당신과는 다른 방식으로 정보를 처리할 뿐이다.

조용한 인생을 살기 위한 가장 첫 번째 단계는
당신의 뇌가 어떤 상태인지 이해하는 것이다.
그리고 이렇게 남들과는 다른 특별한 기능과 활동을
바꾸는 것은 불가능하다는 것을 아는 것이다.

아마도 당신은 이러한 사실에 충격을 받았을 것이다. 그렇다면 영원히 이런 스트레스를 안고 살아가야 하는지 의문 또한 생길 것이다. 어쩌면 당신은 스스로가 그런 상태는 아니라고 믿고 싶을지도 모른다. 하지만 이 이론은 당신의 뇌가 받는 스트레스보다 훨씬 더 큰 스트레스는, 실현될 수도 없고 가능하지도 않은 일을 생각하고 고민하느라 당신의 시간과 에너지가 낭비되는 데서 온다는 뜻일 뿐이다. 나는 평생 밝은 갈색 곱슬머리를 갖고 싶어 했지만 그럴 수 없었다. 얇고 빛

나며 금발이 자연스럽게 섞인 그런 머리카락을 갖고 싶었다. 몇 번이나 염색을 했지만 늘 내 원래 머리색으로 돌아오고는 했다. 어쩌면 예민함에 대한 이 이론은 당신에게 버거운 사실일 수도, 더 이상 듣고 싶지 않은 사실일 수도 있다. 아마 당신은 분명 인생에서 풀어야 할 숙제가 이것보다는 훨씬 더 간단하기를 바랄 것이다. 만약 내키지 않는다면 지금 책을 덮고 하루 정도 치워두었다가 나중에 다시 읽어보는 것도 괜찮다. 예민한 감정 세계에 대한 정보가 당신을 항상 위로해주는 것은 아니다. 그리고 나는 당신의 그 기분을 정말 잘 이해한다.

아마 당신은, 과거의 내가 예민하다는 것을 스스로 알아차렸을 때처럼, 인생이 혼란으로 가득 차 있고 아주 일상적인 상황조차 많은 에너지를 요구하는 버거운 일이 되어버린 자신을 발견하게 되었을 것이다. 의심의 여지없이 옳은 생각이다. 그렇다고 이렇게 계속 살아갈 수는 없다. 그렇게 흘러가도록 두어서도 안 된다. 나 역시 그렇게 되지 않도록 하겠다고 약속할 것이다. 당신은 인생에서 주도권을 되찾고 늘 원하고 바라던 대로 가족과 생활해 나가는 법을 배울 수 있다.

물론 아무리 돌려 말하거나 바꿔 말해도 당신의 예민함은 언제나 당신의 일부다. 그러나 그 예민함은 당신 안에서 놀라운 기회를 만들고 엄청난 잠재력을 발휘할 것이다. 모든 것은 이미 당신 안에 가지고 있다. 당신은 그것을 깨달아야만 하고 능력을 깨워야만 한다. 절대 바꿀 수 없는 것을 사랑으로 감싸고 받아들인다면, 그것은 곧 창의력으로 가득한 발전의 원천이 될 것이다. 그렇게 되면, 예민한 여성이나 엄마였던 당신은 빛날 것이다. 당신의 내면에는 상상할 수 없을 정도로 숨겨진 것들이 아직 많기 때문이다.

자가 진단

나는 스트레스를 얼마나 받고 있을까?

당신의 성향 자체만으로도 당신의 머릿속에는 이미 많은 스트레스가 발생한다. 그렇다고 해서 이런 상황에서 벗어날 기회가 없고, 늘 스트레스와 자극으로 가득한 삶에 머물러 있어야만 하는 것은 아니다. 당신이 지금 심리적 저항 상태나 심리적 고갈 상태에 있는 상황이라면, 즉 당신이 아주 오랜 시간 스트레스를 견디고 거기서 살아남기 위해 발버둥치고 있는 상태라면 당신의 에너지 저장고는 이미 텅 비어 있을 가능성이 크다. 이는 적어도 당신이 그런 성향의 사람이라는 것을 알려주는 것이다. 그러므로 당신이 지금 어떤 수준의 스트레스를 견디고 있는지 정확히 아는 것은 매우 중요하다.

이 자가 진단은 조용한 시간에 하는 것이 좋다. 차나 커피 한 잔을 들고 편안하게 테이블에 앉아 조용히 질문에 대한 답을 적어보자. 각각의 질문에 몇 분 정도 시간을 들여 진지하게 생각해 보아야 한다. 스트레스가 많은 상황이나 갈등을 겪고 있는 도중, 혹은 아주 바쁜 하루를 보내고 2분 정도만 시간이 나는 상황이라면 이 테스트는 하지 않는 게 좋다. 10분 정도 여유를 내서 진행하길 추천한다. 그 이상의 시간도 필요하지 않다. 조용한

한밤중에 해보는 것도 좋다.

아래의 질문을 차례대로 읽고 스스로에게 질문한 뒤, 화려한 무늬나 테두리 장식이 없는 하얀 종이에 답을 적는다.

1. 아침에 눈을 뜨면 가장 먼저 무슨 생각이 드나요?
2. 당신의 오늘 하루, 아니면 어제를 거꾸로 떠올려보세요. 저녁부터 아침까지 했던 일이나 그 과정의 단계를 적어두고, 그 상황을 최대한 멀리서 객관적으로 살펴봅니다.
3. 이제 그 과정을 적은 종이를 보며 심호흡을 합니다. 그 하루를 돌아보면 어떤 기분이 드나요? 스스로를 관찰하는 기분은 어떤가요? 어떤 점이 눈에 띄나요? 어떤 생각이 드나요? 당신의 하루와 일에 대해 어떤 생각과 기분, 감정, 느낌이 드나요?

이 설문에 답하고 나면 슬픔이나 절망감이 느껴질 수도 있다. 아마 당신이 아침에 가정 먼저 하는 행동은 짜증 섞인 한숨이거나 그날 예정되어 있는 일정에 대한 부담감일지도 모른다. 당신이 지금 스트레스를 받고 있는 상태이며, 일상생활과 가족과 인생을 즐기지 못하고 있다는 사실을 깨닫는 것은 당신의 마음을 아프게 하고 슬프게 만든다. 내가 당신을 위로할 수 있다면 좋겠지만 당신은 이 사실을 아는가? 바로 오늘이 아주 중요한 날이라는 사실을 말이다. 당신의 감정이 무슨 말을 하는지 충분히 설명하도록 두어야 한다. 당신의 감정에 귀 기울이고 당신이 놓치고 있는 것이 무엇인지 분명히 해야 한다. 당신은 무엇을 원하고 있는가? 다시 당신에게 아주 평범한 날이 돌아온다면 당신은 어떻게 하고 싶은가? 무엇 때문에 당신은 고통받고 한숨을 쉬고 있는가? 지금 하고 있는 일 대신 당신이 정말 하고 싶은 일이 무엇인지 분명하게 알 수 있는가?

절망, 분노, 슬픔이나 무력감 같은 것이 당신의 감정일 수 있다. 하지만 그것은 당신의 인생을 더 힘들게 만들기 위해 당신을 찾아온 것이 아니라, 오히려 당신이 일상으로 불러오지 않은 것이 무엇인지 깨닫게 하기 위해 찾아온 것이라 할 수 있다. 그러니 슬픔을 외면하지 말고, 다른 생각을 하려고 하지도 말고, "어떻게 해야 하는 거지?"라고 묻는 것도 그만두어야 한다. 이러한 것들은 당신의 자리와 시간을 앗아가 버릴 것이다. 아주 잠시 동안은 당신의 슬픔과 실망을 있는 그대로 두어도 된다. 그 감정들이 전달하고자 하는 말은 당신에게 아주 중요한 의미가 있을 테니까!

4장

스트레스에 현명하게 대처하기

신중함은 저주일까 축복일까

우리는 일상생활에서 얼마나 자주 부정적인 감정을 느끼고, 그런 감정 때문에 시간을 소비할까? 그 감정을 행동으로 옮길 가능성은 얼마나 있을까? 사회적 규범은 당신의 아이가 아이스크림을 더 사주지 않았다고 몇 분이나 떼를 쓰다가 달리는 지하철에서 울음을 터뜨리는 일을 허용하지 않는다. 이런 일이 벌어지면 아마 분명히 어떤 낯선 사람이 다가와 곁을 맴돌다가 묻지도 않고 당신의 아이를 가르치려 들 것이다. 그리고 당신은 아주 익숙한 말을 듣게 될 것이다.

"자자, 아가, 왜 이러고 있어? 너는 이미 다 큰 아이잖아! 고작 아이스크림 같은 걸로 울면 안 돼!"

이런 상황이 그다지 최악은 아니다. 그렇지 않은가? 당신은 아주 조금만 더 버티면 된다…. 그러니 조금만 힘을 내면 된다! 기차에서 다 큰 어른이 울면 안 된다! 그러니 이 상황의 긍정적인 면을 보아야 한다…. 하지만 대체 지금 이런 상황에서 긍정적인 면이란 무엇일까?

내 시선으로 볼 때 이곳은 절망으로 가득하다. 다른 말로 풀이하자면, 아마 당신도 분명히 마음을 다잡는 과정을 포기해 버린 예민한 엄마일 가능성이 높다는 뜻이다. 분명 '기쁨, 평화, 즐거움' 같은 감정을 느낄 수 없었을 테니 말이다. 당신은 수없이 많은 요가나 명상 같은 프로그램을 통해 감사와 수용을 연습하는 법을 시도했을 테지만 아마 비참하게 포기했을 게 분명하다. 하지만 나는 이런 방법을 완전히 포기하지 말라고 부탁하고 싶다. 그러한 다양한 방식은 실제로 당신에게 도움을 줄 수 있고 일상생활에서 겪는 어려움의 일부를 어느 정도는 해결해 줄 수 있기 때문이다. 우리가 제대로 해내기만 한다면 말이다.

모든 방법을 시도했지만, 그래도 여전히 불편한 나

세바스티엔네는 아주 예민하고 섬세한 감정을 지닌 15개월 된 딸을 키우다가 더 이상 견딜 수 없을 정도로 스트레스가 한계에 달해 나를 찾아왔다. 그녀는 피곤에 절어 있었고, 늘 몸이 아팠고, 수면 부족에 시달리고 있었다. 그녀가 이야기한 바에 따르면, 그녀의 딸은 정말 믿을 수 없을 정도로 많은 부분에서 극단적인 모습을 보여주었다. 친구와 가족조차도 아주 간단한 일이나 일상적인 상황들이 늘 아슬아슬한 상황을 만들고 있다는 것을 알고 있을 정도였다. 무한한 사랑과 헌신으로 가득한 엄마 세바스티엔네는 지난 15개월 동안 딸을 위해 모든 것을 다 바쳤다. '모든 것'이라는 말은 그녀가 딸이 느끼는 모든 감정을 이해하고 지지해 주며 위로해 주었을 뿐만 아니라, 이를 변화시키기 위해 가능한 모든 일을 했다는 뜻이다. 위로와 명상, 마음챙김, 시각 치료, 확신, 감사 일기, 호흡법과 근육 이완법, 자가 훈련 등 많은 것을 시도했지만, 그녀의 긴장과 분노는 사라지지 않고 늘 되살아났다.

그러던 중 가족 학교에 대해 알게 되었고 나에게 연락을 해온 것이다. 그녀와 나눈 첫 번째 메일에서 나는 그녀에게 자신이 처한 상황을 설명하고 앞으로 무엇을 원하는지 이야기해 달라고 적었다. 그녀는 자신이 지금 완전히 지친 상태에 있고 딸에게 몇 번이나 고함을 질렀다고 이야기했다. 그녀는 자신을 '버티게 할' 방법이나 애초에 그런 가능성이 있는지 알고 싶어 했고, 그렇게 아이에 대한 주제에서 벗어나 다음 단계로 넘어가게 되었다.

그녀는 아주 오랫동안 자신이 그토록 좋아하던 창조적인 일을 전혀 하지 못했고 육아에만 전념해야 하는 상황을 아주 지겨워하고 있었다. 세바스티엔네는 처음으로 상담을 하러 오는 다른 엄마들과 마찬가지로 아이를 다루는 방법과, 때때로 그들을 뒤흔들어 놓는 감정을 조절하는 법에 대해 상담하고 조언을 얻고 싶어 했다. 그녀는 딸을 무한히 이해한다고 표현했고, 자신이 어떤 감정을 느끼더라도 어쨌든 그게 틀린 건 아니라고 생각하기로 결심하고 있었다. 그녀는 나에게 자신의 일상생활의 문제를 어떻게 해결해야 하는지 물었다. 하지만 내가 "당신이 이미 알고 있는 사실 외에 더 많은 것을 제가 알고 있진 않아요."라고 말하자 약간 실망한 듯 보였다. 나는 그녀가 자신의 감정을 '옳은 것'과 '그른 것'으로 구분하지 않고 실제 생활에서 받아들이는 것이 더 중요해 보인다고 말했고, 우리는 그렇게 서서히 변화를 시도해 나가기로 했다.

마음챙김은 종종 완전히 잘못 이해되고 해석된다. 사실 이것은 온전히 가치 판단을 하지 않는 것이기에 부정적인 느낌 역시 잘못된 것이거나 금지해야 한다고 여기지 않는다. 그저 바로 여기, 그리고 지금 만나는 우리의 지각과 인식에 관한 교육 그 이상도 이하도 아니라고 설명한다. 아주 엄밀하게 말한다면, 무척이나 무심한 것이어서 '맞지 않는', 혹은 '불편한' 것으로 평가되는 감정을 금지하거나 인정하지 않는 것이다. 내가 참석한 많은 수양회, 명상회 또는 침묵 수업에서는 눈물을 터뜨리는 사람이 늘 한두 명씩 있었다. 물론 감정이라는 것이 저절로 사라지고 허공으로 흩어지는 것이 아니기 때문에 이런 감정은 당연하고 옳다. 오히려 그동안 우리는 이런 감정들을 억압하고 억눌러 깊은 지하에 가두어놓고 그들이 임무와 목적을 수행하는 걸 방해했기 때문에 온전한 잠재력과 내면의 삶을 알 수 없었던 것이다.

하지만 문제는 우리가 종종 분노에 대해 부정적인 평가를 하는 경우가 많다는 점이다. 분노는 그저 분노일 뿐이다. 다만 그 분노를 우리가 어떻게 만들고, 어떻게 평가하고, 어떻게 그런 감정을 느끼지 못하도록 금지하는지가 종종 문제가 되는 것이다. 우리는 아이들에게조차 모든 감정이 허락되지 않으며, 때로는 사회적으로 인정받는 것과 그렇지 못한 것이 있다고 가르치고 있지 않은가.

지하철에서 우리들은 옆에 앉은 사람과 가벼운 대화를 나누지 않고 휴대전화 뒤로 숨는다. 그것이 내키지 않는 일이기 때문이다. 만약 누군가 옆자리에 앉은 사람에게 말을 걸더라도 그 시도는 늘 실패하고 말 것이다.

세바스티엔네는 믿을 수 없을 정도로 딸의 감정을 이해하고 있었고 딸이 화를 내거나 슬퍼하거나 실망하는 이유를 공감해 줄 수 있었지만, 딸이 감정적인 상태에 있는 짧은 순간에는 아이가 자신의 감정을 바람직하지 않다고 느낄 만한 말들을 했다.

몇 달간 이어진 마음챙김 연습에도 불구하고 그녀는 평정심을 잃었다. 그것은 그녀에게 불편함 이상이었다. 그녀는 자신의 습관을 가능한 한 빨리 없애버리고 싶었고, 이러한 감정을 받아들일 수 없었으며, 더 이상 마주치고 싶어 하지도 않았다. 세바스티엔네는 나에게 자신이 이 순간을 사랑하고, 북돋아주어야 하며, 바꾸어야 한다는 것을 알고 있다고 했다. 소위 말하는 'love it, leave it or change it'이라는 것이다. 그러나 바로 여기에 문제가 있다. 어떻게 이것을 실행할 것인가? 만약 아이가 하루에도 몇 시간씩 심하게 울어대는데도 이 순간을 사랑해야 할까? 아니면 집을 나가서 아이를 혼자 두어야 할까? 그건 분명히 선택지가 아닐 것이다. 그렇다면 어떤 변화를 선택해야 할까? 그렇다. 바로 그것이 지금 그녀를 위한 것이다. 나는 그녀에게 전제를 달았다. 아이에게 선을 확실히 정해주어야 한다거나 좀 더 엄격하게 훈육해야 한다거나 감정을 감추어야 한다고 말하지 않을 것이라고 말이다. 만약 그랬다면 그녀는 곧 돌아가버렸을 것이다.

세바스티엔네 역시 명상을 시작하고 가끔 요가를 하면 자연스럽게 마음의 평정이 찾아올 것이라 생각했다. 마지막으로 나는 엄마들에게 21일 명상 코스를 추천했다. 이 과정을 마친다면 아이와 함께하는 일상생활이 훨씬 수월해질 것이었다.

하지만 유감스럽게도 이러한 수업은 우리 자신을 있는 그대로 볼 수 있을 만큼 충분한 용기를 가진 경우에만 가능하다. 분노는 예민함의 중심 주제이자 이 책의 후반부에서 더 집중적으로 다룰 것이다. 우리는 다시 앞에서 다룬 자가 진단을 통해 자신의 스트레스 정도를 구별하는 데 도움이 되는 질문으로 돌아갈 것이다. 이것들은 서로 어떠한 연관이 있을까?

유감스럽게도 자신이 할 수 있는 일이 없다는 인식은 예민한 엄마가 느끼는 스트레스에 아주 부정적인 영향을 미친다. 자신의 속도로 성장 발전하는 아이와 그런 아이를 무한한 사랑과 아이의 필요 혹은 유대감으로 양육하거나 이끌려고 하는 엄마는 종종 한계에 부딪힌다. 그리고 이러한 기준에 따라 움직이는 것은 쉴 틈이 거의 없다는 것을 의미하고, 따라서 상상하기 힘들 정도로 스트레스를 높인다. 결국 인생의 어느 순간에 '부정적'인 감정을 다룰 수밖에 없는 상태가 되는 것이다. 가장 좋은 방법은 바로 오늘 시작하는 것이다. 그러한 부정적 감정들을 마주하고 채워지지 않은 욕구가 우리 내면에 존재한다는 것을 스스로에게 인식시키지 못한다면 우리는 더 이상 앞으로 나아갈 수 없다. 정교하게 짜인 좋은 날씨 프로그램은 당신에게 맞지 않고, 그것은 절대 당신의 잘못이 아니다. 당신은 당신과 나, 그리고 수백 수천 명의 엄마가 여기에 있다는 사실을 깨달아야 한다. 그리고 당신과 나, 그리고 세바스티엔네 모두는 같은 질문을 하고 있다.

도대체 어떻게 해야 할까?

나는 이 질문의 답이 다른 곳에 있다고 생각하지 않는다. 몸부림과 긴장, 부담감과 스트레스에서 벗어나려면 마음챙김이 우리에게 진정으로 원하는 것을 알아야만 한다. 내가 나를 진정으로 인식하고 나 자신에게 귀를 기울여야만 한다는 것을 알아야 하는 것이다. 감정들은 그저 나에게 무엇인가를 말하는 것에 불과하기 때문이다!

내가 나 자신에게 마음속 깊숙한 곳에서 요동치는 감정에 귀를 기울이도록 허락할 때, 그때서야 비로소 새로운 관점과 창의력을 위한 공간이 만들어진다. 그러한 존재를 인정하고, 그것을 느끼는 것이 그다지 가치 있는 것처럼 보이지 않을 수도 있지만, 그러한 공간을 만들어주어야 한다. 당신 내면에 있는 감정의 세계에 몸을 내던져야만 비로소 이런 말을 할 자격이 생긴다.

지금 여기는 모든 것이 엉망진창이야!

남편과 말다툼을 한 어느 날, 나는 탁자 위에 하얀 종이 한 장을 올려놓았다. 지난 몇 년간 나는 많은 책을 읽었다. 그 책 속에는 나쁜 감정들에 집중하지 말고 오히려 좋은 감정이라고 칭하는 것에 집중하라는 말이 있었다. 나는 그러려고 열심히 노력했고, 나쁜 기분과 좌절감을 억누르고 거기에서 벗어나려고 노력했다. 그러나 그런 모습은 진짜 나답게 느껴지지 않았고, 전혀 도움이 되지 않았다. 게다가 남편과 나는 매일매일 엄청나게 감정적으로 싸웠다. 나는 종이 한가운데에 '내가 싫어하는 것'이라고 쓰고 마인드맵을 만들기 시작했다. 나를 화나게 하는 것들을 적어 넣고 동그라미를 쳤다. 그런 다음 그 종이를 집어 들고 내가 무엇을 싫어하고 있는지 보았다. 그런 다음 다시 종이를 뒤집어서 긍정적인 점을 찾아보려 했다. 이것이 훨씬 어려웠다. 사실 지금까지 내가 좋아했던 것을 떠올리게 한 것은 내면의 필요에서 나온 것이 아니라, 내 어깨 위에 앉은 천사가 속삭이는 말에 불과한 것임에 분명했다. 나는 몇몇 단어를 썼다가 다시 몇 개를 지웠다가, 마침내 쓰는 것을 중단했다. 그리고 한숨을 쉬며 종이를 접었다.

마음이 한결 가벼워졌다. A4 용지에 휘갈겨 적은 것들은 비폭력과는 거리가 한참이나 멀었다. 그것은 누구에게도 도움이 되지 않았고 어떤 가치도 없었으며, 그저 잘못된 것에만 초점을 맞춘 것이었다. 나는 짜증과 긴장을 숨기고 있었던 몇 주가 지난 다음에야 무엇이 나를 괴롭히고 있는지 말할 수 있었고, 그럼으로써 마음이 한결 가벼워졌다. 나는 종이를 접어 올려두고 방을 나왔다.

남편이 돌아왔을 때, 나는 그에게 쪽지를 건네주고 큰 소리로 읽어 달라고 부탁했다. 그는 침을 삼키고 읽기 시작했다. 남편이 단어를 읽어갈수록 그것이 잘못됐다는 느낌이 들기 시작했다. '증오'는 더 이상 옳은 표현이 아니었다. 그것은 '스트레스를 받는다'라든지 '나 지금 너무 긴장했어, 왜냐하면', 혹은 '나는 그게 싫어… 그건…'이라는 말을 강조하는 단어였다. 내 안의 상자를 비워버리고 다시 정리할 수 있게 된 지금, 내가 바라보는 세상은 많이 달라졌다.

우리 세대에는 많은 것들이 그렇게 좋은 상황이 아니다. 예를 들어 다른 사람들보다 더 오래 감정을 (반드시) 견뎌야만 하는 사람들에게 그들이 필요할 때마다 공간을 내어주기에는 이 세상이 너무 빠르고 성과 지향적이다. 그럼에도 그것은 반드시 필요한 과정이기도 하다. 우리 사회는 감정을 켰다가 다시 끌 수 있는 스위치를 요구하고, 그래서 당신이 생존에 필요한 활동, 예를 들어 세금을 신고할 때 감정에 휩쓸리지 않기를 원한다. 오늘은 딸과 말다툼을 해서 너무 속상한 나머지 계산을 할 수 없으니 하루 늦게 결산서를 제출한다면 어떻게 될까?

우리는 "이제 두 번 다시 울지 않을 거야!" "그런 행동은 안 돼!" "그렇게 느끼면 안 돼!", 그리고 "더 힘을 내!" 중에서 정확하게 하나의 목적에 도달해야 한다. 마치 당신 스스로가 자신을 느끼는 것을 잊는 것처럼 말이다. 당신은 감정을 억누르고 가두고, 지금보다 더 적절하다고 생각될 때까지 감정들이 모이게 만든다. 하지만 내 이론에 따르면 당신이 그 감정을 느꼈을 때에만 당신의 충동과 감정에 따른 행동을 제대로 이야기할 수 있다.

위의 예로 돌아가 보자. 만약 몇 주 전에 내가 폭발하지 않고 분노와 스트레스를 그저 가두고만 있었다면 어떤 일이 벌어졌을까? 아마 여러 번 말했듯이 불만족스러움으로 나 자신을 괴롭히고 내가 '싫어하는' 모든 것들을 남편 코앞에 들이미는 대신, 다른 해결책을 찾아야만 한다고 생각했을 것이다. 남편과의 사이에서 무슨 일이 일어났을지는 아마 쉽게 예상할 수 있을 것이다. 그렇다. 아마 서로에게 큰 상처를 남겼을 것이다.

그러나 나는 내 부정적인 감정을 인식하고 받아들일 권리, 그리고 어떻게든 행동할 수 있는 권리를 나에게서 빼앗아버렸고, 그것을 손에 쥐고 행동할 수 없도록 스스로를 통제해 버렸다. 나를 느끼고 인식하는 능력과 함께 말이다.

나의 감정은 나의 당연한 권리

나는 나에게서, 그리고 다른 사람에게서, 특히 내 아이들에게서 그들의 당연한 권리인 스스로의 감정을 인식시키기 위해 '나의 감정은 나의 당연한 권리!'라는 문장을 강조하기보다는, 그들 모두에게 권리가 있다고 늘 반복하고 또 반복해서 나에게 그 사실을 상기시킨다. 이 훌륭한 권리는 우리 모두가 가지고 있다. 울음과 슬픔, 분노와 노여움,

스트레스와 불평은 감추고 가두어야 마땅한 것들이 아니다. 나는 그 감정들이 철창 뒤에 갇혀 있을 때가 더 위험하다고 확신한다.

당신과 당신의 가족을 더욱 풍요롭게 만들어줄 격언:

나의 감정은 나의 당연한 권리!

당연한 말이지만, 이 격언은 당신이 아이나 남편에게 소리를 지르고 난 뒤에 하는 항변은 결코, 절대 아니다! 이 말은 당신의 감정이 생기고 싹을 틔우고 겨우 피어날 때 당신에게 도움이 되어야만 한다. 그리고 당신과 당신의 가족에게도 도움이 될 것이다. 당신의 스트레스를 느끼고 그것의 이름을 정해보자. 그래야만 남편이나 가족이 당신에게 휴식이 필요하다는 것을 알 수 있다.

분노를 느끼고 그것에 이름을 붙여보자. 그러면 아이들은 분노가 어디에 있는지 알게 되고, 그렇게 되면 크게 소리 지르거나 분노를 폭발하거나 울고 겁을 내는 것보다는 당신의 미래에 훨씬 큰 도움이 될 것이다. 당신의 슬픔을 들여다보고, 깊은 한숨을 한번 쉬거나 잠시 눈물을 흘리는 것이 당신의 영혼에 얼마나 좋은 일을 하는지 알아야 하고, 그것에 감사하는 법을 배워야 한다. 눈물은 신체가 스트레스 호르몬을 쉽게 배출하기 위해 사용하는 효율적이고 간단한 도구다. 이를 위해 눈물이 존재하는데, 우리가 왜 눈물을 참아야 할까?

당신의 감정이 실제로 당신과 주변 인물들 간의 연결고리라면

당신은 무엇을 위해 힘을 내야 할까?

특히 이런 나쁜 결심은 예민한 사람들에게 상처를 입힐 것이고 오랫동안 그들을 따라다닐 것이다. 당신이 이 감정들을 알고 있으면 준비가 되어 있다는 뜻이다. 당신은 다시 구석에 몰리지 않도록 감정적으로 반응하지 않는 것을 이미 배웠다. 그리고 아마 분명히 당신의 반응이 그렇게나 멍청한 짓은 아니라는 것을 확인하기 위해 오랫동안 많은 노력을 했을 것이다.

진실을 말하자면 당신의 감정은 당신의 훌륭한 권리일 뿐만 아니라, 그 이상으로 당신의 훌륭한 능력이기도 하다. 그러한 감정은 우리가 살아가는 이 세상에 꼭 필요한 구성요소이자 절대 가두어놓아서는 안 되는 것이다.

우리는 우리를 느끼는 법을 배울 수 있으며,

또한 다른 사람에게 그들의 감정을 있는 그대로 표현하는 공간을

내어주는 법도 깨달을 수 있다.

그렇기 때문에 나는 우리 모두가 좀 더 자주 슬퍼하고 감정적으로 반응하기를 바란다. 그리고 그렇게 되어야만 우리 사회가 감정을 다루는 법을 배울 실제적인 기회를 얻는다고 생각한다.

아마도 당신은 종종 이런 식으로 행동해서는 안 된다거나 감정을 폭발하는 것이 적절하지 않다는 말을 들었을 것이다. 그리고 당신은 그저 무언가를 바꾸어야 하고, 놓아주어야 하고, 아니면 사랑하는 법을 배워야만 한다는 말도 자주 들었을 것이다. 사실 완전히 틀린 말은 아니다. 연구에 따르면 예민한 사람들은 마음챙김의 과정에 아주 긍정적으로 반응한다고 알려져 있다.[19] 명상, 마음챙김 코칭, MBSRMindfulness Based Stress Reduction(1979년 매사추세츠대학교의 의과대학 부설 병원인 UMass Memorial Health에서 존 카밧진Jon KabatZinn 교수가 만든 마음챙김 명상법. 마음챙김에 근거한 스트레스 완화라고 부른다-옮긴이) 등 많은 프로그램이 당신을 도울 수 있을 것이다. 하지만 이런 프로그램에 참여한다고 해서 문제가 자연스럽게 해결되지는 않는다. 이러한 과정을 소화할 수 있는 능력이나 힘보다 진짜 감정을 드러내고, 그것을 볼 수 있게 만들고, 다른 사람의 도움을 받아야 할 필요성이 더 크다면 수천 번 분노를 밖으로 내보이는 것은 전혀 도움이 되지 않기 때문이다. 당신의 감정은 거기에 있고 당신은 무언가 할 말이 있다. 그것을 부정하는 것은 많은 사람들이 감정을 다루는 또 다른 방법처럼 보인다. 그리고 나는 이것이 물론 많은 사람들에게 실제로 효과가 좋다는 것도 알고 있다. 그러나 예민한 사람들에게 감정을 억누르라고 하는 것은, 정확히 말해 자신의 감정을 미루어놓으라는 것과 같은 의미일 뿐이다. 때때로 우리가 수년에 걸쳐 이것을 해냈더라도, 아무리 늦어도 아이가 태어나고 자라는 그 기간 안에 수년 동안 범죄처럼 방치되어 있던 감정이 나타나 억눌려 있던 감정과 맞닥뜨려야만 하는 때가 분명히 오고 만다.

감정을 꺼내어 나타내는 것과 누군가에게
감정을 표현하는 것은 다른 것이다.

이 차이점을 이해하는 것이 양육의 기초다. 아이에게 부정적인 감정을 전혀 보여서는 안 된다고 생각하고 있다면, 이러한 믿음이 그대로 아이에게 전달될 위험이 있다고 생각하기 때문이다. 우리는 아이 앞에서 울지 않고 욕도 하지 않고 화를 내지 않으면 그 영향이 아이에게 새겨져 아이들도 그렇게 될 것이라 믿는다. 동시에 이 문제는 아이에게 나쁜 순간, 위기, 저항, 그리고 슬픈 순간이 존재한다는 것을 보여줄 것인지, 아니면 나 혼자 받아들일 것인지에 대해서도 굉장히 근본적인 차이를 가져온다. 아이에게 이런 안 좋은 상황이나 경험을 인지시키는 것은 나쁠만 아니라 기본적으로 그 누구에게도 허락되지 않기 때문이다. 게다가 아동 폭력은 금지된 것이다! 이러한 요소는 신체적 정신적 폭력과 연관되어 있다. 분노를 아이에게 투사하거나 표출하는 것을 정당화하는 것이 아니다. 나는 진정한 우리의 모습과 존재를 위해 이야기하는 것이다.

당신은 아이에게 가장 좋은 것을 주기 위해 오늘도 분노와
슬픔과 피로를 삼키고 있는가? 그렇다면 아이 역시 당신에게
가장 좋을 것을 주려고 한다는 사실을 떠올려라.

이러한 감정들은 당신이 자신을 망각하지 않기를 원하며, 당신이 스스로를 느끼길 원한다. 그 감정들은 살아 있다. 가능한 한 아주 강렬하게 말이다. 그들의 원초적 욕구들은 당신이 배운 것에서 나온 것이고, 당신과 당신의 세계에 맞게 설정되어 있다. 하지만 여기 우리의 세상과 모든 우리의 감정은 절대 일방적인 것이 아니다. 삶을 채우려면 당연히 우리 주변을 가득 채우는 것도 필요하다. 아이는 자신을 위해서 뿐만 아니라 당신을 위해서도 이것을 원하고 있다.

긍정으로 부정을 밀어내려는 노력

우리의 뇌는 하드 드라이브와 비슷해 보이지만 사실 완전히 다르다. 이 복잡한 '기계'의 성능은 계산과 구동으로 작동하는 기계와는 완전히 다르기 때문이다. 1960년대와 1970년대 과학자들은 우리의 뇌가 하나의 생물학적 시스템일 뿐만 아니라, 끊임없이 주변 상황에 영향받으면 다양한 형태로 적응하는 능력을 가지고 있다는 사실을 증명해냈다.[20] 그렇기 때문에 끊임없는 '재구성화reorganisation'에는 지루한

과정이나 딱딱한 지식 대신 유연하고 역동적인 지식도 필요하다.

연구팀은 이러한 과정이 어떻게 작동되는지, 그리고 왜 사람들이 사고나 질병을 겪은 뒤에도 특정 기술을 다시 배우는 능력을 가지고 있는지에 대한 이유를 알아내기 위해 1972년 원숭이 뇌에 있는 특정 신경섬유를 절단하는 실험을 했다.

단 2개월이 지났을 뿐인데 실험 대상이었던 원숭이의 뇌의 영역이 더 이상 자극에 반응하지 않았다. 대신 다른 영역의 크기가 거의 2배로 늘어나 실험 영역의 일을 대신 수행하고 있었다. 몇 달 뒤, 연구진은 가여운 원숭이의 가운뎃손가락을 절단하는 실험을 했다. 그리고 얼마 지나지 않아 역시 뇌에서 가운뎃손가락의 영역은 사라지고 다른 손가락을 담당하는 영역이 그 빈 공간을 대신 차지한다는 사실을 증명했다. 이것은 가운뎃손가락이 하던 역할 자체를 대체할 수는 없지만, 뇌의 기억 공간은 낭비되지 않고 즉시 다른 기능에 대체되어 사용되고 있다는 것을 분명하게 보여주는 결과다.

이렇게 신경 가소성에 대한 새로운 이론이 탄생했다. 우리는 이 실험을 통해 뇌 안에 일종의 무료 '저장 공간'이 있고, 그 공간을 차지하기 위한 치열한 경쟁이 있다는 사실을 알게 되었다. 어떤 특정 영역을 더 이상 사용하지 않거나 어떤 능력을 오랫동안 쓰지 않고 더 이상 훈련하지 않으면 그 공간은 다른 곳으로 사용된다. 이 이론은 이러한 공간을 잠재력 사용 공간으로 이용할 기회를 만들어준다. 말로는 쉽지만 사실 그렇게 쉬운 일은 아니다. 그래서 신경 가소성에 대해 잘못

이해하는 지점이 있기도 하다.

— 신경 가소성은 항상 경쟁과 관련되어 있기 때문에 우리가 나쁜 습관을 버리는 것이 왜 그렇게 어려운 일인가에 대한 이유를 명확하게 설명한다. 대부분의 사람들은 우리의 뇌가 지식으로 가득한 커다란 저장고라고 생각한다. 그래서 나쁜 습관을 고치고 싶을 때는 그곳에 새로운 것을 담기만 하면 된다고 여긴다. 하지만 유감스럽게도 그렇게 간단한 일이 아니다. 만약 우리가 나쁜 습관을 들이면 그것은 뇌의 특정한 영역을 차지하게 되는데, 이 습관을 반복할 때마다 뇌에 대한 통제가 점점 강해져 그 공간을 좋은 습관이 사용하지 못하도록 한다. 따라서 어떤 습관을 들이는 것이 고치는 것보다 훨씬 쉽다.[21]

버릇을 고치는 것이 불가능하다는 뜻은 전혀 아니다! 그러나 신경 가소성 이론은 그런 노력이 왜 그렇게 어려웠는지 알려준다. 어쩌면 당신은 당신이 처한 상황에서 긍정적인 것을 찾기 위한 노력을 몇 번이나 거듭했음에도 실패했을 수도 있다. 그 이유는 모든 것을 긍정적으로 보고 감사함을 느끼는 새로운 습관을 위해 사용하고 싶었던 바로 그 공간을 이미 나쁜 습관이 차지하고 앉아 당신을 방해하고 있었기 때문이다. 그러나 이제 당신의 에너지를 최대한 투자하여 새로운 과제에 맞선다면, 그런 나쁜 습관들은 새로운 습관에 공간을 내어주고 사라지게 될 것이다.

두려움을 극복하는 법을 배울 수 있을까?

당신의 예민함을 당신의 삶과 조화시키려면 무엇보다 당신의 두려움을 반드시 극복해야 한다. 어떤 사람들은 내가 이미 이 책에서 소개한 다른 여성들의 경우처럼 극복할 수 있을 것이다. 하지만 일부는 다시 이 책의 다음 단계에 가서야 깨닫거나, 어쩌면 스스로 발견할 수도 있을 것이다. 두려움이 무엇에 도움이 되는지, 그리고 왜 미래에 대한 관심이 두려움을 만나야 하는 것인지에 대해서는 9장 '내면의 비평가, 모든 일을 망치다'에서 더 자세히 살펴보도록 하자.

그럼에도 당신은 이미 아이와 무언가를 할 때, 아니면 아주 일상적인 일을 할 때에도 매우 전형적인 두려움과 마주쳤을 것이다. 아마 그 두려움은 당신의 예민함 때문일지 모른다. 그렇기 때문에 그 일상적 두려움은 우리가 자세히 들여다보고 확실하게 물어봐야 하는 가치를 지닌다. 그러한 감정들은 우리가 우리 자신을 약간 보듬는 것만으로는 해결되지 않는다.

어떤 사람의 스트레스와 부담감은 적어도 세 가지 방식으로 해소될 수 있다. 도구적 방식(구조적인 방식으로 8장에서 율리아의 경우가 여기에 해당된다), 정신적 방식(이번 장에서 당신의 자존감 강화를 위한 확언 실전 활용에서 자세히 다룰 것이다), 그리고 예방적인 방식이 그것이다. 이번 장에서는 예방 가능성에 대해 자세히 살피고, 그러한 방법으로 두려움을 줄여 평온한 일상을 살아가는 데 도움을 주고자 한다.

이기적인 엄마라는 두려움에서 벗어나기

당신의 아이는 너무나 소중하다. 물론 우리 자신 역시 그렇다. 이 세상에 우리 아이들보다 뛰어나고 가치 있는 존재는 없을 것이다. 나는 당신이 아이를 얼마나 사랑하고 있으며 아이들에게 얼마나 좋은 엄마가 되고 싶어 하는지 아주 정확히 알고 있다. 그러나 스스로에게 좋은 일을 하는 것이 이기심과는 다르다는 사실을 알아야 한다. 이것은 모든 영역에서 아주 중요한 사실이다. 그 둘은 관련이 없다.

스스로의 편에 서서 자신을 돌보기 위해 노력하고, 동시에 자신의 건강과 만족감, 삶의 질에 대해서도 신경 써야 한다. 당신은 아이들에게 아주 소중한 본보기다. 아이들 역시 스스로의 행복을 추구하는 부모의 모습을 가슴속에 간직하기 때문이다. 아이들은 20년 후를 내다보기 때문에 여기에는 무한한 휴식이 자리할 수도 있다. 아이들이 자라 부모가 된다면 당신은 지난 몇 년 동안 아이 속에 자리 잡은 부모의 모습이 어떤 영향을 미쳤는지 지켜볼 수 있을 것이다. 성인이 되어 막 가정을 꾸린 아이에게 당신은 무엇을 바라는가? 그 아이가 자신을 희생하고 자신의 모든 시간을 가정에 바치기를 바라는가? 너무나 지치고 불행한 대가를 치르더라도?

아니면 당신의 아이가 가족생활을 소중히 여기고, 다른 가족 구성원에게 무엇이 필요한지 이해하는 동시에 자신의 필요와 욕구도 동등하게 다루기를 바라는가? 가족들의 요구에 헌신하는 것이 평등한 가족의 전부이자 근간이기는 하지만, 그렇다고 해서 모든 일을 꼭 그렇게 할 필요는 없다. 오히려 우리는 가족생활에 필요한 요구 사항들을 가족 구성원들에게 재분배하는 방법도 배워야 한다. 이 말을 우는 아이를 두고 저녁에 친구 만나러 간 상황과 동일시해서는 안 된다. 그건 그저 당신의 환상일 뿐이다. 당신은 아이를 모른 체하고 당신을 위한 일을 할 수 없을 것이다. 당신은 앞으로 내가 예로 들 상황에서 당신의 아이가 견뎌낼 수 있도록 당신이 할 수 있는 모든 것을 할 수 있다.

당신은 아이를 돌볼 좋은 사람을 찾고, 그 사람이 아이를 아주 잘 돌봐줄 것이라고 믿어야 한다. 그 사람을 믿고 외출을 하고, 10분 뒤에 전화를 걸어보고, 최상의 경우 그 사람이 아이를 잘 달래주어 아이가 별 탈 없이 놀고 있다는 것을 알게 될 것이다. 처음에는 생각대로 되지 않더라도 당신과 아이에게 두 번째 기회를 주어야 한다. 어쩌면 그 시간이나 그날, 그 요일, 그날의 자극이 아이를 어렵게 했을 수도 있다. 아마도 당신은 스스로를 의심하고 두려움을 느낄 수도 있다. 아마도 말이다. 어쩌면 아이가 한 시간 동안 엄마를 포기하도록 만드는 것은 너무 크고 무리한 기대일 수도 있다. 그건 의심할 여지가 없는 일이다. 그리고 나는 어떠한 상황이더라도 그런 아이들을 평가절하하지 않을 것이다.

그러나 나는 당신과 당신의 시스템에서 무엇보다 필요한 것은 당신이 좋은 경험을 하고, 당신이 아이와 유일한 연결고리가 아니란 걸 깨달아야 한다고 강조하고 싶다. 당신의 아이는 오직 당신만이 아니라 훨씬 많은 다른 사람이 필요하다! 거기에 익숙해지는 데에는 시간이 필요할 것이다. 당신은 당신과 아이, 그리고 새로운 돌보미에게도 시간을 주어야 한다. 그래야 당신이 없는 동안 아이와 돌보미 사이에도 새로운 관계가 정립된다. 물론 시간이 필요한 일이다. 분명히 당신은 아이와 작별인사를 할 때 우는 아이를 보면서 아이에게는 내가 필요하고, 그러니 나가서는 안 된다고 느낄 것이다. 바로 지금처럼 말이다.

하지만 여기서 꼭 알아야 할 두 가지 중요한 사실이 있다. 첫째, 아이들은 자신의 경험을 통해 세상을 이해하는 법을 배운다. 대략 만 세 살이 될 때까지 아이들은 논리가 아닌 감정으로 자신의 반응과 감정, 그리고 행동을 해석한다. 아이들은 자신의 행동에 대한 반응을 자신의 애착인으로부터 얻는다. 아이들은 울면 달래주는 반응을 통해 자신이 울면 그들이 적절한 반응을 보여준다는 사실을 직관적으로 느낀다. 동시에 모든 사람들이 자신과 똑같이 느끼고 있다고 여긴다. 이것은 아직 의식 수준에서 일어나는 일은 아니다. 이제 태어난 지 4년이 안 된 뇌는 다른 사람의 관점을 생각할 만큼 성숙하지 않아서 상대방이 어떤지 생각할 수 없다. 태어난 첫해에 아이들은 가능한 한 가족 구성원이 같이 있어야만 자신의 생존이 안전하다는 사실을 배운다. 그래서 아기들의 요구에 재빨리 반응하면 아기들은 그것을 통해 안전함을 느끼고 배우는 것이다. 그러므로 당연히 유아나 아기의 입장에서는 가족이 멀어지는 행위가 절대적으로 이해할 수 없는 행동이다. 그것은 안전한 지역에서 멀어지는 것이자 어마어마하게 위험한 상황에 처하는 것이기 때문에 아기들은 절대 양육자에게서 떨어지려 하지 않는다. 아이의 입장이 되어보면 당신이 작별인사를 하는 그 순간이 도저히 이해할 수 없고 위협적인 상황으로 보인다는 것을 충분히 이해할 수 있다. 그러므로 아이가 지금 우는 것은 무조건 지금, 꼭 당신이 필요하고 다른 사람은 필요하지 않다는 의미가 아니라, 그저 지금의 헤어짐을 위험한 것으로 여긴다는 의미일 뿐이다.

둘째, 물론 아이가 네 살이나 다섯 살, 심지어 아홉 살이 되어서도 당신 곁을 떠나려 하지 않을 수도 있다. 특히 아이가 예민하다면 당신은 이미 그 사실을 알고 있을 것이다. 그 나이가 되면 아이도 더 이상은 동굴에 갇혀서 살 수 없다는 사실을 논리적으로 이해한다. 아이는 경찰과 소방관을 알고 있으며, 당신 역시 아이에게 바깥세상에 위험한 것만 있지는 않다는 사실을 분명하게 이해시켰을 것이다. 하지만 위에서 설명했듯이 세상을 해석하는 일은 아이 인생의 첫해에 일어났던 것처럼 그렇게 간단하지 않다. 결국 우리는 평생을 배워야만 하는 것이다. 만약 아이가 어느 정도 나이가 들어서도 당신과 헤어지는 것을 좋아하지 않는다는 확신이 든다면, 당신은 자신을 돌아봐야 한다.

그러나 걱정할 필요는 없다. 나는 "당신이 편안해야 아이 역시 편안할 것이다!" 같은 말은 절대 하지 않을 것이다. 그보다는 아이와 헤어질 때 당신의 감정을 바라보라고 말하고 싶다. 당신은 말하지 않았지만 아이는 당신의 목소리를 느꼈을 것이다. 아마도 아이는 당신의 불안을 알아차리고 아이들의 방식으로, 아이들이 알고 있고 지금까지 이해했던 방식으로, 그리고 그것이 당신에게도 좋다고 여겨 그대로 반응했을 것이다. 이것은 순전히 서로의 유대감을 만든 것이자 아이들에게는 아주 정상적인 반응이다. 친밀함은 안전을 뜻하기 때문에 아이들은 친밀감을 유지하려 한다. 당신과 아이가 함께 있으면 서로를 위로하고 서로에게 의지할 수 있다. 당신과 아이는 서로에게 가장 좋은 파트너가 되려고 한다. 그렇기 때문에 아이는 당신을 돌보고 보호하려고 한다. 당신이 떠나는 것이 아이에게는 옳지 않은 일이라고 느껴지기 때문이다.

그러나 당신과의 작별이 당신에게 안전하고, 기쁨과 휴식과 안정을 준다는 것을 아이가 이해하면, 당신과 아이는 헤어짐에 대처하는 법을 배울 수 있게 된다. 그래도 상황이 쉽게 변하지 않으면 맨 처음 단계로 돌아가 돌보미와 그때의 상황, 시간과 날씨를 다시 점검해 보아야 한다. 그리고 내 말을 믿어야 한다. 진짜로 맞지 않았거나 완전히 틀린 방법이라거나 당신과 아이에게 훨씬 더 잘 맞는 다른 해결책이 있었다면 당신은 그것을 진즉에 알았을 테니 말이다.

이렇게 행동하면 이기적인 엄마가 되지 않을까 걱정하는 것은 전혀 근거가 없다. 당신이 실제로 그런 사람이 되지 않는 한 말이다. 그리고 당신은 자신을 아주 간단하게 판단할 수 있다.

회사가 너무 바쁠 때 하루 휴가를 받았다고 생각해 보자. 당신은 자신의 휴가 말고는 주변 사람들의 기분은 전혀 상관이 없는가? 아니면 회사 일이 바쁠 때라 조금 미안한 감정이 드는가? 이기적인 사람이라면 상황이 어쨌든 다른 사람들의 기분과 생각은 전혀 고려하지 않고 그저 자신의 이익만 추구할 것이다. 이러한 태도는 자기중심적인 태도와 나르시시즘과 관련이 있다. 하지만 당신은 어떤가?

당신의 기질은 이러한 성격적 특징과는 완전히 반대된다는 걸 당신도 알아야 한다. 당신의 예민함은 주변 동료들의 입장을 고려하고 감싸안으려는 특성을 가지고 있다. 예민함은 그런 역할을 하기 위해 존재하기 때문이다. 당신이 속한 무리에서 당신은 다른 사람들보다 훨씬 먼저 위험을 감지하고 다른 사람의 기분을 느낄 뿐만 아니라, 때때로 다른 사람의 기분을 흡수하여 오랫동안 아픔을 겪는 사람이다. 당신이 속한 집단의 전체적인 감정을 전혀 고려하지 않고 이익만을 추구하는 것은 당신의 본성과 어긋나는 일이다. 당신 안에서 '내가 잘돼야 다른 사람에게도 좋다'는 생각을 찾느니 사막에서 바늘을 찾을 가능성이 더 클지도 모른다. 즉 당신이 스스로를 돌보고 정기적으로 당신의 상태를 살피는 것은 이기적인 것과는 전혀 관련이 없다. 오히려 다른 사람들은, 당신이 스스로를 돌보고 살피는 것은 당신이 완전히 소진되지 않도록 자신을 보호하는 것이며 아주 값진 일이라고 여길 것이다.

충분한 휴식 취하기

내가 주최하는 워크숍 참석자 중에 브리타라는 여성이 있었다. 그녀는 스스로에게 아주 예민했고 자신의 과흥분과 싸우고 있었다. 그녀에게는 두 아이가 있는데 두 아이 중 한 명은 만성질환을 앓고 있었다. 나는 그녀에게 워크숍이 끝난 다음 나를 기다려달라고 부탁했다. 그녀와 그녀 가족의 일상생활에서 일어날 수 있는 특별한 상황에 도움을 줄 수 있는 곳을 알려주고 싶었기 때문이다. 그곳의 전화번호와 주소를 써준 다음, 나는 그녀에게 무조건 휴식을 취해야 한다고 진심으로 말했다.

내가 보기에 그녀는 탈진 상태에 놓여 있었다. 피곤함이 그림자처럼 그녀의 어깨 위에 내려앉아 그녀를 감싸고 있었다. 나는 그녀에게 어떤 일을 한 후에는 무조건 휴식과 안정을 취해야만 한다고 충고했다. 그녀는 미소를 지으며 고개를 저었다. 그녀의 일상은 너무나 힘들었고 그녀는 그것을 감당할 수 없었다. 그녀는 자신이 하루에 단 10분만 휴식을 취해도 그것이 곧 눈덩이를 굴리듯 감당할 수 없을 만큼 커질 것이라며 두려워하고 있었다. 그래서 나는 브리타에게 이런 상황에서는 휴식 시간을 10분으로 정할 것이 아니라, 차라리 1시간 30분으로 정하는 편이 나을 것이라고 이야기했다. 그녀의 잠재의식은 아마 오래전부터 자신에게 휴식이 필요하다고 신호를 보냈을 테지만, 그녀의 의식은 그것이 불가능한 일이라고 그녀를 논리적으로 납득시켰을 것이다.

아마 당신 역시 이러한 경험이 있을 것이다. 휴식과 안정에 대한 욕구는 어마어마하지만, 당신 내면의 목소리가 말도 안 되는 일이라고 계속 이야기했을 것이다. 아마 당신이 당신에게 좋은 행동을 하려고 할 때면 합리적이고 논리적인 굉장히 많은 이유를 대면서 훼방을 놓았을 것이다. 물론 그 뒤에는 당신의 두려움이 숨어 있다. 당신과 당신의 가족을 조화롭게 할 만한 충분한 능력이 당신에게 없을 것이라는 두려움이.

당신은 그 두려움에 감사해야 한다. 덕분에 가족이 얼마나 소중한지 다시 한번 정확하게 알 수 있게 되었으니 말이다. 또한 가족을 위해서는 그 어떤 것도 내려놓을 준비가 되어 있는 당신이 얼마나 대단한지도 알게 되었을 것이다. 그러니 이 일을 하는 당신 자신을 믿어야 한다. 당신에게 정말로 필요한 것을 손에 쥐어야만 하는 것이다! 당신은 휴식을 취해야 하지만, 그럼에도 당신의 아이에게 세상에서 가장 좋은 엄마라는 사실을 상기시켜 주어야 한다.

그렇다. 당신은 아마 이 두 가지가 서로 조화로운 요소라는 사실을 분명히 알게 될 것이다. 당신이 에너지를 충전할 기회를 갖고 멋진 경험을 하고 나면, 아이들은 시간과 인내심을 가지고 일상의 어려움을 함께 극복할 만큼 충분히 균형 잡히고 행복하며 회복된 엄마를 만날 수 있기 때문이다. 아이들이 새롭게 만나게 된 그 엄마는 그제야 진정한 어른의 모습을 하고 있을 것이다.

모든 것을 통제해야 한다는 강박에서 벗어나기

혹시 통제력을 잃을까 걱정하고 있는가? 어느 누구도 당신의 일을 당신만큼 잘 할 수 없다고 생각하고 있는가? 당신의 아이를 다른 누군가에게 맡기는 것은 너무 어려운 일이지만, 그것을 누군가가 잘 해내기를 바라고 있는가?

나는 이런 생각에 아주 익숙하다. 나 역시 페터가 태어난 첫해에는 모든 일을, 완전히 모든 일을 전부 다 내가 해야 한다고 생각했으니 말이다. 다른 누군가에게 이런 일을 넘기면 그때마다 일이 잘못될 거라 생각했고, 그래서 그 모든 일을 반드시 내가 해야 한다고 확신했다. 예를 들어 아이가 어느 날 갑자기 너무 불안감을 느끼며 심하게 운다든지, 아니면 다른 이유 때문에 달랠 수 없었다든지 하는 일들 말이다. 나는 나야말로 페터의 행동을 어느 정도 통제할 수 있는 유일한 사람이고, 오직 나만이 그 아이를 달랠 수 있으며, 아이가 안기고 싶어 하는 사람은 나뿐이라고 굳게 믿었다. 그래서 다른 모두를 위한 설명서를 작성할 수 없었다. 하지만 어느 날, 이제껏 내 인생에서 단 한 번도 경험해 보지 못한 피로감에 휩싸였다. 무력감이 찾아와 아이를 돌보는 것조차 불가능해졌다. 내가 원했든 원하지 않든 아이를 돌봐줄 다른 누군가가 필요했다. 나는 나도 모르게 통제력을 잃었다. 그것만은 절대 남에게 넘겨주지 않으려는 시도이기도 했다.

지금의 나에게 통제는 더 이상 중요하지 않다. 그것이 나를 억압한다는 것을 배웠기 때문이다. 나에게는 나의 배경에 늘 존재하고 있는 두려움을 어느 정도 진정시킬 수 있는 구조적이고 조직적인 것이 필요했다. 모든 것이 아주 정확하게 계획에 따라 진행되어야만 두려움이 사라지기 때문이었다. 하지만 유감스럽게도 이러한 정확한 계획이 모든 사람에게 실현 가능한 것은 아니다. 내 능력은 나를 힘들게 만들었고, 그래서 나는 통제력을 유지하려는 의지와 욕구에 많은 에너지와 자원을 소비하고 있다는 사실을 배워야만 했다. 아마 당신 역시 이와 비슷한 상황을 경험해 봤을 것이다.

아마 당신은 혼자 있을 수 있는 어떤 공간이나 잠시 숨 돌릴 짬을 원할 것이다. 다른 사람에게 해야 할 일을 복잡하게 말하지 않고도 모두가 자연스럽게 이미 알고 있는 작은 탈출구 말이다. 당신은 항상 모든 것을 책임지고 싶지는 않지만, 생각 한편에는 당신이 실제로 책임을 벗어 던지면 모든 것이 엉망진창이 될 것이라는 두려움도 존재할 것이다. 하지만 실제로 그럴까? 그리고 그것이 다른 모든 사람이 잘 지낼 이유로 충분한가? 오직 당신만 제외하고?

일상의 일들과 책임들을 다른 사람과 나눈다는 것은 내가 혼자 모든 일을 했던 것과는 다른 방식으로 일을 처리한다는 사실을 받아들여야 함을 의미한다. 그리고 그것 역시 아주 힘들게 익혀야 할 과제다. 아빠는 다른 방식으로 양치질을 하고 동화책을 완전히 다르게 읽어준다는 걸 받아들여야 한다. 할머니는 케이크에 더 많은 설탕을 넣고, 삼촌은 아주 위험하게 운전한다는 사실을 배우며 살아가야 한다. 통제를 포기하면 그것은 오히려 우리에게 신뢰를 키울 수 있는 가능성을 가져다준다. 이 지점에서 우리는 성공을 경험할 기회를 만날 수 있다. 아이가 처음으로 이모와 함께 놀이터에서 오후를 보낸 다음 온통 더러워진 채로 활짝 웃으며 집으로 돌아오는 것은 얼마나 값진 경험인가? 이웃 아이들과 축구를 하는 것은? 그것도 당신 없이 완전히 혼자

서 말이다. 아이를 돌봐줄 사람이 있고, 아이가 그 사람을 아주 좋아하고 만족스러워 한다면 얼마나 안심이 되는 일인가?

긴장되는 상황을 해결하는 데 통제와 엄격한 생활이 정답은 아니다. 잠시 일상을 내려놓고 새로운 길을 걸어보고, 이제껏 숨겨져 있던 당신에게로 모험을 떠나야 한다는 사실을 믿어야 한다. 그러다 보면 당신은 어쩌면 오늘 아이가 처음 입은 새 청바지에 풀물이 든 것을 보고 미소 짓는 법을 배우게 될지도 모른다.

지루함 용서하기

지루함은 예민한 사람들에게는 형벌과도 같다. 끊임없이 정보를 받아들이고 처리하도록 설계된 뇌가 갑자기 아무것도 못한다는 것은 어쩌면 불가능에 가까운 일이기도 하다. 그렇다. 말 그대로 그것은 불가능하다. 아무것도 하지 않는다고 생각하는 순간에도 뇌는 무엇인가를 하고 있다. 뇌는 끊임없이 움직이고 생각하고 작동하면서 처리할 일거리를 찾고 있다. 이것은 당신을 의욕적으로 만들거나 부산스러워 보이게 한다. 하지만 이런 모습을 어떻게 부르는지 알고 있는가? 바로 창의성이라고 부른다.

해야 할 일을 염두에 두지 않을 때, 혹은 그 어느 것도 하지 않을 때야말로 창의력을 위한 공간이 생긴다. 우리의 두뇌는 굉장히 기적적인 방법으로 상상력과 새로운 아이디어와 완전한 새로움 같은 것들이 여유 저장 공간을 사용할 수 있도록 한다. 하지만 그러기 위해서는 몇 가지 기본 조건을 갖추어야 한다. 엄밀히 말해 소파에 누워 휴대전화로 인터넷 서핑을 하는 것은 지루한 일이 아니다. 육체는 휴식을 취하는 것처럼 보이지만 사실 뇌는 몹시 바쁜 상태다. 정보가 쏟아져 들어오고 한 시간 정도 인터넷 바다를 항해하는 시간이 지나면 아이들이 들어와 당신이 왜 여전히 긴장된 상태로 있는지 의아해할 것이다.

아무것도 하지 않는 것에 대한 두려움은 우리 안에 깊숙이 자리 잡고 있다. 멈추는 것은 곧 죽음을 의미한다. 우리가 아무것도 하지 않고, 앞으로 나아가고 있지 않을 때 우리 몸은 경보 신호를 보낸다. 게다가 아무것도 하지 않는다는 것은 사회적으로도 몹시 나쁜 것으로 간주되며 게으름과 동일시된다. 분명 당신은 아이들이 막 집을 나간 지금이 빨래를 널거나 욕실을 청소하거나, 혹은 관공서에 볼일을 보러 가고, 아니면 책장을 정리하기에 좋은 시간이라고 느낄 것이다. 실제로 이런 일들이 당신을 편안하게 만들 수도 있다. 그러나 사실은 엄밀히 말해, 어떤 것도 하지 않아야 비로소 당신의 문제에 대한 해결책과 그 문제에 대해 완전히 새로운 관점이 떠오른다. 불가능한 일 같은가? 아무것도 하지 않고 구석진 곳에 앉아 있을 자신이 없는가? 이런 일들은 정말 전혀 불가능한 일일까? 한번 시도해 보길 바란다. 차 한 잔 들고 탁자에 앉거나 창가 앞 소파에 앉아보자. 푸른 나무나 창밖 풍경을 그저 바라보는 것 외에는 아무것도 하지 않는 것이다. 그리고 당신에게 다가와야 할 것이 당신에게 오도록 그냥 내버려두는 것이다.

침묵과 고요함의 가치 깨닫기

명상은 내가 예민한 엄마들에게 특히 자주 추천하는 방법이다. 명상 뒤에는 점진적으로 근육을 이완할 수 있다. 이 두 가지 방법은 예민한 사람들에게 효과가 좋다. 명상은 의식적인 호흡법이 결합된 각성과 지각의 훈련이자 안정과 평온함을 유지하게 만든다. 그리고 근육 이완은 정기적으로 할 일을 처리하고, 정보를 계속 수용하는 뇌에 일상적인 처리 작업을 하는 동시에, 육체적으로 최소한의 요구를 하는 작업이다. 이러한 단조롭고 쉬운 활동을 통해 육체와의 경계가 자연스럽게 흐려지고 아주 근본적으로 나 자신을 이완할 수 있게 만들어준다.

명상이 갈등을 해결하고 사고방식을 재구성하게 이끌기는 하지만, 그럼에도 예민한 엄마들은 결국 PMRProgressive Muscle Relaxation(미국의 에드먼드 제이콥슨Edmund Jacobson 박사가 1938년에 만든 이완요법으로 전 세계적으로 공인된 이완 치료법으로 알려져 있다-옮긴이)을 선택한다. 왜 그럴까? 침묵이 두렵고, 특히 완전히 고요했다가 갑자기 소음이 일어나는 것 역시 두렵기 때문이다. 외부에서 들어오는 모든 자극을 완전히 차단하고 자신의 사고체계도 끄고 나면 절대 끌 수 없는 하나의 목소리를 들어야만 한다. 우리의 시선이 내면으로 향할 때 필연적으로 드러나고야 마는 우리 내면의 목소리를 말이다. 이 모든 소리들, 내면에 품었던 양심적이지 못한 마음, 내면의 비평가, 그리고 완벽주의는 우리 자신의 목소리다. 그 목소리는 우리가 스스로를 더 나쁘게 생각하고, 편안하게 쉬지 못하게 하고, 지난 시간 동안 걸었던 길로 무조건 계속 걸어가도록 강요한다. 다른 것들은 전부 비논리적인 데다 불안할 수 있기 때문이다.

그러나 자신의 생각을 멈추는 즉시, 우리의 몸과 마음은 휴식으로 바뀌고 직관을 위한 무대가 마련된다. 희미한 아이디어, 잠재된 충동, 그리고 이때 마침내 가능성을 발견했을 때 느껴지는 뱃속이 간지러운 느낌. 그리고 이때 본능적으로 감정 또한 피어난다는 걸 느낄 것이다. 예를 들어 아직 일어나지도 않은 어떤 일에 대한 기대감이나 당신이 너무나 그리워하고 있는 휴식 같은 것들 말이다. 그리고 당신은 방금 느껴도 된다고 한 것을 다시 놓아버리기가 아주 어렵다는 것 역시 알고 있다.

나는 이를 매년 경험한다. 크리스마스이브와 1월 5일 사이는 내가 몇 년 전부터 지켜온 광란의 밤이기 때문이다(독일에서는 크리스마스를 아주 특별한 날로 기념하는데, 12월 24일은 보통 예수가 태어난 전날이고, 1월 6일은 주현절이라 하여 예수가 동방박사에게 선물을 받고 세상 사람들에게 존재를 알린 날로 기념한다. 특히 12월 1일에 만들었던 크리스마스트리를 1월 6일에 치우는 것이 전통인데, 저자는 이 특별한 주간을 자신만의 시간으로 쓰고 있음을 강조하고 있다-옮긴이). 그 시간 동안 나는 마법 주문과 마술, 그리고 향기로 가득한 일종의 거품 안에 존재한다. 나는 이 시간들을 아주 진지하게 받아들인다. 그 시간 동안 나는 일기를 쓰고, 내 꿈을 직접 적어보며, 이때 일어난 모든 일들을 내가 신뢰하는 사람들과 이야기하곤 한다. 나에게 이 시간은 1년 중 가장 조용하고 평온하며 마법

과도 같다. 이 기간에 나는 나의 에너지를 완전히 충전한 뒤, 그 시간이 끝나고 나면 며칠 동안 슬픔에 잠기곤 한다. 언제든 일상은 계속되고, 휴가가 끝나고 나면 다음번 광란의 밤을 위해 다시 1년을 기다려야 하기 때문이다. 매년 1월 6일이 되면 나는 아름답고 가치 있었던 그 시간을 그리워하며 고통스러워 한다. 내가 그 시간을 포기할 수 있을까? 대답은 아주 분명하다. 나는 아직 많은 마법과 내면의 에너지를 가지고 있기 때문에 앞으로도 오랫동안 그 시간들을 지금처럼 보낼 것이다.

침묵을 처음으로 경험하면 고통스러운 깨달음이나 기억이 떠오르기도 한다. 어쩌면 당신 자신이 그토록 열심히 애써 숨겨왔던 내면의 무엇인가가 갑자기 당신 앞에 나타날지도 모른다. 그러나 당신 앞에 나타난 그것은 언젠가는 마주쳐야만 하는 진실임을 명심해야 한다. 그러니 머뭇거리지 말고, 그것에 제대로 대처할 수 없다는 두려움 때문에 당신에게 찾아온 이 기회를 놓치지 말아야 한다. 침묵의 시간 동안 당신 안에 내재된 보호본능에 사로잡히지 않아야 한다. 그러면 얼마 지나지 않아 긴장된 근육과 흥분된 정신이 이완되고 회복되는 것을 느낄 수 있을 것이다. 하지만 곧 그것만으로 충분하지 않다는 것 또한 알게 될 것이다.

변화를 위한 잠깐의 생각 바꾸기

내 인생에서 아주 특별한 영향을 끼친 책은 코이케 류노스케小池 龍之介의 《생각 버리기 연습考えない練習》이다. 서양철학을 전공했던 일본의 젊은 승려가 쓴 이 책은 세계 각지에서 베스트셀러가 되었다. 이 책을 통해 우리는 우리의 지식, 우리 자신, 우리의 외모, 우리의 내면뿐 아니라, 우리 외면으로 진정한 의식을 인식하는 여행을 떠날 수 있다. 이 책을 읽는 것은 자애로운 거울에 자신을 비추어보는 것과 같다. 이 책은 가던 길을 멈추고, 내면도 잠시 멈추고, 고요함에 머물도록 당신을 초대해 당신이 지속적인 행동과 창의력을 발휘할 수 있도록 한다.

이 책의 '생각이라는 질병-인간은 생각하기 때문에 무지하게 된다'라는 장에서 저자는, 생각이라는 활동이 우리 에너지의 대부분을 차지하는 행동이라 설명하고, 그것 때문에 우리 뇌의 다른 기능이 차단당한다고 이야기한다. 우리의 의식이 '생각에 막혀' 다른 정보나 감각이 전달되는 것을 막는다는 것이다.

— …… 우리가 무질서하면 할수록 더 많은 생각이 찾아오고 그 생각은 우리의 시간을 많이 차지해 버리게 된다.

류노스케는 다음 상황을 예로 든다.

— 여자 친구와 손을 잡고 걸으면 우리 사이에서 육체적인 감정이 생겨나고, 우리는 상대의 손을 내 손 안에서 느낀다. 하지만 바로 그 순간에 우리가 무언가를 생각하게 된다면 방금 느꼈던 느낌은 순식간에 사라지고 다시는 나타나지 않는다. 그는 그의 일을 생각하고, 상대방 역시 어쩌면 다른 사람을 생각할 것이다. 그 순간 우리는 함께 있고 서로를 어루만지고 있지만 같은 공간에 존재하는 것은 아니다. 우리는 우리를 서로 단절시키는 것이다.[22]

이 부분은 나를 깊이 감동시켰다. 나 또한 아이들과 함께 있을 때 믿을 수 없을 정도로 이런 상황에 자주 처했기 때문이다. 나는 아이들의 손을 잡고 함께 공원을 산책했지만, 사실 나는 거기에 없었다. 내 일상과 내가 잘못한 일들을 생각하곤 했다. 내 잘못을 바로 눈앞에 두고도 시장에서 살 물건들을 떠올려 점검했던 것이다. 수많은 두려움과 걱정이 내 머릿속을 헤집고 있었고, 셀 수 없이 많은 잘못과 실수에 대한 분노가 내면에서 서서히 차올랐다. 아이가 나에게 꽃을 보여주었을 때 "예쁘다!"라고 말했지만 실제로는 꽃을 보고 있지 않았다. 나는 너무나도 심하게 '단절화'되어 있었다. 내 삶을 끝없이 풍요롭게 만들어주는 두 존재와 내가 함께 있도록 두지 않았다.

이런 깨달음은 해방감이 아니라 죄책감을 들게 했다. 그리고 그런 감정은 예민한 엄마들이 자주, 그리고 아주 강하게 느끼는 감정이다. 목소리가 큰 내면의 비평가는 기회가 생길 때마다 우리에게 일을 제대로 하지 못한다고 비난한다. 슬픔, 어쩌면 분노가 차오르는 것이다.

우리 자신을 재빨리 단절시키는 것은 우리의 천성인 예민함이 가지는 특징이다. 우리가 직접 한 것도 아니고, 무엇보다 우리가 그렇게 중요하다고 여기지 않아도 우리의 생각과 느낌은 엄청난 속도로 쌓여 통제할 수 없게 되고, 그 상태를 바꾸려고 시도하는 것 역시 똑같은 문제를 일으킨다. 너무 많은 생각을 하는 것에 대한 해결책을 떠올리는 것 역시 끊임없는 생각을 불러일으키기 때문이다. 이렇게 우리는 우리를 얽어매고 망가뜨리는 악순환의 고리에 갇힌다. 이를 해결하는 방법 중에 우리는 오늘 하나를 확실하게 알게 되었다.

바로, 그만두는 것이다. 그것도 지금 즉시.

이것은 마치 회전목마를 타고 있다가 어지러워져서 휴식이 필요한 것과 같다. 목마를 멈추기 위해서는 어느 시점에서 발을 내밀어 브레이크를 밟을 충분한 용기가 있어야 한다. 당신의 천성에 무방비로 마냥 끌려 다닐 필요가 없다는 것을 분명히 깨달아야 한다. 그리고 너무 많은 생각에 시달리는 당신은 이 상황을 바꿀 가능성이 없음을 받아들이지 말아야 한다. 그건 사실이 아니다. 당신은 스스로에게 휴식을 줄 수 있으며, 지금 이 순간을 즐기고 이 상황을 받아들일 수 있다. 다른 모든 것과 함께.

죄책감은 당신의 여행에 필요한 에너지를 빼앗아간다. 그러니 자신을 파악하고 활용할 수 있도록, 그래서 마침내 당신이 정말 원했던 것을 얻도록 밀어붙일 수 있는 기회를 선물받았다고 생각해야 한다. 가족과 함께하는 평온한 일상과, 바로 그 순간에 머물러 있을 수 있다는 그 느낌을 말이다. 거기에는 두려움도, 압박감도, 그리고 스트레스도 없다. 계속 밀려드는 생각의 폭풍 때문에 받는 지속적인 압박은 수많은 날 동안 우리가 시달려야 했던 느낌의 원인임에 분명하다. 우리는 그런 느낌 때문에 아이와 시간을 보내면서도 그 순간을 즐길 수 없었던 것이다. 그러나 이제 당신은 그러한 생각의 폭풍에 대비하고 스트레스를 줄일 수 있다. 당신은 이제 엄청난 속도로 어마어마하게 밀려들던 정보와 극단적일 정도로 활동적인 두뇌를 바꿀 수 있는 첫 번째 단계에 와 있다. 다시 주도권을 잡고 실현 가능한 모든 가능성과 시나리오를 평가하고 지키려고 노력하는 대신, 바로 이곳에, 그리고 바로 지금 이 순간에 온전히 머무르는 법을 배워야 한다.

스트레스에 제대로 대응하려면 가장 먼저 당신이 스트레스를 가지고 있다는 사실을 알고, 그것이 어디에서 기인했는지 알아야 한다. 스트레스의 정도에 대한 정보를 다시 한번 손에 쥐어야 한다. 그 스트레스가 당신에게 무엇을 이야기하는지 알아야 하기 때문이다. 아침에 잠에서 깨어난 직후, 가장 먼저 떠오르는 생각이 무엇인지 아는 것은 당신의 뇌가 무엇에 집중하고 있는지 알 수 있는 열쇠가 된다.

예를 들어 아침에 일어나서 가장 먼저 하는 생각이 좀 더 잠을 자고 싶은 것이라면, 그것은 당신이 피로와 수면 부족에 시달리고 있다는 좋은 증거가 된다. 이 말에 당신은 웃을지도 모른다. 그렇다. 스트레스를 분석하는 건 이렇게나 쉬운 일이다. 아이를 키우는 중이라 다른 방법을 찾을 수 없다고 생각하기 전에, 그러니까 매일 밤 수유를 여러 번 하는 중이거나 여러 번 자다 깨거나 밤 11시가 넘어야 겨우 잠드는 아이가 있다면 다시 이 장의 가장 처음을 살펴보자. 해결 방법이나 현 상황을 생각하는 것으로 스스로를 단절시키지 말아야 한다. 여기서는 그저 당신의 의식을 깨우는 일만 할 것이다. 그 이상도 이하도 아니다.

아마도 대부분의 사람들이 아침에 가장 먼저 생각하는 것은 오늘 해야 할 일과 처리해야 할 자질구레한 일상일 것이다. 나는 아침마다 내가 오늘 꼭 써야 할 이메일을 떠올렸다. 이는 내가 지금 이 순간 엄청난 부담감에 짓눌리고 있다는 것을 분명하게 말해준다. 차라리 무언가 기쁜 것, 아니면 적어도 하루 중 시간을 그렇게 많이 차지하지 않는 것을 생각하는 편이 그 순간을 기분 좋게 만들 수 있을 테고, 시간도 그만큼 빨리 지나가게 할 수 있을 것이다. 예를 들어 아이가 안아달라고 다가온다거나 빨리 화장실에 가야겠다고 생각하는 것들 말이다. 기분이 좋아지는 생각이나 어떤 가치 판단이 필요 없는 생각을 하면 적어도 그것 때문에 스트레스를 받지는 않기 때문에 걱정할 일이 발생하지 않는다. 믿음을 가져야 한다. 아침에 일어나 가장 먼저 떠오르는 생각이 당신에게 스트레스를 준다면, 그 일을 그렇게 여기고 있는 것이다.

자가 진단

이상적인 당신의 하루 그려보기

잠시 짬을 내어 어제나 그저께를 떠올려보고 그날이 어떻게 느껴지는지 생각해 보자. 그리고 종이 한 장을 펼친다. 그 종이에 당신이 생각하는 가장 밝고 가장 눈부시고 화려한 날, 당신이 꿈꾸는 날이 어떤 모습일지 적어본다.

어떤 한계나 제한도 없다. 시간, 돈, 능력 혹은 다른 조건에도 제한이 없다. 무엇이든 할 수 있고 무엇이든 해낼 수 있다. 그저 단 하나의 규칙이 존재할 뿐이다. 부정적인 비판은 하지 않아야 한다는 점! 머릿속에 한계를 설정하는 것도 안 된다. 잠시 어떤 것도 존재하지 않는다고 생각하자. 그 어떠한 것도 그 누구도 당신을 제한할 수 없다.

당신이 원하는 모든 것을 나열하고 자세하게 정한 뒤 깊이 생각해 본다. 오늘은 당신의 날이며 누구도 당신을 막을 수 없다. 24시간 내내 운동하는 것도 가능하다. 그 어떤 한계도 존재하지 않는다!

스트레스를 찾아내고 그것에 직면하라

결론은, 스트레스를 받을 때 우리는 일종의 비상상황에 놓여 있고 신체의 유기적 기능은 우리가 살아남는 것 외에는 아무것도 하지 않는다는 것이다. 우리의 꿈과 상상력은 사라져버린다. 그것을 유지하는 데 쓸 에너지가 남아 있지 않기 때문이다. 꿈이나 상상력은 우리의 인식 중간 중간에, 당신이 놀이터에서 평화롭게 놀고 있는 아이들을 바라보며 잠시 안정을 되찾을 때 흘러 들어와 우리의 마음을 빼앗는다. 그러면 잠시 해변으로 휴가를 떠나고 싶다는 생각을 하게 되는 것이다. 그러나 곧바로 이성이 뒤따라와 이것이 왜 불가능한 일인지 아주 논리적이고 이해하기 쉽게 설명한다. 생활비가 너무 빡빡하다거나 아직 아이가 너무 어리다거나 휴가 비용이 너무 비싸다거나 하는 이유들 말이다. 그러면 당신의 의식은 스트레스를 받는 상황에서 에너지를 너무 낭비하지 않는 무언가, 멋진 꿈처럼 무의미하고 이룰 수 없는 것들을 찾을 것이다.

하지만 바로 그곳이 당신이 다시 돌아가야만 하는 곳이다. 그곳이야말로 당신을 강하게 만들기 때문이다! 당신은 온몸으로 모든 것을 느낀다. 당신은 음악을 귀로만 아니라 몸 전체로 느끼도록 태어난 사람이다. 음악은 당신의 몸을 타고 흘러 당신이 춤을 추지 않고는 배기지 못하게 만든다. 눈을 감고 팔을 쭉 뻗은 채, 완전히 그 순간에 집중한다. 당신은 열정과 관능, 아드레날린과 함께 자신의 삶을 느껴야만 한다. 그러나 만약 너무 오랫동안 스트레스를 받고 있었다면, 당신은 더 이상 감정을 느낄 수 없게 될 뿐만 아니라, 이성이나 생각에 지배되어 점차 기쁨을 잃고 말 것이다.

이 상황을 설명하는 것은 아주 간단하다. 당신은 힘을 잃었다. 당신의 목적을 따르고 있지 않다. 당신이 해야만 하는 일을 하고 있지 않다. 당신은 생각과 걱정, 그리고 두려움에 갇혀 있어서 스트레스와 긴장으로 가득한 지금 이 상황을 바꿀 어떤 힘이나 권리도 없고, 어떤 꿈도 꾸어서는 안 된다고 느낀다. 그것은 어쩌면 놀라운 일이 아니다. 하지만 실제로는 정반대다.

따라서 스트레스에 제대로 대응하려면 먼저 스트레스를 찾아내어 직면하고 스트레스를 키우지 말아야 한다. 다시 꿈을 꾸고 사랑과 에너지, 내면의 힘을 발산시켜 주는 당신의 예민함에 힘을 쏟아야 한다. 그러기 위해 어수선한 부엌은 그저 부엌으로 내버려두어야 한다. 죄책감에서 등을 돌리자. 당신은 이제 죄책감이란 스스로를 끊임없이 의심하게 만드는 내면의 비평가가 내는 목소리라는 것을 알고 있다. 그 목소리는 당신의 주변을 당신의 영역이 아니라고 생각하게 만들고, 당신이 꼭 이루어야 한다고 생각하는 일을 방해해 당신을 그저 더 약하게 만들 뿐이다.

당신의 삶에서 스스로를 강하게 만들고, 스스로의 에너지를 충전하게 하고, 당신이 가능한 한 오래 머물 수 있는 영역을 찾아야 한다.

만약 당신이 슬픔을 느끼거나 화가 나거나 스트레스를 받고, 무기력하거나 피곤하고, 혹은 완전히 에너지가 소진되었을 때 무엇이 당신을 도울 수 있을까? 어떤 감정을 당신의 삶에 더 자주 초대하고 싶은가? 당신 내면에 숨어 있는 그리움은 무엇일까? 아주 오랫동안 느낀

감정은 아니지만 믿을 수 없을 정도로 강하게 느낀 것은 무엇일까? 다시 당신의 신체에 있는 피부와 머리카락을 편안하게 느끼려면 지금, 그리고 미래에 무엇이 필요할까?

이상적인 날에 대해 작성한 메모를 보고 위 질문에 대한 답이 있는지 확인해 보자. 만약 이 질문들에 대한 답이 있다면 아주 훌륭하다. 그날에 대해 적은 메모를 벽에 붙여두고 점점 그날에 가까워지기로 결심해 보자. 만약 메모에서 위 질문에 대한 대답을 찾지 못했다면 눈을 감고 잠시 시간을 보내자. 힘을 되찾고 다시 감정을 느끼기 위해서는 당신의 꿈에서 무엇을 더 보충해야 할까?

당신을 충만하게 하는 삶의 모습을 머리와 가슴에 떠올려보자.
기적과 행복이 가득한 그런 삶을.

이제 당신은 알게 되었다. 여기 계획이 있다. 프로그램도 실행 중이다. 이제 그것을 행동으로 옮기기만 하면 된다.

당신이 바라는 아이의 삶이 지금 당신의 삶이 되도록

내면의 비평가의 큰 목소리는 당신을 아주 오랫동안 빈곤한 정신 상태로 살아가게 만든다. 엄청난 힘으로 당신을 억눌렀던 그 비평가의 능력은, 사실 당신의 예민함과 직관력이 결합한 것일 뿐이다. 당신은 그 둘을 아주 적극적으로 조절하는 법을 배울 수 있다.

무엇보다, 특히 엄마로서 자존감을 높이는 것은 매우 중요하기 때문에 가슴속에 이 사실을 명심하고 매일매일 연습해야 한다.

스물다섯 살이 된 아이들이 아주 화창한 일요일 오후에 커피를 마시러 당신 집을 방문하는 순간을 상상해 보자. 눈을 감고 어른이 된 아이의 모습을 그려보는 것이다. 외모는 어떻게 변했는가? 키는 얼마나 컸는가? 혼자 오고 있나, 아니면 누군가와 함께 오고 있나? 어쩌면 스물다섯 살이 된 당신의 자녀에게는 아이가 있을 수도 있다. 그날은 아주 화창한 일요일 오후이고, 이제 어른이 된 당신의 아이가 커피를 마시러 당신의 집에 오는 것이다. 눈을 감고 이 상황에 집중하여 그날의 모습을 그려보자.

그리고 이제 당신의 아이가 어떻게 생겼는지, 목소리가 어떤지, 어떤 사람이 되었는지 스스로에게 물어보자. 아이는 인생의 어디쯤에서 있을까? 어떤 목적을 가지고 있고 무엇을 이루고 싶어 하는가? 현재와 상상을 연결시켜 주는 데 도움이 될 만한 대화나 상황을 상상해 보고, 그런 다음 당신 스스로에게 핵심적인 질문을 던져보자.

내 아이의 가치는 무엇일까? 내 아이에게 가장 중요한 것은 무엇일까? 내 아이 스스로에게, 또는 그 아이의 가족, 주변 환경, 우리 인생에서 가장 중요한 것은 무엇일까? 그리고 상상해 보는 것이다. 당신의 양육 목적이 완벽하게 이루어져서 모든 것이 순조롭게 진행되었고,

따라서 당신은 당신이 할 수 있는 최선을 다 해냈다고 말이다.

이 상상이 마음에 들면 당신의 생각과 더불어 지금 떠오르는 모든 것을 기록해 둔다. 나는 상담 시간에 상담자와 이 연습을 하곤 한다. 그들에게 자녀가 성인이 되었을 때 어떤 모습이길 원하는지 물으면, 그들 대부분은 거의 비슷한 대답을 내놓는다.

'자신감' '성공' '사랑' '안정' '자유'와 같은 소망들, 혹은 '규범' '약간은 반규율적인', 혹은 '활기찬' 이런 대답들이 나온다. 나는 상담하는 동안 부모들이 자녀를 평가절하하거나 그들이 이룰 수 있는 최선의 삶을 살지 못하기를 바라는 것을 단 한 번도 본 적이 없다. 그렇다. 부모들은 아이들이 사랑과 행운, 건강과 만족, 자기 확신으로 가득한 인생을 살기를 원한다. 바로 그것이다. 우리는 아이들이 그들 고유의 아름다움과 값을 매길 수 없는 가치에 대해 확신을 갖길 바란다. 자신이 얼마나 멋진 사람인지 알기를 원한다. 바로 당신이 그런 것처럼.

그래서 나는 이 책을 읽는 당신 역시 자녀가 엄청난 부나 물질적 성공, 개인적 성취뿐 아니라 개인의 내면적인 삶에서도 성공을 거두어 다채롭고 마법 같은 인생을 살기를 원할 것이라 확신한다. 고귀하고 커다란 가치를 가진 성인으로서의 삶을 살기를 원할 것이다.

그렇기에 부모들은 아이들이 자신감을 갖고 좋은 사람이 되고 원하는 직업을 갖길 원하는 것이다. 아이들이 꼭 결혼을 해야 하기 때문이 아니라, 온 마음으로 누군가를 사랑하기 때문에 결혼하고, 다른 사람들에게 좋은 대접을 받고 스스로도 다른 사람을 존중하는 태도를 가지길 바란다. 그리고 그런 삶은 우리 스스로부터 시작해야 한다.

이제 똑같은 상황을 다시 상상해 보자. 당신이 25년 동안 지켜본 어른이 된 아이만이 왜 당신이 스스로를 돌보지 못했는지에 대한 답을 줄 수 있기 때문이다. 자신을 잘 돌보는 것이 왜 이기적인 일인지, 집안일을 단 한 번도 다른 사람에게 맡기지 않은 것이 왜 그렇게나 중요했는지 말이다. 당신이 놓여 있는 상황에 아이를 추가해서 상상해 보자. 성인이 된 당신의 아이는 엄마나 아빠가 되었고 완전히 녹초가 되었다. 당신의 아이는 제대로 잠을 자지 못하지만, 아이를 데려가 돌보겠다는 당신의 제안을 아주 맹렬하게 거절한다. 당신은 어른이 된 당신의 아이에게 모든 것을 전부 스스로 하려 하지 말라고 조언하지만, 아이는 듣지 않는다. 당신은 아이에게 기꺼이 많은 도움을 주고 싶지만 가까이 다가가는 것조차 불가능하다.

완전히 무기력해진 당신은 아이 옆에 서서 그 아이가 부모 역할에 완전히 지쳐 있는 모습을 그저 바라보아야 한다. 당신은 무엇을 하고 싶은가? 또 어떻게 할 것인가?

당신에게 죄책감을 주려는 의도는 아니었지만, 아마 당신은 분명히 죄책감을 느꼈을 것이다. 그렇다고 해서 아이가 그렇게 살게 된 것이 당신 탓이라는 말은 아니다. 지금, 당신이 자신을 돌보는 것이 건강의 요소라는 것을 아이에게 보여줄 기회라고 말하고 싶을 뿐이다. 당신을 위해서도 말이다. 만약 그렇게 하지 않을 수 있었음에도 스스로를 외면하고 포기한다면, 당신의 아이는 부모가 하는 모든 것을 지켜보는 것처럼 지금 당신의 모습을 지켜볼 것이다.

바로 지금, 오늘, 이번 달에 당신의 아이는 당신이 몹시 지치고 피곤하다는 걸 전혀 신경 쓰지 않는 것처럼 보일 수도 있다. 어쩌면 당신은 헌신하는 부모의 모습을 아이가 지켜보면서 배움을 얻을 수 있다고 생각할 수도 있다. 당신 말이 맞을 수도 있다. 하지만 이런 생각은 어느 날, 그러니까 당신의 아이가 부모가 된 어느 날, 아이들의 내면의 목소리가 그들에게 요가를 하러 가지 않는 게 더 나을 것 같다고 말하는 날이 올 위험성을 내포하고 있다. 아이를 보거나 집안일을 하는 대신, 요가를 하러 가면 아기에게 위험한 일이 생길 수도 있고, 그건 부적절한 행동이며, 심지어 틀린 행동이라고 생각하는 것이다. 자기애를 가지고 자신을 소중히 돌보는 행동이 당신의 일상에 체계적으로 포함되어 있다면, 당신의 아이는 그런 당신의 모습을 보면서 이기적이고 노는 것을 좋아하는 엄마가 아닌 자존감 있고 자의식이 깨어 있지만, 그럼에도 기꺼이 자신을 희생해 아이를 양육하려는 엄마라고 생각할 것이다. 엄마가 그렇게 행동하는 단 하나의 이유는 오직 자신의 아이를 이 세상 누구보다 사랑하기 때문이라는 것 역시 자연스럽게 깨닫게 될 것이다.

나를 돌보기 위해 스스로를 극복하는 것은 넘기 어려운 장애물이다. 아마 당신은 오랫동안 그러한 장애물을 반드시 이겨내고 싶었을 테지만 성공하지 못했을 것이다. 혹은 인생에서 그러한 요소들을 넣을 만한 공간을 전혀 보지 못했을 수도 있다. 당신의 일주일은 너무 빡빡해서 잠시 숨 돌릴 만한 시간을 만드는 게 생각보다 복잡하고 어려웠을 수도 있다. 그러나 우리는 시작하지 않은 것 같지만 벌써 행동하고 있고, 전혀 존재하지 않은 것처럼 보이지만 자존감 훈련의 가장 중요한 부분을 시작했다. 이 모든 것을 종합해 보더라도 결론은 우리가 자신만의 시간을 만들어야 한다는 것으로 정리된다.

자가 진단

자기 확신의 문장들 적어보기

종이 위에 당신이 원하는 바를 적어본다. 그 어떤 것도 가능하다.

'정기적으로 사우나에 가고 싶다.'부터 '나 자신의 감정을 직시하고 진지하게 받아들일 것이다.', 혹은 '두려움 없이 살고 싶다.'까지 어떤 것을 적어도 된다. 다시 말하지만, 당신이 가장 원하는 것이 무엇인지 진심으로 느끼고 알게 되기까지 몇 초에서 몇 분 동안 생각해 보자. 그리고 이것을 종이 맨 위에 적는다.

그런 다음 그 소원 아래에 선을 하나 긋고 그 소원을 실현하는 데 필요한 요소를 생각해 본다. 예를 들어 다른 누군가의 지원이 필요하거나 당신의 배우자에게 일주일에 한 번 집에 일찍 귀가하라고 부탁해야 하는 일이 생길 수도 있다. 시간이나 돈은 고유의 필요 요소가 아니고 외부 요인이기 때문에 그렇게 중요한 고려 사항은 아니다. 우리는 지금 당신의 내면을 돌보려는 것이다. 그러나 만약 전혀 시간이 없다면 왜 그런지 관련된 사향을 찾아야 한다. 시간이 없다고 말할 때 대부분은 시간을 내지 않기 때문인 경우가 많다. 당신이 사용할 수 있는 특성은 예를 들자면, 자신에게 시간을 주거나 자신을 위한 시간을 미리 빼놓을 정도로 스스로를 소중하게 여기는 것이다. 생각할 수 있는 한, 최대한 많은 필요 요소와 필수 요소를 생각해 전부 적는다. 이것에 집중하고 다른 생각이나 마음이 스스로를 의심하도록 만들지 않아야 한다.

필요 요소나 조건을 충분히 적었다고 생각되면 그 아래에 선을 하나 더 긋는다. 당신의 소원을 현실이 되게 한 그 요소들은 전부 당신의 소원과 관련이 있다. 그것을 현실화하기 위해서 무엇보다 먼저 그것을 믿어야 한다. 확신은 놀라울 정도로 큰 지원을 해줄 것이다.

부정적인 생각을 버리고 삶에 대해 낙관적인 태도를 가질 수 있고, 이것은 우리의 정신적 태도뿐 아니라, 회복 능력도 강화해 줄 것이다. 확신은 크게 소리 내어 말하거나 자주 생각하는 것이자, 특정 시간의 의식과도 같은 것이다. 명상 중에, 혹은 양치질을 하고 있는 동안에도 머릿속으로 소망을 말할 수 있다. 그 확신을 당신 삶에 어떻게 녹여낼 것인지는 상관없다. 가장 중요한 것은 당신이 자기 확신을 자주 떠올려 실현할 기회를 만들어내는 것이다. 이제 당신은 보게 될 것이다. 달라진 당신 내면의 목소리가 믿음과 평안을 선물한다는 사실을.

그 확신의 목소리는 항상 당신 곁에서 자신감과 믿음을 주는 방향타가 되어줄 것이다. 확신은 내가 주체가 되고 이미 일어난 일인 듯 현재형으로 말해야 한다. 이것은 당신의 소망이 더 이상 종이 가장자리에 쓰인 것이 아니라, 정말 그것을 이루어낸 자신과 마주한다는 것을 뜻한다. 예를 들어 당신이 두려움 없이 살기를 원한다고 쓰고 그것을 현실화할 필요 요소로 신뢰를 꼽은 경우, 그것을 실천하고 있다는 확신의 문장을 작성하는 것이다.

'나는 나 자신과 주변 사람들을 신뢰하고 있다.'와 같은 문장, 아니면 아래에 제시한 것과 같은 다양한 문장을 작성할 수 있다. 확신의 문장들을 예로 들어보자.

1. 나는 나를 느낀다.
2. 나는 스스로에게 가치 있는 사람이다.
3. 나는 소중한 사람이다.
4. 나는 스스로를 존중한다.
5. 나는 나 자신으로 충분하다.
6. 나는 나 자신 그대로도 좋다.
7. 내가 필요한 것은 모두 나에게 있다.
8. 나는 내 인생을 사랑하고, 내 인생도 나를 사랑한다.
9. 나는 나 자신을 믿는다.
10. 나는 내 인생의 흐름과 과정을 믿는다.
11. 나는 해낸다.
12. 나는 나 자신과 내면의 평화를 위해 시간을 낸다.
13. 나는 나와 함께다.

14. 나는 나에게 온전하고 유일한 집이다.

15. 나는 충만한 인생을 산다.

16. 나는 내려놓고 또 신뢰한다.

17. 나는 사랑받고 보호받는다.

18. 나는 늘 힘이 넘친다.

19. 나는 내 생각을 신중하게 선택한다.

20. 모든 답은 이미 내 안에 있다.

21. 나는 대담하고 자신감이 가득하다.

22. 나는 내 인생의 창조자다.

23. 나는 감사함으로 가득하다.

24. 나는 행복하다.

25. 나는 내 인생을 포용한다.

26. 나는 나를 약하게 만드는 것들을 포기한다.

물론 이보다 훨씬 많을 것이다. 확신의 문장을 작성하고 스스로 그것을 믿어야 한다. 위에 적힌 확신의 문장에 해당되는 것이 없다면, 더 창의적이고 원래 본인이 원하던 소망과 거기에 필요한 특성이나 조건을 적으면 된다. 가장 중요한 것은 그것을 스스로 믿는 것이다. 그것이 가장 기본이 되어야 한다! 만약 이런 문장들이 하는 말을 도저히 믿을 수 없다면 다른 것을 찾아보아야 한다. 예를 들어 있는 그대로의 당신을 좋아한다거나 나는 훌륭하다고 말하기 어렵다면 단어나 문장을 바꾸어보는 것이다. '나는 충분하다.' '나는 괜찮다.'와 같은 문장으로 말이다. 이 방법은 당신을 실망시키려는 것이 아니라, 당신이 스스로를 단련시킬 수 있는 상황이 될 때까지 기다린 뒤, 그 지점에서 자신을 만나게 하기 위해서 제안하는 것이다.

중요한 점은 이러한 문장들 앞에 '아니다' '못한다'와 같은 부정적인 단어나 부정을 의미하는 접두사를 사용해서는 안 된다는 점이다. 진심으로 기분이 좋아지고, 또 반드시 그렇게 되어야 한다는 느낌이 들 때까지 당신이 쓴 문장을 읽고 확인하고 반복해야 한다. 문장을 말할 때 더 이상 어리석거나 어색한 느낌이 들지 않는다면, 바로 그때가 당신이 스스로를 제대로 찾아낸 순간이다. 아마도 당신은 '자신의' 확신의 문장을 결국 조금은 '사랑'하게 될 것이다.

당신이 쓴 문장에 동그라미를 그리고, 앞으로 몇 주 동안 이 문장과 관련해 무엇을 하고 싶은지 생각해 보아야 한다. 가능한 방법들이 수없이 많다.

- 매일 몇 번씩 보는 거울에 확신의 문장을 붙여놓고 그 앞에 설 때마다 크게 말한다.
- 안 좋은 생각이 들 때마다 스스로에게 조용히 말한다.
- 잔에 물을 가득 채우고 작은 쪽지에 확신의 문장을 써놓는다. 그리고 물을 한 모금씩 마실 때마다 이 문장을 생각한다.
- 작은 종이에 이 문장을 적어 옷 주머니에 넣어놓고 하루에 열 번 이상 말한다. 말할 때마다 종이를 다른 주머니에 옮겨놓는다.
- 한쪽 주머니에 콩 10개를 넣어놓는다. 그리고 확신의 문장을 한 번 말

할 때마다 다른 주머니로 콩을 옮긴다. 저녁이 되었을 때에는 콩 열 개가 모두 반대쪽 주머니로 옮겨져 있어야 한다.

- 작은 포스트잇 몇 개에 확신의 말을 적어 집 여기저기에 붙여놓는다. 그 쪽지를 발견할 때마다 잠시 그 앞에 멈추어 서서 그 문장을 천천히 읽는다. 그리고 조용히 한 번 더 반복한다.
- 명상을 하는 중이라면 명상 중에 이 문장에 대해 이야기한다.

모든 것이 가능하다. 일상생활 중 잠시 틈날 때마다, 이 문장을 떠올리고 싶을 때마다 이런저런 방법을 사용하면 된다. 적어도 2주 동안 자주, 큰 소리로, 혹은 마음속으로 말하는 것이다. 눈을 감고 잠시 멈춘 다음, 이 문장의 모든 정보가 몸 구석구석으로 흘러 들어오도록 한다. 이렇게 시간을 투자할 가치가 있다는 것을 당신은 스스로 증명해 낼 것이다. 몇 주가 지나면 당신의 모습이 이전과는 큰 차이가 있다는 것을 깨닫게 될 것이다. 자기 자신에게 친절하게 말한다는 것은 자신이 스스로의 가치를 바꾸는 것이다. 여기에는 아주 놀라운 효과가 하나 더 있다. 일상의 스트레스가 매일매일 조금씩 줄어든다는 점이다.

이 훈련을 통해 당신은 정신적인 태도를 바꾸는 법을 배우고, 예민한 엄마에게 반드시 필요한 적극적인 스트레스 관리를 향한 첫걸음에 나서게 된다.

스트레스에 적극적으로 대처하라

스트레스 호르몬은 알려진 것처럼 스스로 사라지지 않는 물질이다. 그 호르몬은 적극적으로 외부에서 없애주어야만 한다. 운동을 예로 들어보자. 운동은 정신적으로 완전히 지친 상태를 회복하고, 더 나아가 정신적으로 소진되는 것을 예방하는 데 큰 도움을 준다. 신체활동을 통해 아드레날린과 코르티솔이 분비되도록 도움을 주는데, 그 호르몬들은 운동을 통해 연소된다. 오늘날 스트레스가 만연한 생활과 관련해 가장 활발히 논의되는 문제는 스트레스 호르몬의 분비와 분해에 관한 것이다. 일부 학자들은 스트레스 호르몬 생성이 변연계와 같은 시대(변연계는 인간 뇌의 가장 깊숙이 자리한 곳으로 복잡한 논리적 사고를 담당한다고 알려져 있는 대뇌 피질과는 달리, 무의식과 생체 기능, 단기 기억 등 아주 기본적인 기능을 담당하는 곳이다. 저자는 변연계의 시대를 원시시대, 문명화되지 않고 상대적으로 인간의 뇌가 작았던 시절에 빗대어 이야기하고 있다-옮긴이)로 거슬러 올라간다고 보고 있다.

우리 조상들은 전투를 벌이거나 도망을 치는 동안 스트레스 호르몬을 분해할 직접적 기회가 아주 많았을 것이다. 따라서 오늘날처럼 그렇게 자주 스트레스를 받지는 않았을 것이다. 일반적인 신체활동이 오늘날보다 훨씬 격렬했기 때문이다. 매일매일 아주 오랜 시간 동안 먼 길을 달려야 했을 테고, 식량을 구하고 집을 짓기 위해 훨씬 많은 근력이 필요했을 것이다. 하지만 오늘날 우리는 어디든 차를 타고 이동하고, 전보다 신선한 공기를 마실 기회가 줄어들었으며, 누군가와 근접전을 벌이면서 스트레스를 해소하지는 않는다. 말하자면 우리의 조상이나 우리는 모두 같은 호르몬을 분비하고 같은 방식으로 스트레스에 반응하지만, 오늘날의 우리는 적극적으로 스트레스 호르몬을 제거하는 방법을 잃어버렸다.

신체활동과 더불어, 특히 신선한 공기와 더 많은 자연을 접하는 것은 예민한 뇌에 안정감을 주는 아주 현명한 방법이다. 규칙적인 운동은 나약한 자신을 극복하는 데 도움이 될 수도 있지만, 반대로 의무가 되어버리는 역효과를 낳을 수도 있다. 그러니 몇 년 동안 체육관에 다닐지, 아니면 저녁 시간에 잠깐 산책을 시작할지는 아주 신중하게 결정해야 한다.

스트레스를 감소하려면 언제나 능동적으로 임해야만 효과적이다. 수동적인 방법은 별로 소용없다는 사실을 우리는 잘 알고 있다. 아이와 함께 낮잠을 자거나 옆에 누워 쉬는데도 늘 지치고 허둥대는 상태에 놓여봤을 것이다. 수면과 스트레스 해소는 동일한 것이 아니다. 수면은 육체적 피로를 푸는 데 엄청난 도움을 주지만, 그렇다고 내면의 평화와 안정까지 제공하지는 않는다. 정신적, 정서적 피로감의 경우에는 정신적 이완이 훨씬 더 큰 도움이 된다. 마음챙김, 명상, 요가, 점진적 근육 이완은 신체 전반에 안정감을 주는 효과가 있다. 반면에 자유 트레이닝은 오히려 불안과 혼란을 만들 수 있다. 상상력이 깨어나면 과부하를 일으킬 수 있고, 그러면 이완보다는 과자극으로 연결될 수 있기 때문이다.

이완은 당신의 모든 것이 적절한 균형 상태에 있을 때에만 일어난다. 즉 정신적, 신체적, 정서적 모든 방면에서 균형 잡혀 있는 상태여야만 하는 것이다. 따라서 마음챙김, 명상, 요가, 점진적 근육 이완 등은 적어도 하나는 해결해 준다. 그러나 이때 부담이 느껴진다면 그 정도를 파악하는 것 또한 중요하다. 예를 들어 신체적 부담이 아주 크다면(최근에 출산을 해서 아직도 고통과 싸우고 있다거나 어린아이를 하루 종일 안고 있어야 하는 등의 이유) 정신적인 방면에 더 도움되는 방법을 선택할 수도 있다. 이런 경우라면 신체적으로는 자극하지 않는 것이 좋다. 부담이 크면 당연히 긴장감이 생기기 때문이다.

이를 현실화하기 위해서 우리의 의식을, 소위 말하는 긴장되어 있는 육체적 부분을 정신적 또는 감정적인 측면으로 전환하도록 이끌어야 한다. 물론 반대의 경우도 마찬가지다. 정신적으로나 감정적으로 어려움을 겪고 있고, 그래서 아주 예민한 상태라면 육체적인 부분으로 긴장을 푸는 것이 합리적인 방법이다. 예를 들어 요가나 스포츠, 산책이나 근육이완법(PMR) 등으로 말이다.

어떤 방법을 적용하기로 결정했는지와는 상관없이 가장 좋은 결과를 내기 위한 목표는 항상 똑같다. 말하자면 뇌를 여기에 맞춰 조절하는 것이다. 그러기 위해서는 목표를 정하고 거기에 도달하기 위한 훈련을 해나가야 한다. 육체적인 훈련이든 신체적인 훈련이든 몇 주 동안 유지해 자신의 일상에 변화를 만들어내야 한다. 그리고 이를 통해 아주 잠시 동안이라도 스스로를 편안하고 고요하게 유지해야 한다.

만약 자신에게 아주 잘 맞는 과정을 찾았다면, 그것은 하루에 언제든, 단 몇 분이라도 당신 내면에 기쁨을 가져다줄 것이다.

나만의 경계 설정하기

☽

예민함은 잘못된 필터, 즉 필터 이상이나 필터 중단 때문에 생긴다고 나는 생각한다. 예민함은 성격의 일부를 나타내는 것이자 수없이 많은 다양한 감각을 포함하는 경우가 많다. 그것들이 우리의 생각, 느낌, 행동 및 감각 수용에 영향을 미치는 인지적, 감정적, 신체적인 부분에 자극을 주는 것이다. 하지만 이 모든 것이 필터가 제대로 작동하지 않거나 아예 작동을 멈추었기 때문이라고 주장하는 것은 짧은 생각이다. 실제로 모든 개개인은 필터를 가지고 있고, 우리는 우리 고유의 방식과 우리 나름의 안경을 통해 세상을 바라본다. 따라서 중요한 것은 필터가 존재하느냐 아니냐가 아니라, 그 필터가 '어떻게' 존재하느냐의 문제다.

예민한 엄마는 하루 종일 아주 다양한 영향을 받는다. 이것은 우리가 속한 환경과 개개인의 무의식에서 일어나는 일이다. 특히 무의식은 우리의 의지나 생각과는 전혀 관계없이 일어나지만, 동시에 우리의 감정과 기분에 아주 큰 영향을 끼친다. 우리가 왜 늘 존재하지 않을 수도 있는 것을 느끼는지에 대해서는 그러한 무의식의 영향력을 고려해 봐야 한다. 게다가 무의식은 우리에게 아주 중요하고 어쩌면 가장 기본적인 역할을 한다. 우리가 앓는 질병(단순한 감기일지라도), 호르몬이나 신진대사의 변화, 날씨의 변화, 달이 차고 기우는 것 같은 모든 종류의 변화가 실제로 알아차리지 못하는 사이에 우리에게 과자극을 줄 수 있는 것이다. 또한 아이들 사이에서 일어나는 형제 간의 갈등이나 시끄럽게 놀거나 뛰어다니는 것, 하루에도 수천 번씩 "왜요?"라고 묻는 것, 아이가 꼭 해야 하는 일, 사회적 접촉, 병원 가기 같은 우리 주변에서 벌어지는 직접적인 자극도 존재한다. 이런 상황의 자극 전체, 혹은 일부분에서 벗어나는 것이 늘 쉬운 일은 아니다. 최악의 경우에는 그것이 아이들을 희생시킬 수도 있다. 예를 들어 학원비 부담 때문에 아이가 너무 좋아하는 스포츠클럽 등록을 취소해야 하는 경우처럼 말이다.

이러한 상황에서 마음을 가볍게 하기 위해서는 나만의 경계를 설정하는 것이 좋다. 나만의 경계 설정은 좋지 않은 일에 대해 '아니오'라고 말하는 법을 배워 우리를 바깥으로 향할 수 있게 하며, 우리 자신과 내면의 삶을 주의 깊게 지켜보고 그것들이 미래 상황이든 현재 상황이든 우리가 해내야만 할 일들을 할 수 있게 도와준다.

예민한 사람이 경계선에 섰을 때

당신은 지금까지 살아오면서 죽을 것 같은 일을 직접 했거나 견뎌야 하는 상황에 맞닥뜨린 적이 있을 것이다. 아마도 그러한 상황을 겪고 학습하면서 이제는 그런 상황을 피하기로 결심했을 것이다. 또는 최악의 경우, 그러한 상황에 반복해서 자신을 노출시켰을 것이다. 어쩌면 심적 부담을 받아들이는 것이 좋은 경험이 된다고 생각했거나 어떻게 하더라도 벗어날 수 없을 것이라는 생각에서 말이다.

나는 이러한 상황에 처한 사람들을 아주 많이 알고 있다. 아마 당신은 스스로가 소음을 잘 견디지 못한다는 것을 알고 있을 테지만, 당신의 집에는 늘 움직이고 방방 뛰고 달리고 노래하고 고함을 질러대는 세 명의 어린 자녀가 있을지도 모른다. 직장생활과 육아를 병행하는 일상이 너무 버겁다는 것을 잘 알고 있지만, 그렇다고 직장을 그만둘 수 없는 상황에 처해 있는지도 모른다. 아니면 방금까지 아이와 말다툼을 하며 싸움을 벌였지만, 도저히 해결책이 보이지 않을 수도 있다.

이러한 지점에서 당신은 경계를 만나게 된다. 당신의 경계와 다른 사람의 경계, 그리고 자연적인 경계. 이러한 경계는 유동적일 수 있다. 하지만 당신은 그 경계와 마주칠 때 거부감을 느낀다. 늘 그렇듯이 이유는 명확하지 않다. 당신은 아이가 태어나기 전까지만 해도 그 경계선에 대해 걱정할 필요가 없다는 것만 알고 있었다. 어쩌면 당신은 그런 경계를 전혀 가지고 있지 않았을 수도 있다. 혹은 그 경계들이 특별한 역할을 하지 않았을 것이다. 하지만 지금은 모든 이들이 당신에게 말을 건다. 아이에 대해, 육아에 대해, 그리고 당신에 대해서 말이다. 아이들은 당신의 경계를 시험하고 당신은 그 경계를 설정해야만 한다. 무엇이 사실이고 무엇이 당신에게 맞는지 알아내기란 쉬운 일이 아니다. 이 시점에서 분명해야 하는 것은 단 한 가지다. 당신의 경계는 아주 중요한 기능을 가지고 있으며, 당신이 좋아하거나 싫어하는 다른 성격과 마찬가지로 당신의 일부분이라는 사실을 말이다.

나만의 경계와 공감의 균형을 맞추는 것

일상적인 압박감이나 문제는 대부분 경계를 설정하는 건강하고 강한 능력으로 해결할 수 있다. 하지만 유감스럽게도 모두가 그런 능력을 가지고 태어나는 것은 아니다. 사실 어떤 사람들에게는 자신의 경계를 아는 것이 거의 불가능에 가까울 정도로 어려운 일이다. 마치 당신이 대화와 자극을 완전히 차단할 수 없는 것처럼, 아마 그들에게는 부정적 에너지, 비판, 나쁜 기분이나 부정적 영향들로부터 자신을 보호하는 능력이 부족할지도 모른다.

게다가 당신의 공감능력은 특별할 정도로 너무 높다. 예민한 사람들은 주변 상황을 전체적으로 파악하고, 다른 사람의 감정이나 생각, 욕구를 살피고, 아주 세밀한 사항을 오랫동안 숙고한다. 갈등과 토론을 피하고 다른 사람을 병들게 하거나 다치게 하는 일을 멀리한다. 그들은 자신이 견디기 힘든 사람들과 계속 마주치는 상황을 만드느니 한번에 연락을 끊어버리는 것을 더 선호한다.

당신의 뇌 안에 존재하는 거울신경세포 또는 거울뉴런은 주로 타인에 대한 공감과 연민을 느끼는 능력을 가지고 있다. 우리 모두는 거울뉴런을 가지고 있으며 그것을 통해 언어나 의사소통이 되지 않는 사람들 사이에서도 직관적인 이해의 여지를 갖는다. 그 신경들이 없으면 공감과 직관, 그리고 우리가 신뢰라고 부르는 두 사람 사이의 관계도 성립할 수 없다.

거울뉴런은 즉시 반응한다. 그것은 분석과 구성, 그리고 계산 같은 것들을 생략한 채 다른 사람을 이해하려 하고, 번개처럼 빠르게 사람들 사이의 선택과 적응 과정을 강화시켜 두 사람에 대해 '미리 탐색'하기 시작한다.[23] 그렇게 상대방의 전체적인 면모를 파악하고 나면 '사회적 사교 공간'을 만들고, 이 탐색이 끝나면 뇌 속에 상대로부터 받은 자극과 상대의 표정, 관련 정보가 전달되는 '사회적 공감 영역'이 생겨난다. 이러한 평가의 기초는 행동 순서의 관찰이나 상대의 일부분으로 만들어진다. 우리는 이것을 앞에서 언급했던 원숭이 실험으로 증명할 수 있었다.[24]

행동을 관찰하고 나면 이 행동을 기억하려는 새로운 신경 통로가 만들어진다. 무엇보다 '처음'이 가장 중요한 인상을 남긴다. 일단 상대에 대한 인상이 한번 만들어지면 특정 행동이 예상될 때마다 움직임에 관여하는 뉴런이 활성화되고 동시에 (신체 감각을 수용하는) 감각뉴런이 그 행동에 대한 우리의 반응이나 감정을 유발한다. 다시 말하자면 우리의 뇌는 우리가 어떤 행동을 할 때뿐만 아니라, 그저 특정 행동을 보고 있을 때도 항상 무언가를 느끼는 것이다. 거울뉴런은 우리의 행동 영역을 조정하고 있으며, 여러 이유로 볼 때 우리 신체에서 아주 기본적인 뉴런이다.

거울뉴런은 특히 예민한 사람들에게서 아주 큰 역할을 한다. 특별한 예감을 받으며, 누구보다 섬세하게 판단하고, 뛰어난 공감능력을 보이기 때문이다. 우리는 모두 어떤 행동이나 경험을 할 때 활동하는 동일한 뉴런을 가지고 있기 때문에 다른 사람이 어떻게 느끼는지 직관적으로 이해한다. 이것을 바로 공감이라고 부르는 것이다. 학자들은 공감을 '신경생물학적 공명neurobiological resonance'이라고 명명한다. 그들은 2001년에 진행한 연구에서 실제 공감 반응을 보이는지 알아보기 위해 부부들을 관찰하는 실험을 진행했다.[25] 우선 한 쌍의 부부 중 한 명의 손끝을 바늘로 찌르고 다른 사람이 이를 관찰하는 실험이었다. 그다음에는 다른 사람의 손끝을 똑같이 바늘로 찌르는 모습을 지켜보게 하면서 뇌의 상태를 자기공명영상으로 찍었다. 이 실험을 통해 지켜보는 사람의 뇌는 상대방의 고통을 보고 있을 때에도 자신이 실제로 고통에 노출되었을 때와 똑같이 신경세포가 활성화되고 있다는 사실이 밝혀졌다. 이러한 행동과 감정은 우리가 누군가를 사랑하거나 그와 가까이 있거나, 아니면 정기적으로 그 사람과 접촉함으로써 상대방과 '내적 투시inneren reprasentation'로 결합하면 그 사람의 상태가 바로 우리를 자극한다는 것을 의미한다.

거울뉴런의 가장 중요한 활동은 '나'와 '타인'을 구별하는 것이다.

그러나 예를 들어 사랑에 빠진 상태에서는 이러한 거울뉴런의 활동이 제대로 이루어지지 않는 경우가 있는데, 이러한 현상은 종종 부모들에게서 관찰되곤 한다. 감정과 느낌이 뒤섞여 자신과 아이의 것을 전혀 구별하지 못하게 되는 것이다. 예민한 부모와 예민한 아이들은 이러한 현상을 잘 알고 있다. 그들은 종종 이런 질문을 하고는 한다. "무엇이 내가 느끼는 감정일까?" "어떤 것이 내 아이의 감정일까?"

공감은 우리의 삶에서 꼭 필요한 것이자 보호받을 가치가 있는 선물이다. 하지만 동시에 당신과 외부의 경계에 가장 큰 장벽이기도 하다. 공감이라는 감정은 늘 바깥을 향하고 있기에 주변 사람들과 동물을 보호하려는 감정이기 때문이다. 그러나 당신 자신을 보호하고 외부와 구별하는 것 역시 중요한 일이다. 그렇기에 개인적인 고통과 좌절의 경계를 알아내는 것뿐 아니라, 스스로에게도 등을 돌리지 않고 그 둘 사이의 균형을 맞추는 일 역시 당신이 해야 할 일이다. 예를 들어 설명해 보자.

인간이 진실만을 말하지 않는 이유는 그야말로 수천 가지가 있다. 우리는 아이들에게 산타클로스이거나 선물 요정인 척을 하기도 하고, "어떻게 지내고 있어?"라는 질문에 눈물을 흘리는 대신 더 가벼운 대답을 하기도 하며, 젖을 뗄 때가 된 아이에게 더 이상 우유가 나오지 않는다고 말하기도 한다. 작은 사실들을 그저 감추어버린다. 중요하지 않거나 그 상황에 맞지 않다고 생각하기 때문이다. 우리는 예의를 갖추기 위해 생각을 드러내지 않기도 하고, 많은 사람들 중 자신만 유일하게 다른 의견을 가지고 있다면 침묵을 지키기도 한다. 대부분은 누군가를 조종하거나 다치게 하기 위해 의도적으로 거짓말을 하는 것이 아니다. 때로는 공감과 배려를 위해 거짓말을 한다. 가게 점원이 우리에게 다가와 서비스에 만족했냐고 물어보면 그렇다고 대답하기로 결정한다. 만족스러운 것이 하나도 없었다고 사실대로 이야기하면 점원이 기분 나빠한다는 걸 잘 알기 때문이다. 그 외에 어떤 선택지가 있겠는가. 다음 고객이 기다리고 있고 솔직하게 말할 상황도 아닌데 말이다. 이 사소한 거짓말 뒤에는 악의적인 동기가 있는 것이 아니라, 나와 다른 사람들이 어색한 상황에 처하는 것을 막고 싶기 때문이다.

다른 사람과의 대화에서도 마찬가지다. 만약 상대방이 어느 순간 더 이상 대화하고 싶지 않거나 배가 고프거나 시간이 없을 수 있다. 상대방은 당신의 말에 계속 귀를 기울이면서 무례하게 굴지 않으려고 노력하지만, 시간이나 다른 스트레스 요인들이 계속 머릿속을 맴돌고 있다. 이런 상황은 그에게 영향을 준다. 필연적으로 스트레스 호르몬이 분비되어 퍼져나가고 긴장하게 되는 것이다. 게다가 당신이 무례하게 행동할지도 모른다는 가능성은 또 다른 스트레스 요인이 되어 한층 더 스트레스를 받는 상황으로 이어진다. 그러면 당신처럼 예민한 사람은 이를 알아차린다. 당신의 뇌는 끊임없이 받아들이는 모든 정보를 해석하기 때문이다. 그리고 상대의 몸짓과 표정 변화를 분석한 뒤 이런 신호를 보낸다. '지금 상황이 뭔가 이상한걸!' 그래서 지금까지의 대화가 아주 유익하고 괜찮았더라도 갑자기 대화를 끝내고 싶은 충동을 느끼며 마무리한다. 그러나 왜 그런 생각이 들었는지는 전혀 알지 못한다.

이때 당신은 괴로움을 느낀다. 상대방이 왜 그렇게 이상하게 굴었을까? 왜 그렇게 갑자기 대화를 끝내고 싶어 했을까? 왜 갑자기 상황이 바뀌었을까? 당신은 '왜 그럴까?'라는 간단한 질문에 사로잡혀 뇌에 추가적인 일거리를 안긴다. 당신과 상관없는 이유 때문이라고 받아들이거나 잊어버리는 대신 다른 고민을 한다. 혹시 자신이 무슨 잘못을 했는지 끊임없이 물어보는 것이다. 겉보기에 전혀 문제없던 그 상황에 대한 수많은 의문이 순식간에 생겨나고, 그것은 화살촉처럼 당신의 뇌리를 꿰뚫어버린다.

'그 사람이 내 말을 이상하게 받아들인 걸까? 내가 말을 이상하게 했나? 내가 다른 식으로 말했어야 했는데, 내가 그 사람에게 상처를 줬구나. 내가 그 사람을 힘들게 했어. 내가 무심했구나. 좀 더 조심했어야 했는데. 아니면 내가 너무 말을 많이 했나? 그 사람은 아직도 나를 좋아할까? 분명히 다시는 나에게 전화하지 않겠지. 아마 다시는 나를 만나지 않을 거야….'

회전목마가 움직이기 시작하더니 한 바퀴 돌고 또 돌며 계속 회전하는 것이다.

이제 이런 상황을 당신의 자녀와 관련지어 상상해 보자. 어느 평화로운 놀이터에서 당신의 아이가 갑자기 다른 아이의 머리를 때렸다. 장난감을 같이 가지고 놀고 싶지 않았기 때문이다. 맞은 아이가 울음을 터뜨렸다. 당신은 곧바로 우는 아이를 달래고 사과를 하지만, 동시에 그 아이 엄마의 스트레스를 인지한다. 그러나 그 스트레스는 그녀가 당신과 당신 아이를 더 이상 좋아하지 않으며, 당신을 비난한다는 의미는 아니다. 그 스트레스는 그저 긴급한 상황이 벌어지면 뇌에서 빠르고 효율적으로 상황에 대응할 수 있도록 필요한 호르몬을 분비하는 것일 뿐이다. 맞은 아이의 엄마는 그 상황을 못마땅해 할 권리가 있다. 그러나 지금은 그 싸움에 대해 이야기할 때가 아니다. 나중에, 호르몬이 다 분해되고 다시 평온함을 회복할 때 이야기하는 게 훨씬 낫다. 그러나 그때가 되면 당신의 회전목마는 몇 시간째 돌아가는 중일 테고, 이 상황에서는 어떤 대처도 소용없을 것이라고 굳게 확신하고 있을 것이다. 그렇게 두 엄마는 다시는 관계를 회복하지 못한다.

자신의 공감능력, 그리고 다른 사람과 나를 분리하는 능력을 갖추는 것이야말로 최고의 자질이다. 궁극적으로 당신이 다른 사람의 감정에 아랑곳하지 않는 사람이 되려는 것은 아니니까 말이다.

이런 상황에서 어떤 자질이 필요하다면 아주 정확하게 배워야 한다. 사회적 공감과 개인의 정체성 사이에 균형을 잡는 일은 무엇보다 중요한 자질이기 때문이다. 당신은 이 자질을 통해 자신을 개별화하면서도 다른 사람과 공감하는 법을 배울 수 있을 것이다.

공감은 남들의 고통을 같이 견뎌야 한다는 뜻이 아니다!

당신은 누구보다 다정하고 사랑으로 충만한 사람이지만, 그래도 아니라고 말할 수 있어야 한다. 아이의 행동을 금지하고 아이가 원하는 것을 해주지 않아도 아이의 슬픔을 느끼며 아이 곁에 머무르는 법을 배울 수 있다. 그렇게 하는 것이 오히려 당신과 아이의 마음을 편안하게 할 수도 있다.

정신적으로 받은 상처와 머릿속을 헤집는 심한 말들이 견디기 힘들 정도로 긴 여운을 남기지 않도록 하는 첫 번째 단계는 외부의 공격과 의견에 맞설 건강한 경계를 만들어나가는 것이다.

실전 연습

자신의 한계 알아보기

펜과 종이를 들고 조용한 장소를 찾아 자리를 잡는다. 당신의 영혼에 잠시 시간을 준다. 몸은 그 자리에 있지만 당신의 생각은 다른 곳에 있을 수 있다. 조용하고 깊게 심호흡을 한다. 창밖의 하늘이나 나무를 바라보며 생각한다. 하지만 이곳에서 무엇인가를 더 이루고 얻고자 하는 것은 아니다. 이제 당신이 절대 견딜 수 없을 정도로 싫어하는 것에 대해 잘 생각해 본다. 도움이 될 만한 몇 가지 예는 다음과 같다.

- 자신이나 다른 사람들을 볼 때 견디기 힘들 정도로 미치게 싫은 정신적 태도나 성격적 특징이 있는가?

- 가장 하기 싫은 일은 무엇인가?
- 없어져도 전혀 상관없이 일상생활을 할 수 있는 것은 무엇인가?
- 자녀와 배우자, 혹은 주변 사람들의 어떤 부분이 마음에 들지 않는가?
- 반드시 해야 하는 것이라서 하는 일은 무엇인가?
- 아이를 키울 때 절대 타협할 수 없는 것은 무엇인가?
- 어디서 가장 많은 시간을 보내는가? 그곳이 당신에게 가장 편안한 곳인가?
- 무엇이 당신을 걱정하게 하고 힘들게 하고 부정적인 생각이 들게 만드는가?
- 언제 울고 싶다는 생각이 드는가?
- 너무 시끄럽거나 너무 밝거나 너무 어둡거나 너무 조용할 때처럼 당신은 언제 '너무 힘들다'는 생각을 하는가?

또한 견디기 힘든 외부의 일이나 자극도 적어둔다. 예를 들어 시끄러운 소리, 기름칠 하지 않은 방문 경첩이 삐걱거리는 소리, 자동차의 악취 같은 것들…. 당신은 아마 이런 문장을 쓰고 또 쓰게 될 것이다. 마음을 문장으로 다 옮겼으면 이것에 대해 그림을 그리거나 마인드맵, 혹은 큰 보드로 만들어본다. 색을 칠하거나 원하는 대로 창의력을 발휘해 보면서 필요한 만큼 충분한 시간을 들인다.

이제 의자에서 일어나 방을 한 바퀴 돌고 물 한 잔 마신 뒤 다시 의자에 앉는다. 그런 다음 종이를 뒤로 뒤집거나 새 종이를 한 장 꺼낸다.

두 번째 단계에서는 당신의 가장 큰 강점이 무엇인지 곰곰이 생각해 본다. 생각에 집중하되, 어떤 조건도 걸지 말고 자유롭게 두어야 한다. 당신이 특별하게 잘하는 것이 무엇인지, 당신을 당신답게 만들어주는 것, 혹은 다른 사람들에게 당신에 대해 말할 수 있는 것에 대해 신중하게 생각해 본다. 당신의 의견이 그들과 일치하는가? 당신은 스스로에 대해 더 좋게, 혹은 더 나쁘게 생각하는가? 당신의 강점이라고 떠오르는 모든 것을 적는다.

- 특별히 하고 싶은 일은 무엇인가?
- 어디에서 열정을 느끼는가?
- 가고 싶은 곳이나 떠나고 싶은 여행지는 어디인가?
- 일상생활에서 당신이 쉽게 할 수 있는 일은 무엇인가?
- 당신에게 중요한 것은 무엇인가?
- 당신의 마음은 언제 큰 기쁨과 행복으로 활짝 열리는가?
- 당신의 몸과 마음이 가장 편안할 때는 언제인가?

이때에도 색칠을 하거나 그림을 그리고, 다른 것들을 붙이는 등 다시 한 번 마음껏 창의력을 발휘해 본다. 지금 필요한 것이 있다면 마음껏 해도 된다. 중요한 것은 충분한 시간을 들여 실전 연습을 시작하는 것이다.
나는 확신한다. 당신의 강점은 밖으로 드러날 것이다. 종이에 자신의 강점을 충분히 쓰고 그렸다는 생각이 들면 일어나 방을 한 바퀴 돈다. 물을 한 모금 마시고 숨을 깊이 내쉰다.

나만의 피난처 만들기

큰 종이 한 장 앞뒤로 당신을 만드는 요소가 다 정리되었다. 거기에는 당신의 긍정적인 면뿐 아니라, 당신이 싫어하는 것들도 다 적혀 있다. 당신은 두 가지 면을 다 볼 수 있고, 그 두 가지 면 모두 합당한 이유를 가지고 있다. 하지만 이러한 것들은 결코 공짜로 얻어지지 않는다.

먼저 '부정적인' 쪽에 있는 항목 중 약간의 노력이나 과정으로 제거할 수 있는 것들을 골라낸다(예를 들어 차 안의 악취는 차 내부 세차로 해결할 수 있다). 이런 것들을 골라 별도의 목록으로 작성하고 냉장고에 붙여놓거나 급한 순서를 정해 당분간 따로 보관해 둔다. 그렇게 골라낸 것들을 종이에서 지우고 더 이상 신경 쓰지 않기로 한다. 하지만 여전히 적혀 있는 것들이 있다.

이제 축하해야 할 시간이다. 당신은 개인적 한계를 깨닫고 그것들을 당신의 삶에 초대했다. 그동안 그러한 것들이 당신의 의식 속에 존재했고, 당신은 이제 당신이 견딜 수 없는 것을 분명히 알게 되었다. 그것들은 당신이 받아들이고 견딜 수 있는 것들의 근간을 차지하고 있었다. 그렇기에 이러한 것들은 분리되어야 한다. 당신이 견딜 수 없는 일을 습관처럼 하고 좋아하지 않는 일을 그만두지 못할 이유가 어디에 있단 말인가. 왜 삐걱거리는 문소리가 당신을 미치게 만드는 걸까? 아이가 변기 솔을 가지고 노는 것을 당신은 왜 견디지 못할까? 아니라고 말하는 것으로는 문제가 해결되지 않는다. 당신이 진정으로 그 말 뒤에 서 있어야만 진정성을 갖게 되는 것이다. 갈등을 피하거나 다른 사람을 먼저 배려하기 위해 '아니오'라는 말이 '예'로 바뀌어서는 안 된다. 당신은 다른 사람들만큼이나 중요한 존재이기 때문이다!

당신의 경계선 안에는 당신을 위한 안전한 공간과 편안함이 존재한다. 그러나 당신이 계속 그 경계를 넘어가면 당신은 그 안으로 돌아가기 어렵다. 이것은 피할 수 없는 일이다. 결국 우리의 삶과 성장, 그리고 모험은 경계선 너머에 존재한다. 하지만 우리는 언제나 진정한 힘을 되찾기 위해 다시 경계선 안으로 돌아와야만 한다. 그렇다. 우리는 때때로 개인의 성장을 위해 경계선으로 돌아가거나 잠시 안전한 공간을 떠나야 할 때도 있다. 그러나 이를 허용하는 것은 개개인의 경계를 넘거나 무시하는 것이 아니라, 오히려 인식하고 존중한다는 것을 의미한다. 예를 들어 두려움을 극복하기 위해 아이를 지금 당장 주 45시간 등교하는 어린이집에 등록시킬 필요는 없다. 이런 '과정'은 당신을 은신처에서 문밖의 삶으로 부드럽게 이끄는 것이 아니라, 곧바로 공황상태에 빠지게 할 것이다. 그렇다고 그대로 두면 아이를 계속 혼자 돌보아야 하는 부담감에서 벗어나고 싶은 당신의 요구와 부딪히게 된다. 육아의 책임을 분담하고 싶다는 생각은 잘못된 것이 아니며 두려움 또한 문제가 아니다. 당신은 충분히 옳으며, 그것이 무엇이든 그 누구라도 당신에게 이러쿵저러쿵 이야기할 권리는 없다.

당신은 무엇이 필요한지 알고 있다. 그리고 아이가 어딘가로 가야 한다는 것은 당신의 개인적인 경계선으로 다가가는 일이고, 심지어 그것을 넘어가는 것이라는 사실도 알고 있다. 이를 해결할 방법은 당신을 생각과 외부로부터 분리시키고("힘을 내시길. 그건 그렇게 나쁜 행동이 아닙니다!"), 당신의 필요를 받아들이고("나는 아이로부터 해방된 나만의 시간이 필요해!"), 거기에 당신의 한계선을 고려해("그렇다고 아이를 하루 종일 다른 곳에 보내고 싶지는 않아.") 해결책을 찾는 것이다. 예를 들어 처음에는 일주일에 한 시간 정도 믿을 수 있는 가족들에게 아이를 맡기는 것이다. 그러기 위해서 당신은 자신의 경계선(당신의 두려움)을 넘어서야만 한다. 그 뒤에는 당신과 아이의 동반 성장이 따라온다. 이러한 건강한 한계와 필요의 사이, 그리고 경계와 외부세계에서 거대한 일을 발생시키고 신뢰를 만들어내면, 결국 모두에게 그 혜택이 돌아간다는 것을 배워야 한다. 당신은 그것을 누려야 한다. 이런 긍정적인 경험을 통해 안전한 구역으로 돌아간 당신은 새롭게 얻은 자원을 저장하고, 이런 방식으로 얻은 새로운 경로를 사용하는 법을 배우게 될 것이다.

인생은 우리가 터득하고 배웠던 모든 지식과 경험을 우리를 위해 저장해 두고 있다. 그것은 어른이 된 우리에게 소중한 자산이자 모아두었던 작은 보물처럼 다시 가지고 올 수도 있다. 은신처에서 우리는 힘과 에너지를 다시 채우고, 해결해야 하는 일과 위기를 극복하는 능력을 키우는 것이다.

이제 당신은 그 방법을 알았으니 그것을 보호할 수도 있게 되었다.

과흥분을 긍정적인 에너지로 바꾸는 법

엄마인 당신은 하루 종일 다양한 외부 자극에 노출될 뿐만 아니라(처음 눈을 뜬 직후뿐만 아니라 때때로는 이미 그전에도), 내부적으로 동요를 느끼기도 하고, 해야 할 일, 시간, 방문 약속, 의무에 대한 압박감에 영향을 받는다. 거기다 감시받는다는 느낌(친정 엄마, 시부모, 아이의 보육 선생)을 갖는 데다 믿기지 않을 만큼 많은 일들을 너무나도 짧은 시간 안에 해내야 한다. 자신의 어머니와 함께 상담사로 일하는 아니카는 많은 여성들이 이러한 과중함에 부담을 느끼고 있다는 것을 알았다.

— 여성은 남성과 마찬가지로 무엇이든 할 수 있다. 그들은 직장과 가정에서 동등한 권리와 기회를 가지고 있다. 적어도 이론적으로는 말이다. 하지만 '할 수 있다.'가 '해야 한다.'로 바뀌는 것은 드문 일이 아니다. 이것은 많은 여성들이 '나는 모든 것을 할 수 있다.'라는 환상에 자신을 맞추기 위해 직장 생활과 가사 노동 사이의 균형을 맞추는 행동 사이에서 무너지는 상황을 만든다. 그녀들은 실제로는 정규직과 거의 같은 일을 하고 있지만, 시간제라는 이유로 정규직 급여의 반만 받는다. 그들은 회의 시간에 '당당한 여성'으로 논리적이고 유창하며 능력 있는 모습을 보여준다. 그리고 그녀는 재빨리 짐을 챙겨(죄책감도 잊지 말 것) 가장 마지막으로 사무실을 나와 아이를 데리러 가기 위해 어린이집이나 유치원으로 달려간다. 아이들과 함께하는 장보기

> 는 재빠르게 해치워야 한다. 오후 시간은 아이들과 함께 보내야 한다. 아이들 친구와의 약속이나 운동, 혹은 아이들의 일정을 소화해야 한다. 이번 주 중에는 '동반자 관리'라는 또 다른 활동도 잡혀 있다. 그 와중에 직장에서는 제대로 인정받지도 못하고 맡은 업무에 대한 중요성도 인식하지 못하는 상황이 벌어져 계속해서 자존감을 갉아먹는다. 집안일에서 우리는 그 어떤 보수도 받지 못한다. 예민한 사람들에게 그들의 노력에 대한 인정과 '보상'은 아주 큰 의미를 가진다. 그들은 이미 스스로도 자기 자신과 자신의 성과에 훨씬 비판적이기 때문에 명확한 자기 성찰과 외부의 인정(물질적인 것이나 정신적인 것)은 훨씬 더 중요한 의미를 가진다. 고감도의 사람들에게 이러한 방정식, 즉 '더 많은 일/부담감/피로감=이전보다 적은 보수'는 남들보다 두 배는 더 힘든 고통을 안긴다.

너무 피곤한 상태여서 신경이 팽팽하게 당겨져 끊어질 것 같은 느낌은 조용히 다가오지 않는다. 노크를 하지 않고 벌컥 문을 열고 쾅 소리가 나게 닫으며 당신이 있는 곳으로 온다. 예민한 뇌는 앞 장에서 설명한 것처럼 모든 것에 긴급 알람을 울리며 비상 시스템으로 들어가고, 갑자기 더 이상 어떠한 것도 받아들이지 않는다. 갑자기 경보가 울리는 것은 사실 당신의 특별한 성향, 즉 당신이 주위를 둘러싼 모든 것을 흡수하는 능력 때문에 일어나는 것이다. 당신은 그것이 다가오는 것을 보지 못했고, 실제로 일어난 일에 대해 생각할 여력도, 그것을 어떻게 느끼는지도 알 수 없다.

고감도 뇌의 과자극을 시각적으로 이해하고 싶다면 세 개의 영역으로 구별된 척도의 수준과 비교하는 것이 적당하다. 세 영역은 녹색과 노란색, 빨간색으로 나뉘어져 있다. 가장 아래에 있는 녹색 영역은 들어오는 자극을 잘 처리할 수 있는 영역이다. 따라서 업무, 영향, 소음이나 다른 자극들이 예민한 사람에게 들어오더라도 적은 양이라면 스스로 잘 조절할 수 있으며 긴장의 수준도 가장 낮다. 하지만 휴식시간이 너무 적거나 제대로 쉬지 못하고 일을 해야 했다면 스트레스와 자극이 증가할 가능성이 있고, 이럴 때 뇌에 더 많은 자극이 들어오면 긴장 수준은 더 높아진다. 가운데 노란색 부분에 이르면 외부의 자극과 자신을 분리하고 본인의 감정과 생각을 정리하기가 점점 더 힘들어진다. 그리고 서서히 첫 번째 신체적 징후가 나타난다. 나의 경우를 예로 들면, 맥박과 호흡 속도가 빨라지고 체온이 상승해 땀이 나기 시작한다. 이렇게 몸이 달아오른 느낌은 또 다른 스트레스를 주고 불편한 기분을 느끼게 한다.

과학에서는 한 사람에게 영향을 끼치는 요인을 외부 요인과 내부 요인으로 구분한다. 외부 요인은 우리도 이미 잘 알고 있다. 우리를 둘러싼 소음, 냄새, 빛, 갑작스러운 소란뿐 아니라, 각종 의무, 외부의 압력, 원하지도 않는데 가깝게 지내야 하는 사람들로 가득한 공간, 그리고 다른 사람의 기분을 살피거나 짧은 시간에 많은 시나리오를 만들어 실행해 보는 것, 미리 일을 처리하는 것(크리스마스 마켓이나 쉬는 날

벼룩시장에 가는 것)이 있다. 그것은 하루에도 몇 번씩 반드시 정리해야 하거나 정리하고 싶게 만드는 엉망진창인 거실과도 같다. 애써 청소를 하더라도 단 몇 분 만에 금방 엉망이 되어버리는 것이다.

한편 내부 요인은 내면에서 작용해 영향을 끼치는 것들이다. 예를 들어 2016년에 발표된 아이 양육과 아이의 기질 사이의 관계에 대한 연구에 따르면, 예민한 사람들에게 어린 시절은 아주 큰 영향을 미친다.[26] 하지만 우리 내부의 충족되지 않은 욕구도 똑같이 강한 영향을 미친다. 아마 당신은 그 사실을 이미 알고 있을 것이다. 제대로 잠을 자지 못하고 나면 다음 날은 훨씬 더 힘들고 짜증이 난다. 예민한 사람은 배고픔이 얼마나 괴롭고 견디기 힘든 일인지 잘 알 것이다. 나아가 그것은 사회적 교류, 외부의 구조와 질서, 그리고 엄마로서의 역할과는 상관없는 일에 대해서도 영향을 미친다. 이러한 요인은 외부의 영향 없이 잠재의식의 단계에서 작용하기 때문에 우리의 내면 아주 깊은 곳에서 매우 큰 영향을 준다. 당신은 어떤 일의 필요성을 인식하지 못했을 때는 별로 스트레스를 받지 않는다. 하지만 충족되지 못한 욕구가 기분에 미칠 수 있는 부정적인 영향을 과소평가해서는 안 된다. 이것은 아마 당신이 그다지 적극적으로 지키지 않는 개인 내면의 경계에도 동일하게 적용된다. 이러한 경계를 제대로 지키지 않으면 내부에서는 스트레스가 쌓이고, 당신은 곧 거기에 파묻히고 만다.

점점 가까워지는 뇌우처럼 머릿속에 생각이 쌓이고, 감정의 위에서는 천천히 비가 내린다. 내부의 표시계는 점점 높아지다가 결국 빨간

색 구역으로 올라가버린다. 이제 모든 것은 '너무 많은' 상태가 되었다. 그것도 아주 갑자기. 고감도의 뇌는 이제 경보만 울릴 뿐, 더 이상 아무것도 하지 않는다. 변연계는 긴장, 압도, 절망, 무력감만을 보고하고, 민감한 편도체는 가능한 모든 기관을 총동원해 스트레스 호르몬을 내뿜는다. 그러나 스트레스 호르몬은 유감스럽게도 저절로 없어지지 않는다. 우리 인체는 목표를 정해 그것을 없앨 방법을 찾는다. 스트레스에 대한 반응이 아주 다양하게 나타나는 이유가 여기에 있다. 누군가는 눈물을 흘리고, 어떤 사람은 다른 사람에게 소리를 지르기 시작하고, 또 누군가는 불평을 하거나 욕을 하면서 방을 나간다. 우리는 모두 미처 인식하지 못하지만 그러한 느낌을 알고 있으며, 엄청난 스트레스를 받으면 때때로 어울리지 않는 말이나 행동을 한다.

이렇게 심각한 스트레스 상황에서는 말하자면 생존 프로그램만이 작동하는 중이기 때문에 자동 조종 상태인 뇌의 기능은 엄청나게 축소된다. 위에서 설명했던 것과 같이 개개인의 정도와 경험에 따라 생존 프로그램만 실행될 뿐이다. '싸우다' '전투' '숨다' 혹은 '이성'에 대한 관심으로만 활동이 집중되는데, 소위 말하는 전투(고함치고 욕하고 소리 지르고 싸우기), 도망(문 쾅 닫기, 방 나가기, 위축되기, 감정 숨기기, 갈등 회피), 충격 응시(무력감, 상실감, 움직이지 않으려 하기), 진정(화내는 부모에게 아이가 웃어 보이거나 어떤 규칙을 용납할 수 없다는 반응을 보이는 것) 같은 반응들이 대표적이다.

사실 예민함을 더 촉진시키거나 억제하는 것의 영향에 대한 연구에서는 긍정적인 결과가 도출되었다. 2015년에 이루어진 연구에 따르면, 예민한 사람들은 '플로팅floating'(큰 욕조나 수영장 등에서 온몸의 힘을 빼고 물 위에 둥둥 떠 있도록 하는 새로운 요가의 일종-옮긴이)에 아주 강하게 반응했다. 예민함을 높음과 낮음으로 구분한 심리학과 학생 57명으로 구성된 그룹을 플로팅 수영장에서 45분간 머물게 했더니, 예민도가 높았던 그룹이 오히려 예민도가 낮았던 그룹보다 훨씬 더 큰 차이를 보였다. 그들의 예민함은 눈에 띄게 낮아지거나 명상을 하고 난 뒤와 같은 수준이 되었다. 2012년에 행해진 연구에서도 이와 유사한 결과가 나왔는데, 이는 예민도가 높은 사람일수록 마음챙김 기반 치료에 아주 큰 반응을 보였으며, 이것을 자신의 자원으로 인식할 수 있다는 사실을 증명하는 것이다.[27] 2018년 일본에서 행한 연구 결과는 예민한 엄마들에게 규칙적인 신체활동을 강조한다.[28] 다시 말해 예민한 엄마들은 자신에게 긍정적인 영향을 미치는 모든 것에 아주 특별한 반응을 보이고, 그것을 통해 몸과 마음을 이완시키고 내면의 힘을 강화시킨다. 따라서 과도한 자극을 방지하기 위해서라도 특히 이러한 활동에 참여하고 그 혜택을 받아야만 한다.

과흥분하는 경향은 어디에나 존재한다. 과흥분은 하루의 모든 순간에 영향을 준다. 그러니 흥분이 너무 지나쳐 스스로에게 부담을 주지 못하도록 항상 경계해야 한다. 아무것도 하지 않았더라도 위에서 설명한 내부 요인 때문에 예민해지고 짜증이 날 수도 있다는 걸 이미 알고 있을 것이다. 그러므로 과흥분은 당신이 실행해야 하는 자기 성찰의 가장 큰 핵심이 되어야 한다. 그런 감정들이 제대로 파악되지 않은 채 내키는 대로 움직인다면, 그러한 감정들은 당신을 계속 공격할 것이다. 마찬가지로 마음챙김이나 운동 등 긍정적인 영향을 통해 과자극으로 가는 경향을 주의력이나 움직임 같은 긍정적인 내면의 영향으로 바꾸어야 한다.

만약 우리가 외부 세계를 통해 빠르게 과도한 자극을 받고 있고,

특히 이런 것들을 인식한다면,

그것은 반대로 우리의 긍정적인 면에도 작용할 것이다.

현재의 연구 상황에서 예민한 사람은 긍정적인 주변 영향(외부적)과 긍정적인 내부 태도(내부적)에 아주 강한 반응을 보이는데, 그것은 또한 우리가 과흥분에 무력하게 굴복하는 것만은 아니라는 사실을 알려준다. 특히 그것은 우리가 과흥분에 대응할 수 있는 구체적인 접근 방식을 가지고 있다는 사실을 보여주는 것이다. 우리는 과흥분을 면밀하게 관찰했고, 이제 그러한 특징이 더 이상 우리의 등 뒤에서 술수를 쓸 수 없도록 통제할 수 있게 되었다. 위와 같은 연구에서 우리는 무엇을 깨달을 수 있을까? 예민함의 부정적인 면만을 느끼는 대신에 그것을 우리의 무한한 내적 자원으로 바꾸는 방법(심지어 과학적으로 입증된)이 있다는 사실이다. 우리가 기억하는 많은 문제들, 우리의 에너지와 힘을 바닥내는 문제들이 현재에도 여전히 존재할 가능성이 있음

에도 말이다. 다시 한번 정리하자면, 인식의 초점을 다시 조정해 우리가 정말 원하는 때에만 과도한 자극을 이끌어내는 방법을 알아내야 한다. 예를 들어 좋아하는 가수의 콘서트장에서 온몸의 아드레날린이 쏟아져 나오는 것 같은 기분을 느끼거나, 기쁨과 열정으로 가득한 창의적인 작업에서, 도전적이면서도 멋진 대화 속에서, 또 아주 특별한 경우 섹스를 할 때 우리의 모든 감각기관과 상상력을 최대한 활용하는 법을 배울 수 있다.

이렇게 하면 당신의 중심 '문제'가 삶의 깨지지 않는 기둥이 될 것이다. 당신은 과자극의 경향이 무엇인지 배웠고 목적 지향적인 삶을 살 수 있게 되었다. 물론 당연한 말이지만 뒤따라올 부정적인 영향은 피해야 한다. 앞에서 만들어두었던 대피처를 기억하자. 당신은 그곳에 더 자주 머물러 있으려 할 것이다. 그곳에서 당신은 발전하고, 더 자주 경계를 보호하고 유지할수록 내적 자산은 점점 늘어날 것이다. 자유는 당신을 더 이상 부담감과 무력감에 빠지지 않도록 보호하고, '과자극'은 당신을 행복하고 즐겁고 만족스럽게 만들어주는 이상적인 '흥분' 상태가 되게 도와줄 것이다.

가장 이상적인 각성 단계를 찾아서

상담을 하면서 예민한 엄마들에게 모성에 대해 물어보면 자주 같은 대답을 듣곤 한다. 그들은 '하늘만큼 기쁜' 것이자 '죽을 만큼 힘든' 것 사이에서 끊임없이 흔들리고 있다고 이야기한다. 무엇보다 일상적인 일들이 그들에게 너무 힘들다는 사실에 나는 놀라곤 한다. 그들 중 많은 이들이 이미 출산이라는 과정을 통해 부담감을 느꼈고, 양육 초기에 모유 수유나 새로운 역할 적응으로 투쟁을 벌여야 했다. 엄마라는 새로운 '직업'이 주는 업무가 매우 어려운 것 같았다. 놀랍고도 중요한 사실은, 예민한 엄마들이 과자극을 줄이기 위해 자신의 경계를 알아내는 일에 종종 실패한다는 점이다. 이유는 아주 분명하다. 무엇보다 항상 아이가 먼저이기 때문이다. 당신의 잇몸이 어떤 상태인지 아이들의 어금니는 전혀 관심이 없다. 잇몸이 부어 있어 음식을 제대로 씹을 수 없는 상태더라도 아이의 어금니는 올라와야 할 때에 올라와 아이의 열을 치솟게 하고 불안정과 불면의 밤을 함께 가져온다.

그렇기 때문에 개인의 경계를 설정하고 보호하는 방법만 배우는 데서 그치면 안 된다. 우리의 실제 내부 세계에 균형을 제공하고, 곧 닥쳐올 어려운 상황에서도 힘을 되찾을 수 있는 중요한 배경을 이해해야 한다.

이를 위해 우리는 자신의 활동이나 행동의 사전 준비인 각성 수준을 살펴보아야 한다.[29] 이것은 주의집중과 흥분이 아주 높은 각성 상태로 변하는 일종의 '편안한 긴장' 상태다. 또한 이상적인 상태에서 '흐름'의 경험과 아주 유사한 특정한 양질의 경험을 동반하는 것이다.[30] 개개인의 각성 수준에 대한 연구는 한 연구실에서 쥐를 대상으로 진행한 실험으로 거슬러 올라갈 수 있다. 각성 상태는 단지 음식을 구하거나 고통을 피하기 위해 쓰이는 것이 아니라, 호기심과 잠재능력을 위해서도 사용되었다. 각성의 활성화는 외부나 내부 자극이 원인이 되기도 했으며, 자극 상황의 변화는 즉시 활성화와 각성 상태를 이끌어냈다. 각성 상태를 관찰해 보니 일반적으로 사람들은 과소, 혹은 과잉 활성화는 별로 중요하게 여기지 않았다. 어느 하나(지루함)가 다른 하나(압도)의 상태에 불편함을 유발하고, 그의 동기를 감소시켜 학습 과제나 도전을 이루어내기 훨씬 더 어렵게 만들었다. 미국의 심리학자 존 윌리엄 앳킨슨John William Atkinson은 1964년 인간의 동기에 대한 연구를 통해 처음으로 과도한 동기, 혹은 과도한 활성화 상태가 오히려 스트레스 요인(스트레스 악화 패턴)으로 작용한다고 추정했다.

'이상적인 각성 수준'은 수용이나 요구와 관련된 조건에 따라 사람들이 선호하는 조건이 달려 있다. 그러한 조건은 완전히 개별적이고 영구적인 것은 아니지만 자극 상황에 따라 항상 균형을 유지해야만 하는 것이다. 중간 수준의 자극과 어려움이 가장 이상적인 것으로 간주되는데, 이것은 자극을 받는 상황이 너무 지루하거나 너무 강렬하지 않아야 한다는 것을 의미한다. 너무 강렬하면 감각의 과잉과 부담감으로 이어지고, 반대로 너무 극단적인 상황은 깊이 잠들게 하기 때문이다. 예민한 사람들은 그 중간을 반드시 자신에게 맞는 수준으로 찾아내야 하며, 본인의 동기와 업무 능력에 연관시켜 가장 극대화시킬 수준을 지키고 있는지 잘 살펴보아야 한다. 1906년에 발표된 심리학 이론인 여키스 도슨 법칙Yerkes-Dodson Gesetz은 수행동기가 너무 높거나 너무 낮으면 수행 결과가 오히려 감소한다는 것을 보여준다.

참을 수 없는 지루함에 짓눌릴 때

잉그리드가 작성한 상담 신청서에는 그녀가 최근에야 '고감도'라는 용어를 알게 되었는데, 나의 연구가 자신이 원하는 바를 채워줄 수 있을지 대화를 통해 확인하고 싶다고 적혀 있었다. 나는 아주 강하고 분명한 의지를 느꼈다. 그러나 종종 현실은 기대와는 정반대일 경우가 많다. 우리는 전혀 모르는 새로운 주제로 상담을 시작했고, 서로에 대해 아는 것이 없었기 때문에 기대가 전혀 없었다. 잉그리드도 그렇게 보였다. 그녀의 이야기는 대체로 기대에 관한 것들이었다. 특히 그녀가 스스로에게 기대하고 있는 것들이었다. 그녀는 자신을 완벽주의자로 묘사했고, 그래서 자주 엄청난 압박에 시달리고 있었다. 그녀의 딸은 태어난 지 이제 겨우 9주에 접어들었는데 나는 그 사실에 몹시 놀랐다. 예민한 엄마들은 대체로 그렇게 일찍 나를 찾아오기 때문이다.

인터뷰는 아주 무더운 어느 여름 날에 시작되었다. 그녀는 아기와 함께 상담실을 찾아왔다. 하지만 인터뷰가 진행되는 동안에 아기가 곁에 있다는 사실조차 눈치 채지 못할 정도로, 아기는 행복하고 세심하지만 아주 조용했다. 아기는 자신의 담요를 꼭 껴안고 엄마와 눈을 맞추는 것만으로도 만족해했다.

"이 아이는 늘 이래요."

잉그리드는 이렇게 덧붙이면서 어쨌든 모든 것이 완벽하다고 말했다. 하지만…. 잉그리드는 쉬지 않고 거의 15분 동안 엄마로 태어난 날과 그녀의 끝없는 사랑에 대해 이야기했다. 나는 그 모습을 보면서 그녀가 생각의 회전목마에 얼마나 깊게 빠져 있는지 곧바로 알아차렸다. 아마도 너무 낮은 활성화 때문에 일어난 일인 듯 보였다.

나는 잉그리드에게 아기를 낳기 전의 삶에 대해 물었다. 그녀는 서른 살이 되기도 전에 유학 생활을 포함해서 학사와 박사과정을 다 마친 상태였고, 다국적 기업의 관리자 제의까지 받은 상황이었다. 그러나 지금 그녀에게는 그 모든 것이 더 이상 중요하지 않았다. 그녀는 딸을 낳은 것으로 충분한 성취감을 느꼈지만, 육아 휴직이 끝난 다음에 무엇을 해야 할지 벌써 고민하고 있었다. 어머니가 된 몇 주 동안 잉그리드는 모든 것을 겪었다. 앞으로 몇 달 남은 육아 휴직, 아직 생각해 보지도 않았던 직장 복귀에 대한 어려움, 아무것도 하고 싶지 않다는 느낌, 직업에 대한 근본적인 기쁨, 딸에 대한 사랑, 엄마로서 아주 새롭고 중요한 일을 하는 것 같은 느낌, 완벽주의자인 그녀의 관점에서 자신은 어떤 실수도 하지 않았고, 어떤 것도 잊지 않았다는 말들…. 듣는 것만으로도 현기증이 일었다. 나는 숨을 깊이 들이쉰 다음 내쉬었다. 나는 분명 그녀가 좋아하지 않을 말을 해야만 했다.

나는 그녀가 하루 종일 아이와 함께 있을 때 그녀가 느꼈던 지루함에 대해 이야기했다. 잉그리드는 침묵을 지키더니 조용히 울기 시작했다. 그녀는 그런 생각을 하는 것이 부끄러웠지만, 그건 사실이었다. 대부분의 시간 동안 아기는 아무것도 하지 않았다. 아기는 누워서 뒹굴거리며 혼자 놀았고, 모유도 잘 먹었고, 아주 작은 것에도 만족해했다. 물론 그럼에도 아기를 돌보는 것은 어려운 일이지만, 잉그리드에게 가장 최악인 것은 작년까지만 하더라도 믿을 수 없을 정도로 높은 수준으로 훈련시켰던 그녀의 뇌가 다시 바닥으로 추락하고 있다는 점이었다.

"저는 늘 항상 최선을 다해 달렸어요. 누군가가 저에게 넌 절대 성공하지 못할 거라고 말했을 때도요."

잉그리드가 말했다. 아무도 잉그리드에게 엄마가 될 수 없다고 말하지 않았다. 나 역시도. 당연히 아니다! 나는 그제야 바닥에 누워 자신의 손을 가지고 놀고 있는, 아주 건강하고 행복한 아기의 표본처럼 보이는 작은 아기를 보았다. 잉그리드는 충분하지 못하거나 잘하지 못하는 것과는 거리가 먼 사람이었다. 그러나 그런 점이 그녀를 힘들게 했다. 잉그리드는 집안일을 하거나 아직 일어나지 않은 일(회사에 복귀하는 일)을 걱정하거나 '너무 많은' 일을 완벽하게 제대로 해내며 지루한 하루하루를 보내고 있었다. 남편이 저녁에 집에 돌아왔을 때, 그녀는 할 일에 파묻혀 있었고 모든 일들이 똑같은 우선순위를 가지고 있어서 늘 마음이 급했다. 그녀는 나에게 사실 모든 것이 좋은 상태인데도 계속 감정이 폭발하는 것 같은 상태였다고 말했다.

잉그리드의 두뇌는 이전에 비해 극단적으로 낮은 지점에 있었다. 그녀는 죽을 만큼 지루함을 느꼈다. 짧은 시간에 방대한 양의 데이터를 처리했던 두뇌가 이제는 하루 종일 아기가 손가락에 질식하지는 않을지, 너무 두껍게 옷을 입히지는 않았는지에만 쓰이고 있었다. 그녀는 이 순간이 자신의 인생에서 가장 행복한 시간이어야 한다고 여겼기 때문에 이런 기분에 부끄러움을 느꼈고 죄책감을 가지고 있었다.

그것은 그녀의 문제이기도 했다. 그녀는 저활동성을 참을 수 없었다. 그래서 남편이 저녁에 돌아올 때까지 고민하고 생각하고 숙고하고 해야 할 일을 나열하면서 과도한 자극에 빠졌다. 그 자극이 '너무 많다'는 인식도 하지 못하는 상태였다. 이것은 권태감 때문에 나온 신경전달물질이 그녀의 뇌에서 난투극을 벌이는 것과도 같았다. 이런 상황을 해결하기 위해서는 확실한 심판이 필요했다.

어떤 상황에서도 이상적인 각성 상태를 유지하는 법

만약 당신이 나와 같다면 아이들과 함께하는 일상은 사랑과 기쁨, 그리고 감사로 넘칠 것이다. 하지만 그럼에도 당신은 가끔 이 마법과도 같은 순간 뒤에 오는 어마어마한 분노를 눈 깜짝할 사이에 터뜨리고 있을 것이다. 그리고 그로 인해 당신이 얼마나 과도한 자극과 스트레스를 받는지 깨달을 것이다. 이는 동시에, 혹은 이러한 순간들 바로 전에 당신의 뇌에서 당신의 의지와는 상관없이 각성 수준이 좋지 않은 수준까지 올라갔음을 뜻한다.

과도한 각성과 활성화, 과도한 동기 부여는 이러한 자극 끝에 항상 같은 효과를 낳는다. 이것이 그와는 정반대 상황인 지루함(저활동성화)에 짓눌려서도 똑같은 스트레스를 받는 이유다. 예민한 엄마가 가족과 함께 시간을 보낼 때 때때로 자신의 한계에 도달한다는 것은 놀라운 일이 아니다. 우리는 개인적 경계가 각성 수준의 가장 바닥과 위쪽 가장자리를 차지하고 있다는 사실을 이해하고, 동시에 가장 이상적인 각성 수준을 찾고, 그 균형을 유지하는 방법을 배워야 한다.

우리는 자녀의 행동과 성장, 그리고 이에 관련된 모든 면들의 어떤 것도 바꿀 수 없다. 당신은 이 과정에서 잠들지 못하는 밤을 경험할 것이고, 길에서 완전히 벗어나는 상황을 만날 것이며, 끝없는 두려움과 참을 수 없는 분노, 거대한 연민과 사랑의 소멸을 경험하게 될 것이다. 그러나 기억하자. 그런 상태를 바꿀 수는 없지만 처리할 수는 있다! 그런 일에 짓눌리는 것 같은 느낌이 들 때마다 당신은 자신을 보호해 주는 경계의 밖에 있다는 사실을 떠올려야 한다. 당신의 개인적 상태는 가장 이상적인 각성 중인 것이다.

실전 연습

이상적인 각성 수준 알아보기

앞으로 며칠 동안은 마치 창문을 통해 자신의 삶을 바라보는 것처럼 자신을 다정하게 바라보기를 부탁한다. 중립적이고 인내심이 많으며 사랑스러운 사람으로 말이다. 그리고 그렇게 계속 일상생활을 하면 된다. 어떤 것도 변경하거나 바꿀 필요가 없다. 지금부터 아래의 지침에 따라 당신을 관찰해 보자.

- 피로, 긴장감, 스트레스, 신체적 불편함에 대한 첫 증상을 기록한다.
- 아이와 있을 때 스스로를 평가하거나 판단하지 않는지 관찰한다.
- 한숨을 쉬거나 머리를 헝클어뜨리고, 손톱을 물어뜯고, 어금니를 꽉 물거나 귀를 막는 모든 순간을 기록한다.
- 아마 실제로 본인이 하고 싶은 일 대신, 휴대전화를 들고 친구나 배우자에게 유난히 연락을 많이 하는 특정한 때가 있다는 걸 알 수도 있을 것이다.

관찰한 내용 모두를 일기장이나 작은 쪽지에 중립적이고 객관적인 방식으로 기록한다. 한 주가 끝나면(원하는 경우 더 길게 연장) 다른 사람(특히 자녀) 및 자신과 관계 있었던 모든 순간을 요약한다. 그다음 각 메모를 주의 깊게 검토하고 각 개별 상황에 맞추어 차근차근 당시의 정신 상태로 돌아가 본다. 그런 작업을 할 때 다음 질문을 해본다.

- 묘사된 상황에서 나는 어떤 기분이었는가?
- 그 상황에 대한 지금 나의 감정은 어떤가?
- 과거 상황을 떠올리는 지금 당신의 기분은 어떤가?

덧붙여 특히 긍정적인 상황을 메모해 두었거나 아름다운 경험을 했는지 물어볼 수도 있다. 이러한 질문은 우리가 무의식적으로 너무 자주 자동 조종 장치로 전환되었기 때문에 우리 스스로에 대한 마음챙김을 시작하는 단계에 접근하는 출발점이다. 자동 조종 상태가 되면 우리는 그저 반응만 보이고, 자극들은 곧바로 스트레스의 영역으로 쫓겨난다. 우리는 책임감을 포기한 채, 감정을 한쪽으로 밀어두고 거칠게 행동한다. 그러나 거기에 대한 불안감을 억누르거나 끌어낼 수는 없다. 불안감은 늘 우리 가까이에 숨어 있다. 위급한 상황에서 감정을 인식하지 못했다는 것을 깨달을 때면, 예를 들어 그것이 나중에 나타나거나 부적절하다고 생각할 때마다 자동 조종 장치가 대신했던 것임을 확신할 수 있다. 그것은 우리 시스템의 보호 조치만큼 긴급하게 필요했던 것이지만, 여기에는 아주 치명적인 약점이 있다. 우리가 나중에 깨달은 실수나 놓쳐버린 기회는 절대 되돌릴 수 없다는 점이다.

과중한 부담감 없이 사는 삶

내면의 요구를 진정으로 느끼는 것은 늘 쉬운 일이 아니다. 부모로서의 요구를 충족시키는 데 집중할 시간과 기회가 늘 부족하기 때문이다. 당신이 원하는 것이 무엇인지, 그리고 그것을 충족하는 데 필요한 것이 무엇인지 알게 되는 것과 함께, 그것이 충족되었을 때의 만족감도 당연히 따라와야 한다. 그리고 그것은 당신이 자신의 한계와 요구를 진정으로 알게 되면 더욱 쉬워진다.

개인적 경계가 늘 부정적인 것처럼 느껴지는 이유는 경계와 한계에 대한 부정적 태도 때문이다. 그러나 그렇지 않다. 만약 어떤 욕구가 채워지지 않으면 당신은 곧바로 한계에 도달하게 될 것이다. 예를 들어 꼬르륵거리는 소리는 아주 분명한 개인적인 영역으로 위가 비어 있고 다시 채워놓아야 한다는 다급한 요구다. 이처럼 당신의 두뇌 역시 일상생활에서 자신의 가치를 얻지 못하면 똑같이 한계에 도달할 수 있다. 개인적 경계는 우리의 욕구와 많은 관련이 있기 때문에 둘은 직접적으로 연관되어 있다. 만약 자신의 경계와 욕구의 건강한 균형을 유지하고 서로를 보호한다면 우리는 예민한 엄마지만 부담감에 짓눌리지 않고도 일상생활이 가능한 능력을 얻게 될 것이다. 상담사 아니카는 이렇게 말했다.

— 내가 손으로 꼭 움켜쥐고 있던 것 모두를 놓을 수 있게 되자, 내 두 팔

은 비로소 자유로워지고 나는 내 인생이 나에게 던져주는 놀라움을 받아들일 수 있게 되었다. 그리고 내가 예전에는 미처 몰랐던 에너지가 나에게서 뿜어져 나왔다.

예민함을 자원으로 활용하는 법

아주 섬세한 감정을 느끼는 사람들

감정을 드러내지 않는 대화가 감정에 관한 대화보다 훨씬 더 많다. 그 이유는 아주 분명하다. 누군가에게 내 마음 깊은 곳이 어떤지 말하는 것은 내 약점을 보이는 것이기 때문이다. 나의 두려움을 설명하는 것은 적에게 나의 가장 취약한 목덜미를 내보이는 것과 같다. 나는 가끔 분노에 대해 이야기할 때 내가 저지른 실수도 같이 보이곤 한다. 나 자신을 제대로 통제할 수 없었고 적절하게 대처하지 못했음을 인정하곤 한다. 사랑, 우정, 혹은 아주 깊은 진심을 상대에게 고백하면 나와 같은 반응을 얻지 못할 수도 있고, 어쩌면 깊이 실망하게 될 수도 있다. 게다가 그 사실을 인정하면 나의 슬픔과 상처를 보여준 상처 입은 동물의 처지가 되어버린다. 그러고는 그저 나의 약점이 이용당하지 않기만을 바라게 될 뿐이다.

공격받기 쉽고 상처받기 쉽고 연약하다는 느낌은 예민한 감정 세계에서는 헤아릴 수 없이 증폭된다. 내가 만난 모든 예민한 사람들은 '나는 나를 정의할 수 없다.'라거나 '나는 나를 침착하게 만들어야 한다.' 같은 부정적인 믿음[31]을 가지고 있었다. 다른 사람의 단순한 몇 가지 반응만으로도 예민한 사람은 믿을 수 없을 정도로 빠르게 자신이 옳지 않다는 느낌을 받는다. 예를 들어 다른 사람이 자신과 같은 감정을 느끼지 않거나 다른 사람을 이해하지 못하는 경우로 말이다. 예민한 사람들은 그렇지 않은 사람들보다 훨씬 더 겸손하고 자신의 감정 세계와 주변이 덜 연결되어 있다. 게다가 세상에는 우리가 한번쯤 들어봤을 법한 '무례하지 말아야 한다.'와 같은 말들이 아주 많다. 하지만 예민한 우리는 내면의 태도와 그것을 다루는 방법으로 내 자신과 감정 세계를 바라보는 방식을 결정한다. 그것이 '예민한가, 그렇지 않은가?'라는 질문과 반드시 연관되어 있는 건 아니지만 각인과 양육, 그리고 사회화와는 관련이 있다. 또한 '내면의 감정과 외적인 느낌은 어떤 영향을 미치는가?'라는 질문과도 연관이 있다. 그리고 종종 그 세계들은 서로 다르다.

그렇기에 예민한 사람들은 한편으로는 자신의 내면에 대해서 아주 깊은 대화를 나누고 싶은 소망을 가지고 있다. 하지만 그렇게 하는 일은 거의 없다. 두려움, 걱정, 그리고 부정적 감정을 안고 밖으로 나가야 한다면, 지금까지 인생을 살아오면서 구축해 놓은 보호막을 우선 해체해야 하기 때문이다. 외향적이면서 예민한 사람들은 충동적이고 공격적이다. 그들은 화를 내며 앞으로 달려간다. 내향적이면서 예민한 사람들은 뒤로 숨고, 누군가가 물어볼 때만 대화를 하며, 언제나 "다 좋아! 좋았어!"만을 외친다.

예민한 엄마는 내가 "지금 자신의 상황에 대해 어떤 느낌이 들어요?"라고 물어보면 보통 짧은 침묵으로 시작하고는 한다. 그녀는 생각에 잠기며 위를 올려다본다. 다른 사람들보다 자신의 감정 세계에 더 많이 연결되어 있는 사람은 처음에는 아무 생각도 나지 않는다. 공허하기 때문이 아니라, 한꺼번에 여러 형용사가 떠오르기 때문이다. 그녀의 머릿속 감정은 아주 다채로운 색깔이 있는 팔레트와 같다. 하지만 정확하게 들어맞는 색깔은 없다. 나 자신과 나의 내면 사이에는 거리가 있고 거기에 빠져 추락하지 않도록 조심해야 한다. 예민한 엄마들이 중심을 잡기 위해서는 자신을 다시 느끼는 법을 배워야 한다.

누구보다도 뛰어난 직감을 가진 사람들

"가끔 엄마에게 너무 화가 나." 오빠가 장난스럽게 나에게 말했다.

"아무 말도 할 수가 없어. 엄마는 뭐든지 다 알고 있어. 어쩔 때는 몰라야 할 것까지 알고 있다니까." 오빠는 웃으며 고개를 절레절레 저었다.

우리 둘 다 이유는 몰랐지만 엄마는 정말 모든 걸 알았다. 우리 엄마는 우리가 입을 떼기도 전에 우리에게 무슨 일이 일어나고 있는지 알고 있었다. 엄마에게 그 어떤 것도 비밀로 할 수 없을 때는 정말 짜증이 나고 지쳤다. 몇 년 동안 나는 엄마가 심령술사는 아닌지, 아니면 나 모르게 내 일기를 읽고 있는 건 아닌지 생각하느라 시간을 낭비했다. 엄마는 그런 일을 할 필요가 전혀 없다는 것을 이해하게 될 때까지 말이다. 그렇다. 엄마는 그저 알고 있을 뿐이었다.

— **티나:** 직장에 다닐 때의 일인데요. 아는 사람이 아침 일찍 와 있으면 저는 출입문에 들어설 때부터 그 사실을 느낄 수 있었어요.

거울뉴런의 세계로 다시 돌아가 보자. 상황에 대한 아주 짧은 인상만으로도 우리는 우리의 뇌에 직관적인 느낌을 주기에 충분하다. 그러나 거울뉴런도 서로 교환될 수 있고, 우리는 실수를 하기도 하기 때문에 사람들은 늘 자신의 마음과 논리적 사고 사이에서 저울질을 한다. 따라서 거울뉴런은 단독으로 작동하지 않고 지적 경험과 비교되는 정보를 전달한다. 그럼에도 우리는 '첫인상', 즉 첫 번째 직관적인 느낌에서 벗어날 수 없다. 우리는 무엇인가를 직접적으로 느낀다. 그리고 상대방의 관점과 대인 관계를 예측하는 성향을 가지고 태어난다. 이것은 우리의 이해를 벗어나는 직관과 예감이 발생하는 근거가 된다. 예를 들어 기분이 나빴지만 무언가 이유를 설명할 수 없을 때처럼 말이다.

이 기능은 우리가 다른 사람들과 아주 가까운 사이가 되었을 때 흥미로운 특징을 보인다. 뇌는 가깝게 지내는 사람이 실제로 가까이 있지 않은 경우에도 가까운 사람의 '경로'를 예상하고 그것이 어떻게 될 수 있는지 직관적으로 예상한다. 더 이상 함께 살지 않는 나이 든 자녀의 (매우 예민한) 엄마는 이런 능력을 가진 아주 전형적인 인물이다. 하지만 이런 능력이 나와 매우 가까운 사람의 경우에서만 나타나는 건 아니다. 직관력이 뛰어나고, 성숙하고 발달된 거울신경세포를 가지고 있다면(아마 매우 민감한 사람일 것이다) 그들 역시 매우 놀라운 재능을 가지고 있을 수 있기 때문이다. 바로 '섭리'라고 부르는 것 말이다.

예리한 감각과 미세한 지각을 가진 사람들은 종종 다른 사람들보다 불가사의와 심령 현상에 더 열광한다. 연결고리를 이해하고 더 깊은 수준에서 대화나 관계를 나누고 싶어 하는 그들의 욕구는 다른 사람들의 말을 주의 깊게 듣고, 그들을 자세히 살펴보며, 오랫동안 탐구하여 모든 돌을 다 뒤집어 보듯 세상을 꼼꼼하게 살펴보는 것으로 발현된다. 예민한 사람들은 종종 철학적이고 자연과 가까우며 영적이기도 하다.

나의 엄마가 수년 동안 나를 완전히 파악하고 있었던 것(오빠에 대해서도 분명히 그랬다)은 사실 놀라운 잠재력이었다. 우리가 그것을 소유하게 되고 그 소중한 능력을 사용하는 법을 배운다면, 우리는 깊은 신뢰감에 빠져들고 감정을 진실로 느끼는 법을 배울 수 있다. 뿐만 아니라 이 능력에 대한 지식은 우리의 자신감을 높이고 우리를 성숙하게 만든다. 혼란스러운 감정을 느끼거나 무엇인가 제대로 평가할 수 없다고 여기는 상황은 이제 더 이상 우리에게 발생하지 않는다. 어떤가? 이제 '당신의 감정에 귀를 기울여라'라는 말이 새로운 의미로 다가오지 않는가?

예민함이라는 무궁무진한 잠재력

예민함을 자원으로 인식하는 감정이야말로 당신의 가장 큰 강점이다! 당신의 예민한 두뇌와 섬세한 감각기관, 강렬하게 반응하는 거울뉴런, 복잡한 내면의 삶, 높은 공감능력은 당신 자신과 다른 사람들을 인식하는 데 이상적인 요소다. 그것이 바로 당신이 가진 능력이자 당신에게 주어진 과제인 것이다. 그리고 그것이 당신을 규정짓는다.

당신은 놀라울 만큼의 감정적 강렬함을 가지고 있다. 당신은 폭발하는 불꽃같은 사랑을 느낀다. 그러한 것들을 열정과 분리하는 것은 당신에게 어려운 일이다. 둘 사이의 경계는 너무 유동적이다. 당신이 무엇인가를 느낀다는 것은 온몸으로 그것을 느끼고 있음을 뜻한다. 당신은 사람들의 이야기를 들을 때 그들이 어떤 감정을 느꼈는지 정확히 안다. 이 모든 것들은 당신에게 낯설지 않다. 당신은 이것을 부정할 수 없다. 당신은 모든 단어를 이해하고 느낀다.

물론 당신은 다른 사람들보다 부정적인 감정을 좀 더 강하게 느낄지도 모른다. 하지만 당신은 그것을 걱정만 하는 것이 아니라, 아직 다가오진 않았지만 곧 다가오리라 확신하면서 머릿속에 떠오르는 끔찍한 장면 때문에 고통받는다. 당신은 그저 두려운 것이 아니라, 더 이상 앞으로 나아갈 수 없을 정도다. 슬픔에 잠기고 분노에 사로잡혀 피로에 쓰러지고 수치심에 무너져, 죄책감으로 더 이상 견디기 힘든 상처를 받는다. 이 모든 것은 현실이다. 실제로 일어나는 일이다. 상상이 아니다. 이 모든 것은 당신 안에 존재한다. 그리고 그것이 바로 정확하게 당신을 한 여성으로 만드는 것이다. 그 여성은 바로, 당신이다.

당신은 사랑으로 가득하고 열정적이며, 사람들과 유대감을 가지고 있으며, 그들에게 당신의 마음을 전한다. 당신 곁에 있는 사람들은 평생을 함께할 친구이거나 당신이 찾고 있던 바로 그런 친구다. 당신은 흥분에 몸을 떨고, 얼굴 전체가 빛나며, 감미로운 음악이나 슬픈 영화에 마음을 빼앗기고 울기도 한다. 당신은 특히 다른 사람들과 잘 어울리며, 잘 이해하고, 잘 공감해 준다. 당신은 그 누구도 다치게 하고 싶지 않고, 조심스럽고 세심하며, 아주 사소하고 중요하지 않은 것들도 잘 기억한다. 무엇보다 특히 비밀을 잘 지키고, 걱정을 잘 나누며, 절대 사람들을 그냥 떠나게 두지 않는다.

— **멀린:** 저는 사회복지사라서 아이들과 청소년들에게 많은 사랑을 받았고 항상 아이들의 문제를 들어주었어요. 한 소녀가 저에게 이렇게 얘기하더군요. '선생님은 우리의 문제 해결사예요.' 저는 사람들이 얼굴 뒤에 감추고 있는 감정과 기분을 특히 잘 알아차리고 느낄 수 있어요. 예를 들어 누군가의 상황이 좋지 않을 때 말이죠. 그래서 상대방은 저를 관심을 가지고 바라보는 사람이라 여기죠. 그게 저의 강점이에요.

— **피아:** 무언가에 스트레스를 받거나 지나치게 흥분하면 저는 그것을 너무 심각하게 받아들여요. 그럴 때는 건강한 자기 관리를 시작해야

한다고 생각해요. 저는 제 감정에 잘 접근하고 제 자신을 잘 알아요. 아이들은 저와 노는 것을 아주 좋아한답니다. 아이들을 진지하게 대하고, 그들에게 잘 공감해 주기 때문이죠. 저는 저 자신과 타인에 대해 강한 정의감을 가지고 있고, 항상 그러려고 노력해요. 저는 사람들의 말을 잘 경청해서 사람들이 저에게 한 말이나 문장을 절대로 잊지 않아요.

— **모아:** 아이들에게 공감하면서 저는 제 자신을 이해하는 데 도움을 받았어요. 저는 꽤 직관적이에요. 제가 저의 예민함과 다른 사람의 예민함을 좋아하는 이유는 아주 진지한 대화를 나눌 수 있기 때문이죠. 사물의 절대성에 대해서도요. 예를 들어 음악 같은 것 말이에요. 사람들은 '항상 집중해야 한다'는 것 때문에 이를 부정적으로 볼 수도 있겠지만, 저는 그것이 풍요롭다고 생각해요. 그 점은 마치 아이들 같죠. 사실 모든 것이 비슷해요. 저는 음악회에 15분 정도 일부러 늦게 간 적도 있어요. 그렇게 (긴) 음악을 끝까지 듣는 게 불가능했기 때문에 일부러 늦은 거죠.

나는 느낄 수 있다. 그리고 그것은 내가 나의 예민함을 받아들이고 난 뒤에서야 일어난 일이다. 나는 그제야 진정으로 내 모든 감정이 거기 있다는 것을 느꼈다. 내 인생은 강렬하고 나는 항상 100퍼센트를 느낄 수 있다. 나에게 감정적으로 중간이라는 것은 있을 수 없다. 가장 강렬한 느낌은 사랑과 감사다. 그리고 이 두 가지 감정으로 나는 어떤 위기도 헤쳐나갈 수 있다. 내가 감정을 느낄 운명이 아니라, 모든 면에서 감정을 경험하도록 창조된 존재라는 것을 이해했기 때문이다. 내가 나의 부정적 감정에 휘둘릴 것인지, 아니면 긍정적 감정에 집중할 것인지 결정하는 것 또한 나의 힘에 달렸다.

이런 인식들은 잘 작동하고 있지만 항상 그런 것은 아니다. 물론 학교나 유치원 여름 축제에서 한 밴드의 감동적인 노래를 듣고 우는 것이 쉬운 일은 아니다. 그럼에도 나는 그것을 칭찬으로 받아들이려 한다. 밴드의 연주가 훌륭했다는 것을 보여주는 반응이기 때문이다. 잘 쓰인 이야기를 보면 온몸에 소름이 돋는다. 눈을 감으면 작가가 묘사한 등장인물의 모습이 보인다. 마치 영화를 보는 것처럼 상상력을 발휘하여 완전히 몰입할 수 있다. 이런 것들이 내가 일상생활에서 벗어나 다른 수준의 감정으로 나아가는 데 도움이 된다. 나는 백일몽을 꾸고, 시끄러운 음악을 듣고, 몸에 새기고 싶은 문구를 쓰고, 공연 실황을 보면서 열광하며 울고, 다른 사람들이 부끄럽게 여길지라도 춤추고 큰 소리로 응원하며 몸을 흔들 수 있다. 나의 온 육체를 고스란히 느낄 수 있을 때면 말이다.

사람들과 공감하는 능력은, 어렵지만 특별한 능력이다!

세상을 향한 섬세한 혈관은 어차피 실패할 뿐이라고 많은 사람들이 확신한다. 그런 식으로 해서는 이 단단한 세상을 뚫을 수 없으며 모든

것을 요구하는 곳에서 살아남을 수 없다는 것이다. 여기에는 섬세함, 공감능력, 예리한 감각이 인정받을 만한 틈이 전혀 존재하지 않는다. 예민한 사람들은 창의적인 직업군에서 종종 자리를 잡지만, 그래도 여전히 무시당할 위험은 존재한다. 영적인 직업에는 공감과 감수성이 요구되는 경우가 있지만, 역시 제한이 없는 것은 아니다. 나와는 많이 다른 필요 지향적인 부모들이 하는 것처럼 섬세하고 부드럽게 아이들을 대하는 것은 많은 사람들이 보기에 아이들의 결정적인 발달 단계를 막는 것이다. 소위 말하는 거칠고 힘겨운 바깥세상에 잘 적응하도록 준비시켜야 하는데 말이다. 이건 사실 맞는 말이다. 내가 아이들에게 알려주어야 하는 것들은 '바깥'에 있다. 예를 들어 거리를 질주하는 자동차, 무해하지 않은 동물, 그리고 다른 사람의 영혼을 부술 수 있는 사람들 말이다. 그렇다면 나는 정말로 거칠고 힘겨운 바깥세상에 대응하기 위해 내가 타고난 성향 대신 가혹함을 받아들여 대응해야 할까? 나는 그렇게 생각하지 않는다. 그리고 우리가 그렇게 한다고 해서 이 세상이 조금이라도 더 나아질 것이라고는 손톱만큼도 생각하지 않는다.

우리가 세상이고 우리의 말과 행동은 세상의 숨결이다.

그래서 나는 세상에는 예민하고 섬세하며 민감한 사람들도 존재하며, 그것에 대해 정확하게 이야기해야만 한다는 사실을 알려야 한다는 시

급하고 간절한 욕구를 가지고 있다. 나는 당신이 이 책을 덮은 다음 스스로를 변화시키고, 더 잘 적응해서 당신의 강점인 예민함을 그저 버려야 하는 조건이라고 여기지 않길 바란다.

나는 종종 내 학창시절을 회상한다. 학교의 최우선 목표는 분명했다. 학교는 직업의 세계로 나아가고, 세상에 적응하고, 일을 찾고, 돈을 버는 일종의 사회 적응을 위한 곳으로, 내가 부모님 곁을 떠나 독립할 때를 대비하는 곳이었다. 그때 들었던 문구가 내 뇌리에 각인되어 아직도 머릿속을 맴돌 때가 많다.

"나중에는 선택할 수도 없다." "힘을 내서 적응하자." "독립하려면 겪을 수밖에 없는 일이다." 같은 말들. 그 모든 말들이 나를 망가뜨리고 변화시키고 작아지게 만들었다. 어쩌면 그 말들이 이 거친 세상에 대비해 나를 준비시켰을 수도 있다. 하지만 실제로는 그렇지 않았다. 이것도 저것도 그 어떤 것도 아니었다. 나는 오히려 나의 예민함을 인식하게 되었고 더 이상 그것이 부끄럽지 않게 되었다. 어느 날 나는 예민함을 내 성격의 일부로 받아들이고 인사를 나누었다. 그리고 예민함은 이제 내 안에 일부가 되어 존재한다. 나는 이제 변화하거나 다르게 행동하지 않아도 되고 예민함을 사랑해도 된다.

나는 이 세상을 좋아한다. 이 세상의 자연과 푸르름이 좋다. 바다를 출렁이게 하고 바람으로 나무를 뿌리째 뽑아버리는 자연의 힘이 좋다. 태어나게 하고 생존하게 하며 발전시키려는 자연의 순리가 좋다. 또한 너무 다양하고 다변적이어서 우리에게 공간을 주고 우리를 발전시키려 하는 것이 좋다. 내가 유일하게 좋아하지 않는 점은 자연의 완고함이다. 나는 전쟁을 일으키고, 사람들을 갈라놓고, 국경을 만드는 사람들을 좋아하지 않는다. 무기와 권력의 사용도 좋아하지 않는다. 나는 사람들이 다른 사람을 해치고 모욕하고 죽이는 것 또한 좋아하지 않는다. 그렇다. 언젠가는 이 세상에서 벌어질 일들을 위해 나는 내 아이들을 준비시킬 것이다. 언젠가 내 아이들 역시 증오와 공격성, 심지어는 폭력을 마주하게 될 것이다. 그리고 나는 내 아이들이 어떠한 형태로든 그것에 맞서야 한다면 늘 그들과 함께할 것이다.

하지만 나는 지금 아이들을 단단하게 만드는 어떤 행동도 하지 않는다. 나는 아이들이 '불안'을 느낄 때마다 그들을 강하게 만들기 위해 찬물이 나오는 샤워꼭지 아래에 세워두는 것이 세상에 중요한 기여를 한다고 생각하지 않는다. 나는 전쟁과 증오와 폭력에 맞서 싸우는 것이, 학교 운동장에서 주먹과 발로 자신을 방어하라고 충고하는 것이라고는 믿지 않는다. 또한 나는 아이들이나 스스로를 강하게 만드는 것이 개인적 발전이나 이 세상과 우리의 인생을 발전시키는 것이라고도 믿지 않는다. 내가 믿는 것은 우리가 이전 세대의 교육에 대한 견해와 복종에 관한 관습에 과감히 도전하고, 그것을 극복할 때에만 이 세상에서 살아남는다는 점이다. 낡은 사고방식과 전통을 버리고, 그저 "네"와 "아멘"이라고 말하는 것이 아니라 "싫어요, 제길!"이라고 말하는 것을 믿는다. 나는 인생을 살아가면서 "아니야, 젠장!"이라는 말을 "네, 그대로 따를게요."라는 말보다 훨씬 더 많이 했다. 그 말들은 나를 앞으로 나아가게 했고, 나의 열정과 야망을 일깨워주었다. 그 말들은 내면의 지혜를 만들어주었고, 나의 권리와 감정을 지키도록 용기를 주었다. 내 감정은 나의 정당한 권리다. 나는 누가 뭐래도 나인 것이다.

그렇다. 아마도 나는 다국적 기업의 관리자가 되는 일은 결코 없을 것이며, 그렇기에 아마 결코 '강한' 사람도 되지 않을 것이다. 그러나 나는 지금의 모습으로도 잘 살 수 있다. 여기 내 안의 나에게는 지금 이 자리가 훨씬 더, 반드시 필요하기 때문이다. 나의 열정, 나의 비전, 모든 사람들은 본래 선하다는 믿음, 그리고 침몰하는 배의 방향타를 돌리고, 기후변화를 멈추고, 정치에 영향을 미치며, 생활 공간을 보호하는 절대적인 우리의 사랑의 능력을 확신한다. 나는 나의 섬세하고 예민한 본성과 더불어 지난 몇 년 동안 수없이 많은 예민한 사람들을 만나면서 점점 더 큰 확신을 느낀다. 청소년들이 감히 기후변화에 항의하기 위해 등교를 중지했을 때 점점 더 많은 부모들이 구식 교육 방식을 거부했고, 여성들은 그들의 권리를 위해 일어섰다. 우리는 우리를 믿고, 예민함이라는 선물을 그 자체로 받아들이고, 우리 행동의 창조자가 되어야 한다. 스스로를 무시하고 망가뜨리는 생각과 행동을 멈추어야 한다. 그러기 위해 무기로 잔뜩 무장한 채 전쟁을 치를 필요는 없다. 우리는 조용한 여정을 통해 우리의 목표를 달성할 수 있다.

우리는 우리를 믿어야 한다. 그리고 마침내 우리의 예민함에서,
우리의 잠재력에서, 우리의 경험에서 힘을 끌어내야 한다.
그리고 존재의 시작부터 우리와 함께했던 감정을 끌어내야 한다.

당신의 감정은 당신이 느낄 수 있도록 존재하는 것이고, 단지 그것이 전부일 뿐이다. 자신의 경험으로 돌아가 결국 길을 찾아내고 계속 함께 길을 걸어가려면 가장 처음부터 시작해야 한다. 바로 당신이 무엇을 느끼는지 인지하는 것에서부터.

지금 바로 시작하자!

이제 우리 내면의 운전자를 바꿔야 할 때

만약 당신이 내면의 감정 세계와 접촉한다면 아마 너무 갑작스럽고 부담스러울 것이다. 당신은 그동안 살아오면서 이런 말을 익숙하게 들어왔을 것이다.

"너는 너무 민감해!"

"너는 항상 너무 예민해!"

"너는 너무 생각이 많아!"

당신은 항상 '너무' '많이' 같은 단어와 함께였다. 당신을 향한 외부의 평가가 당신에게 항상 최고의 빛을 비추는 것이 아니라는 것을 경

험했을 것이다. 사람들은 어린 시절부터 당신에게 무엇이든 너무 많고, 과하고, 너무 흥분하며, 너무 쉽게 토라지고, 어쩌면 무엇인가를 잘 못한다고까지 말한다. 그런 말들은 내면의 목소리가 되고, 당신을 작아지게 만들었다. 또한 당신의 감정을 온전히 드러내지 못한 채 살아가게 만들었으며 당신을 위축시켰다. 때때로 당신을 덮치는 감정을 다룰 수 있는 사람이 아무도 없는 것 같았기 때문이다.

하지만 사실 그 감정들은 아무런 잘못이 없다. 오히려 그 반대다. 감정은 우리의 신체 시스템에서 아주 중요한 역할을 한다. 두려움은 무엇인가에 주의하게 만들고 우리를 보호하며, 분노는 당신에게 좋지 않은 것이 무엇인지 정확하게 보여준다. 사랑은 당신의 온전한 몸과 생각을 활짝 피어나게 하고 끝없는 힘을 느끼게 한다. 당신은 그중 어떤 것은 다른 것보다 훨씬 자주 알아차릴 수 있지만, 어떤 것은 전혀 아니다. 보통 다른 사람들보다 더 분노하거나 더 슬퍼하는가? 금방 겉으로 티가 나거나, 아니면 전혀 알아차릴 수 없는가? 당신은 보통 다른 사람들보다 더 자주 사랑에 가득 차고 더 감사하며 더 친절하게 행동할 수 있는가? 아니면 두려움에 눈을 감고 귀를 막고 있는가?

당신 안에 당신을 잘 돌보는 임무를 맡은 작은 팀이 자리 잡고 있다고 상상해 보자. 그 팀은 대부분 보통 네 개나 다섯 개, 혹은 여섯 개의 감정으로 구성되어 있으며, 그들은 적절한 감정에 맞춰 단추를 누르고 반응한다. 그들 중 하나는 당신 내면의 운전자다. 아마 가장 자주 나타날 것이다. 감사나 사랑, 기쁨이 나타날 때는 정말 멋지다. 아마도 당신은 구름 위에 떠 있는 기분을 느낄 것이다. 그러나 슬픔이나 분노, 피로감이 나타날 때는 실망스러울 것이다. 내면의 운전자는 대부분 우리의 행동, 감정의 폭발과 반응에 책임을 지고 있기 때문에 스트레스에 영향받거나 스트레스를 더 크게 느끼도록 하면서 우리를 '전형적'으로 만든다. 우리는 언제나 그런 상황에 편안함을 느끼지 못했다. 이제는 그 팀을 바꾸어야 할 적당한 때가 된 것이다. 다음의 자가 진단은 그것을 가능하게 만들어줄 것이다.

자가 진단

누가 내 내면의 운전자인가

종이와 펜을 가지고 조용한 장소로 간다. 진단을 시작하기 전에 잠시 눈을 감는다. 그리고 스스로에게 다음 질문을 던져본다.

- 일상을 생각하면 어떤 감정이 가장 많이 드는가?
- 가장 먼저 떠오르는 느낌이나 자주 드는 느낌, 혹은 당신을 스쳐가는 느낌은 무엇인가?
- 또 어떤 느낌이 있는가? 눈을 감고 집중해 본다.
- 어떤 느낌이 일상에 늘 존재하는가?
- 다시 눈을 감고 느껴보자. 또 어떤 느낌이 드는가?
- 오늘 깨닫게 된 다른 감정이나 자주 드는 감정이 있는가? 직관에 맡기

고 떠오르는 단어를 적는다. 추상적인 단어라도 적어둔다. 오래 생각하지 않는다.

늦어도 2분 안에 모두 적는다. 얼마나 많은 감정을 적었는가? (시간이 너무 짧게 걸렸다고 해서 걱정할 필요는 없다.)

네 개나 그보다 적은 개수의 감정이 적혀 있는가? 확인했다면 스스로에게 인자하고 솔직하게 물어보자. 당신은 감정의 개수가 '너무 많다'고 생각하는가? 정말 '너무 많은 감정'이 있는 것일까?

다시 한번 생각해 보자. 당신은 일상생활에서 느끼는 네 가지 감정을 기록했다. 이 진단을 더 잘 설명하기 위해 분노, 감사, 슬픔, 행복을 예로 들어보자.

종이 위에 네 개의 동그라미를 그린다. 각 동그라미에 자신의 감정을 하나씩 적는다. 그다음 원래 그렸던 동그라미 위로 약간 더 큰 동그라미를 그리고, 큰 동그라미 안에 자신의 이름을 쓰거나 '나'라는 단어를 쓴다.

이제 자신이 처음 적었던 감정을 언제 느꼈는지 그 상황을 떠올려본다. 어떤 상황이었고, 어떤 일이 있었는가? 어느 신체 부분에서 그런 감정이 느껴졌는가? 여전히 그때 기분이 느껴지는가? 어느 신체 부분에서 느껴지는가?

이 순간을 떠올리고 기억해 두자. 이 상황에서 당신의 감정을 스스로 살펴보고 자신에게 다시 한번 질문해 보자. 바로 그 순간에 다른 감정들과 종이에 적었던 감정들이 어떤 관련이 있는지 말이다. 예를 들어 당신이 어떤 상황을 떠올렸는데 곧바로 분노의 감정을 느꼈다면 그다음에는 어떤 감정이 들었는지, 세 번째는 어땠는지, 네 번째(계속 다음으로)는 어떤 감정이 들었는지 스스로 찾아보고 어떤 영향을 받았는지 살펴본다.

분노를 떠올렸을 때 감사의 마음은 어떻게 되었는가? 분노를 강하게 느꼈던 순간 당신의 슬픔은 어디에 있는가? 이 순간 느낀 감정을 종이에 적었을 때 기쁨의 감정은 어땠는가?

이 실험이 어쩌면 추상적으로 느껴질 수 있지만 그렇지 않다. 당신 내면의 시선이 답을 가지고 있다. 당신의 모든 감정에는 각각의 의미가 있다. 그렇지 않고서는 당신에게 저절로 오지 않는다. 그리고 모든 것은 서로 관련이 있다. 내면의 시선을 감정 세계의 주인공에게 의식적으로 돌리고, 누가 누구의 전선을 손에 쥐고 있는지, 누가 누구를 계속 반복해서 따돌리는지, 그리고 누가 이미 오래전부터 이야기하려 시도했지만 그 누구도 듣지 않았는지, 혹은 누가 충분한 관심을 받지 못했는지 정확히 살펴보아야 한다. 자신과 감정 전부에게 물어본다.

너무 오래 생각하지 말고 떠오르는 질문을 해야 한다. 그런 다음 아마도 당신은 아주 직관적으로 동그라미 사이에 선을 그리거나 다른 방식으로 동그라미들을 연결할 수 있을 것이다. 당신은 자동차 바퀴처럼 네 개의 동그라미를 그리고 가운데에 동그라미를 그리고, 그 안에 '나'라고 적을 수도 있다. 그렇게 흘러가는 대로 두면 아마 곧 다른 연결고리가 생길 것이다.

중요한 것은 단 한 가지다. 당신의 감정들이 서로 어떻게 연결되어 있는지는 상관없다는 점. 중요한 것은 그러한 감정들 위에 당신 자신이 늘 서 있다는 점이다. 만약 당신이 이런 방식으로 내부의 팀을 구성하면 누가 그 팀의 운전자인지 명확하게 알 수 있다. 당신의 내부에서 가장 시끄럽게 소리치고 당신을 가장 자주 사로잡는 것은 바로 당신의 감정이다.

불안과 불안장애는 같은 말이 아니다

예민한 사람들은 늘 불안장애를 가지고 있을까? 절대 그렇지 않다. 나는, 민감도가 아주 높지만 내면의 팀에 다른 운전자가 있어서 두려움을 별로 느끼지 않는 예민한 사람들도 많이 만났다. 하지만 강한 불안감을 가지고 있는 또 다른 예민한 사람들은 어떨까? 이 질문에 대한 답은 복잡하지 않다.

일반적으로 예민한 사람들은 두려움에 압도당하는 경우가 많고, 두려움이 너무 심해 일상생활이 마비되는 경우가 흔하다. 특히 아이들이 그렇다. 이것은 예민한 엄마 그룹에서 분노와 두려움의 감정을 집중적으로 탐구해야 하는 분명한 이유가 된다. 분노와 두려움 중 적어도 하나는 내부의 팀에서 운전자 역할을 하거나, 혹은 아주 중요한 역할을 하고 있기 때문이다. 물론 두려움이나 분노가 반드시 있어야 하는 건 아니다. 다른 무엇인가가 대리인 역할을 할 수도 있다.

정신과 의사 새뮤얼 페이퍼Samuel Pfeifer는 자신의 책 《예민한 남자

The Sensitive Man》에서 이렇게 적었다.

"두려움은 불쾌함이 발생하는 모든 형태에서 나오는 원초적이고 부정적인 감정이다."[32]

또한 흥미나 열정을 느끼지 못하는 것, 부담감이나 압박감을 느끼는 것, 무엇인가를 계속 미루는 것(지연), 혹은 계속 피하는 감정들도 모두 내적 두려움에서 기인하는 것이라고 보았다. 이러한 연결고리는 복잡하지만 한번 이해하고 나면 우리가 쉽게 활용할 수 있을 정도로 간단하다. 예를 들어 당신의 내면 깊숙한 곳 어디선가 당신이 할 행동이 위험하다고 이야기하면 당신은 긴장하거나 불편한 느낌이 든다. 그리고 그러한 느낌은 곧 두려움이라는 감정으로 발전한다. 이러한 과정이 우리의 무의식에서 이루어진다. 우리는 그 사실을 전혀 인지하지 못하지만 그럼에도 직접적인 영향을 받을 수 있다.

두려움은 앞장서지 않으나 자신의 의견을 아주 큰 소리로 외친다. 두려움은 우리에게 작은 메신저를 보내고, 훨씬 더 인간의 기질을 잘 다룰 수 있는 다른 유사한 감정을 보낸다. 그것은 불안, 분노, 고통, 위축과 무기력, 무거움과 피로감, 압박감 같은 느낌이다. 그런데 두려움이 어떤 특정한 사물에 구체적으로 연관되지 않으면 사실 그 뒤에 무엇이 있는지 파악하는 것은 때때로 이보다 훨씬 어렵다. 그러나 분노와 두려움과 관련된 감정은 자주 볼 수 있으며, 그 감정에는 정당한 근거가 있으며 아주 명백하다.

앞에서 이미 보았듯이, 예민한 엄마들(혹은 고감도의 사람들)의 가장 큰 문제는 지나치게 자극을 받거나 지나치게 흥분하는 경향이 있다는 점이다. 이것은 스트레스와 아주 큰 관련이 있으며, 늘 스트레스 반응을 가져온다. 과도한 자극에 계속 노출되면 결국 자동적으로 예전의 스트레스 상황으로 돌아가 화를 내고 공격적으로 변하며, 큰 소리로 욕하고 소리를 지르거나, 심지어 슬퍼하고 위축되거나 사회에서 자신을 고립시키고, 두려움에 떨거나 예전의 모습으로 되돌아가 버린다. 우리는 인생의 모든 상황에서 항상 같은 방식으로 반응하지 않고 수년에 걸쳐 조금씩 행동을 조정해 왔다.

이처럼 우리는 분노와 두려움을 관리하고, 그것을 활용하고 억제하는 법을 배울 수 있다. 그러나 동시에 어쩌면, 아마도 그런 상황을 완전히 없앨 수 없다는 것을 인정해야만 한다. 없애기에는 분노와 두려움의 역할이 너무 중요하기 때문이다!

예리하게 파고드는 두려움과 동행하기

"말해 봐, 엄마. 아침에 직장 동료랑 아침 먹기 싫었어?"

나는 엄마에게 전화로 이렇게 물었다. 아침 9시가 조금 넘은 시간이었고, 원래대로라면 엄마는 지금 직장에 가는 길이어야 했다. 엄마는 전화기 저편에서 한숨을 쉬었다.

"그래." 엄마가 조용히 말했다.

"그래, 맞아. 하지만 미리 취소했단다. 도저히 전철에 앉아 있을 수 없었어. 어젯밤에 제대로 잠을 못 잤는데 배가 아파서 일어났거든. 오늘 아침 일찍 그녀에게 전화를 걸어서 거짓말을 했어. 좀 부끄러운 일이었지만 말이다. 그래서 내일 만나기로 했어. 니네 아빠가 나를 태워다 줄 수 있을 테니 만나서 사실대로 이야기할 거야."

엄마는 침을 삼켰다. 나는 이 상황이 엄마에게 얼마나 불편한 상황인지 아주 잘 알고 있다. 그럼에도 엄마는 이러한 느낌에서 벗어날 수 없을 것이라는 사실도.

"나도 이게 얼마나 형편없는 일인지 잘 알고 있어. 하지만 정말 도저히 갈 수 없었어."

엄마는 이렇게 덧붙이며 죄책감을 드러냈다. 내가 알고 있는 한, 엄마는 폐쇄공포증을 가지고 있었다. 내가 아주 어렸을 때부터, 레스토랑 같은 곳에 가면 내가 엄마를 화장실에 데려가야 했다. 화장실 문을 잠그고는 엄마가 견디지 못했기 때문이다. 그때 내가 할 일은 문밖에 서서 아무도 들어오지 못하도록 지키는 것이었다. 엄마는 그동안 나 없이 수많은 만남을 가졌고 외출을 했지만, 지금까지도 그 사실은 변하지 않았다. 문을 닫는 것이 가능하려면 문 위나 아래에 뚫린 틈이 있어야 했다. 그래야만 문이 열리지 않을 때 문 아래로 기어 나가거나 위로 기어 올라갈 수 있기 때문이다. 하지만 승강기와 회전문은 절대로 들어갈 수 없었다. 터널도 마찬가지였다.

나는 엄마와 발트해로 여행을 떠날 때마다 단 한 번도 엘브터널(엘베강 아래에 건설된 터널. 1911년에 완공되어 자동차와 사람들이 다닌다. 발트해로 흘러들어가는 엘베강을 따라 엘브터널로 가면 시간이 단축된다-옮긴이)을 통해 간 적이 없다. 시간이 걸려도 늘 멀리 돌아 다리를 건넜다. 쇼핑몰, 대형 백화점이나 잠긴 주차장 같은 곳이 엄마에게는 위협적인 장소였다. 그 공포는 평생 엄마를 따라다니고 있지만, 엄마는 그 두려움이 어디에서 왔는지, 언제부터 있었는지 전혀 알지 못했고, 전혀 나아지지도 않았다.

그러던 어느 날, 엄마가 용감하게 시내에서 아침 약속을 잡았고, 걸어서 가기에는 너무 멀었기 때문에 지하철을 타고 가기로 계획을 세웠던 것이다. 엄마는 가끔 여행을 계획하고 미리 테스트하기도 했다. 그러나 언제나 강도 높은 예민함 때문에 계획에 실패했다. 예순세 살인데도 말이다.

두려움은 사람의 필수적인 시스템이다. 그것은 우리를 실수로부터 보호하고, 불만에 주의를 기울이게 만들고, 갈등을 해결하는 데 도움을 준다. 또한 위험성을 평가하거나 인식하는 데 도움을 주고, 약점이 어디에 있는지 명확하게 알 수 있게 한다. 두려움은 우리 내면의 팀의 친구고 우리에게 정말 좋은 것이다. 적어도 우리가 특정한 규정 안에서 조절하는 방법을 배운다면 말이다.

폭주하는 두려움은 그 누구도 통제할 수 없는 것처럼 느껴지고, 그 감정은 더 이상 존재를 드러낼 이유가 없다. 두려움은 모든 곳에 존재한다. 공황 발작, 밀실 공포증, 사회 공포와 지속적인 불안 상태는 통제되지 못하는 불안의 아주 명확한 특징이며, 반드시 의학적 치료와 진료가 필요하다. 심리치료사 클라우스 베른하르트Klaus Bernhardt는 자신의 저서 《공황 발작 및 기타 불안장애 없애기Get Rid of Panic Attacks and Other Anxiety Disorders》에서 사람들이 겪는 공포의 경험과 그 공포와 함께 살아가는 법을 배우기 위해 개발한 방법을 정확하게 설명한다. 불안을 겪는 모든 독자들에게 진심으로 이 책을 추천하고 싶다.

내면의 소리에 귀를 기울이면

당신의 평범한 하루를 지배하는 감정이 '너무 많은' 건 아니다. 당신은 다른 사람들처럼 다양한 감정을 가지고 있다. 그저 강도가 다를 뿐이다. 그리고 사람들이 당신을 향해 당신이 '너무 강하게' 그것을 느끼고 집착하고 과용한다고 비난하는 것에 대해서도 잘 알고 있다. 이제부터 우리 내면의 다양한 감정의 형태를 우리가 설정했던 '내부의 팀'과 관련해 점검해 보려 한다. 당신은 의식적으로 감정의 영역에 발을 들이고 있는가? 당신은 통제력을 잃었는가? 과도하게 느끼고 있는가? 아니면 당신이 느끼고 있는 것을 정확히 알고 있는가?

나는 그런 감정들이 당신에게 '너무 강렬'하거나 '너무 많은' 감정이라는 느낌을 주지 않는다고 확신한다. 언제 감정을 충분히 느껴야 하고, 언제 그래야만 좋다는 걸 누가 결정할 수 있을까? 우리는 자신의 감정에 편안함을 느껴야 한다. 모든 감정은 당연히 좋은 이유가 있다. 그 감정들이 상황을 어떻게 보고 있는지 보여주기 때문이다. 그렇지 않다면 감정을 가질 이유가 없지 않은가.

당신 안에 있는 내부의 팀은 아주 중요한 의미를 가진다. 네 가지 괴로운 감정만 적어야 했을 때 당신은 고통스러웠을지도 모른다. 하지만 당신 내면의 팀은 당신이 행복과 풍요로 가득한 삶을 살아가기를 분명하게 원하고 있다. 심지어는 두려움까지도 말이다(두려움은 당신을 보호하고 당신이 실수하거나 위험한 일을 하지 않도록 돕는다). 때로는 당신을 압도하지만 힘과 에너지를 방출하는 것 이상은 원하지 않는 분노까지도 그렇다. 두통을 일으키고 몸을 마비시키는 긴장도 당신이 휴식과 안정을 취하기를 바랄 뿐 더 이상 바라는 것이 없다. 이런 감정들은 모두 당신에게 최선을 원할 뿐이다. 믿기 어려운가? 하지만 사실이다. 다만 문제는 그 어떤 것도 혼자서는 모든 것을 할 수 없다는 점이다.

당신이 그렸던 동그라미로 돌아가보자. 어느 것과도 연결할 수 없는 상태로 놓여 있는 동그라미가 하얀 바탕 위를 돌아다니면 어떻게 될까? 해결책을 알려줄 눈도, 바른길을 걸어갈 다리도 없는 그 감정들은 스스로를 향해야 할까? 그 감정들이 당신과 함께 있는 이유가 무엇이든, 그들은 당신을 통해서만 진짜 변화를 일으킬 수 있다.

당신은 삶의 고삐를 스스로 쥐고 있다.

당신 내면의 팀은 당신을 보호하기 위해 존재한다. 때로는 속도를 늦추기 위해, 때로는 밀어붙이기 위해, 때로는 사랑스럽게 하기 위해 그들은 항상 당신의 편이 되어준다. 당신이 가장 기본이다. 당신의 의식적 결정 없이는 당신 감정에 아무 일도 일어나지 않는다. 그렇기 때문에 그들의 자비에 무력감을 느끼거나 그들이 당신을 압도하도록 내버려둘 필요가 없다. 당신은 감정의 세계를 통제하고 절대적으로 스스로 결정하는 법을 배워야 하고, 얼마나 많은 에너지와 감정을 투입하고 싶은지도 결정해야 한다. 팀을 재구성해야 한다. 운전자의 입장이 되어 감정들을 향해 감사를 표현하고, 도전적인 상황에서 분노가 지배하는 것이 아니라 당신이 주도권을 잡고 있음을 명시해야 한다.

다른 감정이 당신을 풍요롭게 해준다면 하루는 어떨까? 당신 내부 팀의 도움으로 당신은 인생의 다양한 상황들을 미리 대면하고 진정한 차별화를 배울 수 있다. 당신의 내면세계와 대화를 나눌 수 있다. 또 의심이나 불안감이 들거나 외롭다고 느낄 때면 종이에 메모하면서 자신의 감정을 마주볼 수 있다. 당신 내면에는 껍질을 깨고 잠재력을 최대한 발휘하기 위해 기다리고 있는 너무나 많은 힘과 감정이 있다. 더 이상은 멈추지 않길 바란다. 늘 속을 울렁거리게 했던 감정을 인정하고, 억눌러야 한다는 의지를 버리자. 당신은 늘 병을 견디고 참아야 하는 끔찍한 상황에 처해 있지 않다. 내 안에 감정이 '너무 많다'고 느끼는 것은, 더 이상 숨길 필요가 없는 삶을 살기 위해 필요한 모든 것을 이미 다 가지고 있기 때문이다.

모든 것을 느낄 수 있다는 것이 항상 모든 것을 느껴야 한다는 뜻은 아니다!

예민한 엄마들이 모든 것을 반드시 느끼려고 애쓰는 것은 아니다. 아이와 함께 하루 동안 겪어야 하는 감정의 범위가 감당하기 너무 벅차기 때문에 그런 상황에 처하는 것이다. 아이의 발달단계에는 엄마의 감정이 동반된다. 특히 출산 직후나 출산 후에 엄마들은 놀라운 감정 변화를 경험한다. 호르몬이 완전히 변하고 몸도 바뀌며 갑자기 하루 종일 다양하고 많은 요구에 시달리는 것이다. 대부분의 예민한 엄마들은 아이들의 다양한 감정을 이해하지 못하거나 오히려 엉뚱하게 해석한다. 우리의 해석은 틀렸다. 우리 아이는 왜 이렇게 감정 기복이 심한 걸까? 왜 우는 거지? 왜 또 우는 거지? 내가 대체 뭘 잘못했을까? 우리는 가능성 있는 모든 일을 시도해 보지만 늘 잘못하고 있다는 느낌은 떠나지 않고, 때문에 우리는 종종 상실감을 느낀다.

우리는 그저 모든 것을 느끼는 것이다. 우리는 아이에 대한 무한하고 조건 없는 사랑뿐 아니라, 상황이 우리가 원하는 대로 돌아가지 않을 때 분노와 공격성도 함께 느낀다. 하지만 그것으로 끝난 게 아니다. 예민한 엄마와 그녀의 (예민한) 아이 사이에 존재하는 유대감은 때때로 어디서 끝나고 어디서 시작되는지 알 수 없다. 당신과 아이는 그저 연결되어 있을 뿐만 아니라 병합하는 경향이 있다. 두 사람은 감정이 풍부하고 공감능력도 극단적으로 높기 때문에 상대가 무엇을 느끼는지 정확하게 알 수 있고, 때문에 개인의 감정이 나에게서 온 것인지,

아니면 다른 사람에게서 온 것인지 정확하게 구별하기 힘들어진다.

이것은 해결의 중심이 됨과 동시에 딜레마가 될 수도 있다. 한편 육체적으로도 일종의 '경계를 넘는'(가장 좋은 경우는 긍정적인 생각) 행위가 생길 수 있다. 아주 고감도의 엄마는 섬세한 아이를 자주, 집중적으로 껴안고 있는 시간이 많기 때문이다. 이것은 감정적, 인지적, 때로는 물리적 경계마저 완전히 흐리게 만든다. 따라서 당신에게 도움이 되는 경계를 다시 설정하고 의식적으로 당신의 몸과 당신 고유의 감정세계가 다가오게 해야 한다.

자신을 신뢰하고 감정을 표현하고 자신의 손에 고삐를 쥐고 있다는 사실을 이해하려면 시간이 걸릴 수 있다. 아주 정상이다. 그것은 길을 열어야 하는 과정이자 변화다. 스스로에게 이제 막 시작했다고, 적어도 아직 목적지에 도착하지는 않았다고 상기시켜야 한다. 아직 이 책도 다 끝나지 않았고 우리에게는 충분한 시간이 있다.

마지막으로 한 번만 더 눈을 감고 자신의 내면을 느껴보자. 자신을 억누르거나 억지로 떠밀지 말고 온전히 느낄 수 있을 때 당신의 인생은 어떤 느낌이 들까? 죄책감이나 자기 회의감이 여전히 느껴질까? 길게 심호흡을 하고 당신의 감각을 더 깊게 가라앉혀 보자. 당신은 자기 결정권과 자유를 얻기 위해 최고의 길을 걷고 있다.

7장

당신은 당신 그대로 옳다

예민한 엄마가 느끼는 이질감

아주 예민한 사람이라면 누구나 한 번쯤은 경험해 본 적이 있는 느낌이 있을 것이다(아마 거의 확실하다). 그것은 바로 이방인, 외계인이 된 것 같은 느낌이다. 어떤 것이든 다른 누구와도 다른 느낌. "아무도 날 이해 못 해도 괜찮아!" "왜 그런지 난 다른 사람들과 달라. 꼭 외계인이 된 것 같은 기분이야." "무엇인가 나랑 맞지 않아. 나는 틀렸어. 나도 남들처럼 되고 싶어!" 이런 말들과는 조금 다른 의미다.

이런 느낌은 평생 동안 민감한 뇌 안에 잠들어 있었거나 특별히 힘든 인생의 과정에서 나타난다. 부모가 되는 것은 당신이 이전에 알고 있던 그 어떤 것보다 부담스럽고 어려우며, 알려져 있는 것보다 훨씬 고되고 늘 지켜보아야만 하는 일이다. 예민한 사람들이 자신의 인생에서 느껴야 하는 많은 부정적 감정 중 가장 고통스러운 감정이 바로 소속감이 없다는 느낌이다.

왜 나는 남들과 다를까?

나는 야나가 엄마가 되기 전부터 그녀를 알고 지냈다. 그녀는 엄마가 되고나서 모유 수유 상담을 하러 나를 다시 찾아왔다. 그녀가 생각하고 꿈꿔왔던 식으로 상황이 전개되지 않았기 때문이다. 우리는 대화를 나누면서 많이 울었지만, 단지 야나의 문제 때문에 그런 건 아니었다. 우리의 우정 역시 아이가 없던 때의 모습으로는 더 이상 돌아갈 수 없어 보였기 때문이다. 그녀는 종종 소외감을 느꼈고 많은 시간을 아이와 함께 집에서 보냈다. 그렇기에 넘쳐나는 감정을 누구와 나눌 생각은 감히 하지도 못했다.

야나는 조용하고 안전한 상황에서는 나에게 믿음을 주고 개방적이고 친근하게 굴었지만, 주중에 열린 베이비코스에서는 수동적이었다. 어떻게 지내느냐는 질문에 그녀는 짧고 긍정적으로 대답하는 것을 좋아했다. 그녀에게 특별한 일은 일어나지 않았고, 그녀는 키우기 힘든 아기에 대해 이야기하는 것조차 좋아하지 않았다. 사적인 대화에서 그녀는 자신이 원하는 것은 무엇이든 할 수 있다고 이야기했다. 하지만 그녀는 자신이 어딘가에 소속되어 있다는 느낌을 받지 못했다. 물론 그 그룹의 참여자들은 훌륭했지만, 야나와 나는 그 수업과는 별개로 따로 만나곤 했다. 그러나 그녀는 지금 자신이 어떻게 지내고 있는지는 얘기하지 않았다. 그렇게 시간이 흘렀다. 2년 뒤 우리가 코칭 수업을 시작하고 최소한 한 달에 한 번 이야기할 기회가 생겼을 때, 그녀는 닫힌 문

뒤에서 자신이 무얼 느꼈는지 이야기를 쏟아내며 울기 시작했다.

"다른 사람들이 나를 왜 그렇게 다르게 생각했는지 이제야 이해할 수 있어요. 왜 나는 항상 나 자신에 대해 그렇게 남들과 다르다고 느꼈을까요? 나는 항상 내가 정상이 아니라고 생각했고, 내 감정도 정상이 아니고, 나는 과장되었거나 뭐든 제대로 할 수 없다고 생각했어요. 하지만 그건 사실이 아니었어요. 나는 그냥 예민한 사람이었어요. 왜 내가 더 일찍 이 수업을 시작하지 않았을까요? 그랬으면 그렇게 많은 우정이 깨지지 않았을 테고, 나는 이렇게 오래 혼자 있지도, 이렇게 오래 힘들어하지 않아도 되었을 텐데 말예요!"

야나는 결코 혼자가 아니다. 그녀는 당신과 나처럼 '이방인'일 뿐이다. 아니면 적어도 그녀는 그렇다고 생각했다. 왜냐하면 (아마도 당신과 나처럼) 그녀는 다른 사람들과 같지 않다는 사실에 여러 번 직면했기 때문이다. 하지만 그녀가 그런 사람이 아니라는 것은 이미 증명되었다. 당신의 두뇌와 감정은 다른 많은 사람들과는 다르게 작동한다. 남들과 같지 않고, 소속감이 없고, 똑같이 사회적 공감을 하지 못한다는 느낌이 그녀의 마음을 꿰뚫었다.

사회적 고립감으로부터 오는 고통

2003년 캐나다의 심리학자이자 과학자 나오미 아이젠베르거Naomi

Eisenberger는 흥미로운 연구를 발표했다. 그녀는 사회적 거부에 대한 신경 기반과 실제 육체적 고통 사이의 관계를 연구하려 했다. 결국 이 실험은 우리의 언어는 항상 육체적 고통과 연결되어 있다는 의미를 내포하고 있었다. 이별을 겪은 사람들은 마음이 아프고 '고통'받고 '상처'받는다. 이때 사람의 뇌에서 정확히 어떤 일이 일어나고 있는지 알아보기 위해 그녀는 실험 참가자를 간단한 비디오 게임 앞에 앉혀 두고 다른 두 명과 함께 게임을 하게 될 것이라고 이야기했다. 실제로 나머지 게임 두 개는 컴퓨터로 조종되는 것이었지만 실험 참가자는 그 사실을 몰랐다. 그는 두 명의 사람이 '반대편'에 있고, 이제 그들과 게임상에서 공을 주고받는다는 설명을 들었다. 그러나 잠시 뒤, 두 명의 (컴퓨터) 선수는 공을 서로에게만 주기 시작했고 실제 참가자에게는 주지 않았다. 그를 게임에서 제외시키려는 것처럼 말이다.

이 실험을 하는 동안 참가자의 뇌는 뇌 영역의 활성화 정도를 시각적으로 보여주는 '기능적 자기공명영상'에 연결되어 있었다. 다른 테스트 참가자도 마찬가지였다. 실험이 끝나고 나오미는 놀라운 결과를 얻었다. 다른 두 선수가 실험 참가자와 더 이상 게임을 하지 않고 둘만 게임을 하는 순간, 처음으로 실험 참가자의 전대상피질이 활성화되는 것이 눈에 띄게 관찰된 것이다. 이 영역은 '부적절한' 반응이 감지될 때 활성화되는 영역으로 사람이 통증을 느낄 때에도 반응하는 영역이다. 동시에 전전두엽피질은 사회적 고립의 부담을 조절하는 역할을 한다. 만성 통증 환자의 결과와 비교했을 때, 신체적 통증과 자기 조절에 대한 뇌 활동의 조사 결과가 거의 동일했다. 신경 메커니즘 사이에 인과관계가 있음을 증명하는 획기적인 결과가 나온 것이다. 육체적 정신적 고통, 다시 말해 사회적 거부는 문자 그대로, 그리고 명백하게 우리에게 상처를 준다.

'적절한' 성별, '적절한' 피부색, 또는 '적절한' 가족이 아니더라도 사람들은 유치원과 학교를 다니기 때문에 실제로 이런 일들을 공공연히 겪는다. 게다가 아이를 문 앞에 세워두거나 옆방에서 '휴식'을 취하라고 고립시키는 일들이 여전히 공인된 교육적 방법으로 사용되고 있지 않은가. 왕따는 학교에서 시작하여 직장으로 끝나지 않는다. 감정이 풍부하고, 이상하게 불안하고, 소극적이거나 자기에게만 몰두하는 방식으로 행동하고, '너무 자주', 혹은 '너무 과장되게' 울기 시작하는 사람들은 실제로는 혼자 있을 때조차 사회적 배제감을 느낀다. 그들은 소속을 거부하는 신호를 받았다고 여기고, 이것은 인간의 협력 방식과 소속감을 느껴야 하는 본성과 모순된다. 그리고 그들은 나오미의 실험에서 입증되었듯, 뺨을 맞은 것과 같은 물리적 느낌을 받는다.

그러나 사회적 거부는 이런 느낌보다 훨씬 깊다. 거울신경세포와 관련하여 사회적 공감 공간에서 배제되는 것은 거울 행동에 대한 체계적인 시스템의 거부다. 이는 신경생물학적 영향이 이미 입증되었다. 결국 이러한 미러링을 통해 우리는, 우리가 본능적으로 타인을 사회적 공간에 속하는 존재로 인지하고 있음을 알게 된다. 이 공간 내에서 우리는 우리가 근본적으로 가능하다고 생각하는 행동과 경험의 가능성을 발견하다. 따라서 직관적으로 이해되는 본능적인 무언의 조건이 있다. 이 무리의 개인이 행동하거나 느끼는 것은 우리(타인에 대한 내부 표상)도 공감한다(5장 '나만의 경계와 공감의 균형을 맞추는 것' 참조할 것). 이때 (그리고 이럴 때만 우리는) '소울 메이트'의 느낌을 받거나 타자에 대해 최소한 직관적으로 이해한다.

"기본적으로 나는 다른 사람들과 같고, 다른 사람들은 기본적으로 나와 같다."

이러한 미러링 행동이 없다면 우리는 나오미가 육체적 고통으로 표현했던 사회적 고립을 경험한다. 심리학적 관점에서 볼 때 우리는 스트레스 호르몬이 뿜어져 나오는 재앙적인 상황에 처해 있다. 결론적으로 '공감 이해'라는 범위 내에서 사회적으로 의미 있는 공간은 기본적이고 근본적인 인간의 욕구다.

사회 집단에 속하고 싶은 것은 인간의 기본적인 욕구다.

추측 가능성, 예측, 거울뉴런이 우리를 위해 하는 일 모두가 '신뢰'라는 감정의 근간이 된다. 시선을 피하고 소통을 거부하며 몸짓에 반응을 보이지 않는 것, 건넨 인사가 돌아오지 않거나 느낌이나 생각을 표현했을 때 인상을 찌푸리며 거부하는 것은 거울 효과가 아니라 심리적인 스트레스가 된다. 장기적으로 그런 스트레스 상황이 지속되면 질병까지도 유발될 수 있다.

그러다 보니 고도로 예민한 사람들은 살아가면서 자신의 감정을 이해받지 못할 때마다 외톨이라는 특별한 느낌을 받는다. 정상이 아니라는 느낌은 그저 느낌으로만 머무는 것이 아니라, 다른 모든 것에 전부 '미러링'된다.

당신이 아마 나와 같은 기분을 느낀다면 그런 감정은 당신이 엄마가 되기 훨씬 전부터 존재했을 것이다. 그러나 그러한 감정은 당신의 세상이 다른 부모의 세상과 너무 다르게 느껴질 때 비로소 절정에 달한다. 예를 들어 아이와 함께 보내는 시간이 죽도록 지루했고, 동시에 그런 감정이 든다는 것에 죄책감을 느꼈기 때문이다. 혹은 낯선 사람들로 가득 찬 모임에서 어색하고 불편함을 느꼈지만, 그럼에도 당신이 느끼는 감정의 아주 일부라도 이해해 줄 수 있는 친구나 사람들을 늘 찾고 있었기 때문이다. 어쩌면 당신은 야나처럼 '다르다'라는 말을 평생 동안 들어왔을 테고, 그동안에 다른 감정뿐 아니라 종종 혼자인 것에 익숙해졌을 것이다. 당신이 이 책에서 읽은 다른 엄마들의 경험은 모두 이유가 있는데, 그들 전부가 특별한 두뇌 기능, 특별한 기질, 그리고 특별한 감정의 깊이를 가지고 있기 때문이다. 그리고 그들은 대부분 삶의 어느 시점, 대개 아이를 낳은 후에 자신이 더 이상 주류에 속하지 않는다고 느낀다. 예민한 엄마의 이질적인 느낌은 늘 그녀들을 따라다니고, 이는 대부분의 예민한 엄마들이 경험하는 느낌이다. 나는 과학자는 아니지만 이것을 예민한 사람들의 다섯 번째 공통점으로 포함시키고는 한다.

자가 진단

이질감을 해소하는 법

이 진단법은 다른 진단법과는 다르다. 펜과 종이 한 장으로 문제를 해결하라고 요구하지 않을 테니 말이다. 낯선 감정을 없애는 방법은 딱 하나다. 지금 당장 바깥으로 나가 다른 예민한 엄마들의 세계로 들어가는 것이다.

온라인 포럼이나 소셜미디어에서 그룹을 찾아 자기 자신과 내면세계, 엄마로서의 역할 및 모든 일에서 어려움을 느끼는 사람들과 그 감정에 대해 공유할 수도 있다. 나나 다른 상담자에게 연락하고, 대화를 나누고, 생각하고 느끼는 것을 말하고, 스스로를 경험해야 한다. 낯선 느낌은 외부에서 당신에게 전해지는 것이고, 삶에 대한 당신의 태도는 전적으로 당신 안에 있다. 당신은 자신의 내면을 통제할 수 있으며, 외부의 느낌이 조용해질 때까지 아주 차분히 그 느낌을 바꾸는 법을 배울 수 있다.

또 다른 접근 방식으로는 당신과 같은 사람들이 속해 있을 것 같은 스포츠나 댄스 그룹을 찾는 것이다. 그러나 기억해야 한다. 예민한 사람들은 창의적 능력 때문에 관념적이고 철학적이고 영적인 경향이 있다. 그러므로 연극 활동, 활동 치료, 요가 코스, 명상 모임, 합창단, 극장, 자원봉사, 멋진 카페, 또는 기타 분위기 있는 조용한 장소에서 자신의 능력을 찾을 수 있을 것이다.

나와 같은 예민함을 찾아서

당신은 예민한 엄마들을 놀이터나 패밀리 카페, 친목회 등에서 자연스럽게 만날 것이다. 그럼에도 그들을 발견하는 것은 매우 어렵다. 왜냐하면 그들은 그늘진 구석에 앉아 있거나 또래보다 자녀와 더 많이 접촉하거나 대화에 참여할 가능성이 적기 때문이다. 그들은 날카로운 시선과 시끄러운 말을 피하고, 자녀에게 부드럽고 침착하게 말하거나 자신이나 주변 상황이 긴장되면 물러난다. 따라서 편견과 해석을 버리고 판단에서 벗어나 앞으로 일어날 일에 대해 개방적이고 자비로운 태도를 보이면 당신은 그들을 만나게 될 것이다. 결국 당신처럼 예민한 엄마들은 공공장소에 있는 것을 그다지 좋아하지 않는다. 이런 환경이 자신에게 스트레스를 준다는 사실을 본능적으로 알고 있으며, 그런 장소에 혼자 있는 것을 좋아하지 않는다. 물론 집에 다시 갈 수 있을 때만큼은 행복해 한다. 이런 태도는 때때로 그들이 가까이 갈 수 없어 멀리 있는 것처럼 보이게 하지만, 사실 그들은 그런 상황들을 견뎌내기 위해 내부의 모든 힘을 모으고 있을 것이다.

당신을 있는 그대로 드러내면 당신은 빛나게 될 것이다.

당신이 무엇을 입고 있든지 상관없이.

이것이 공명의 법칙이다. 따라서 앞으로 몇 주, 몇 달 동안, 특히 섬세

하고 민감하며 '다른 방식'의 사람들을 만나는 데 의식적으로 주의를 기울이고, 자신의 특성을 숨기지 않고 내보이자. 위에서 언급한 그룹 중 하나에 자유롭게 참가하거나 시범 수업을 들어보는 것도 좋다. 먼저 해당 지역의 그룹 리더에게 전화해서 그룹이 어떤 느낌인지 살피는 것도 괜찮다. 천천히 한 걸음씩, 그러나 의식적으로 모든 것을 행동으로 옮겨본다. 그러면 당신의 에너지가 따라올 것이다. 또 누가 알겠는가. 당신이 외계인일 수 있다는 것을 보여줄 수도 있지만, 당신이 분명히 이 세상에서 혼자가 아니라는 것을 보여줄지…. 왜 우리는 정상적이지 않다는 느낌을 가지고 살아야 하는가? 우리의 느낌이 틀린 것일 수도 있지 않을까?

왜 조금 덜 느끼는 것이 더 옳은 일일까?

지치게 두거나 그냥 받아들일 수는 없을까?

그렇다고 해서 이 전술의 목표를 새로운 친구를 수없이 만나는 데 둘 필요는 없다. 당신은 새로운 친구들이 필요하지 않을 수도 있다. 당신이 어디에서나 항상 이상하거나 '다르다'는 것을 알게 되는 게 중요한 것이 아니라, 당신에게도 사회적 공명 공간과 직관적인 이해가 있을 수 있다는 것을 깨닫는 것이 훨씬 더 중요하다. 당신이 스스로를 보여줄 때, 무언가가 다른 사람들에게도 공명한다. 가장 좋은 것은 직관적 이해가 이루어지는 경우다. 자기 스스로 인정받았기 때문이기도 하지

만, 누군가가 당신을 직관적으로 인식하기 때문이기도 하다. 어쩌면 처음일 수도 있다. 당신이 혼자가 아니라는 것을 깨닫는 참으로 멋진 느낌 말이다!

예민한 모성은
훌륭한 예술과 같다

한 부모 가정에서 벌어지는 예민한 상황

율리아는 세 자녀를 둔 미혼모이며 자영업을 하고 있는 예민한 사람이다. 나는 그녀와 분주하고 바쁘고 도전적인 그녀의 일상에 대해 대화를 나누다가, 스트레스가 많은 아침을 견디기 위해 필요하거나 바라는 것이 무엇인지 물었다. 그녀는 "그건 아주 정확히 말할 수 있어요."라고 대답한 뒤 말을 이었다.

"아침 일찍 일어나서 평화롭게 커피를 마시고 싶어요. 하지만 소용없어요. 일어나자마자 아이들 셋이 따라 나오니까요. 내가 더 일찍 일어나면 아이들도 더 일찍 일어날 거예요."

딜레마였다. 율리아는 자신에게 무엇이 필요한지 대답할 수 있었고, 왜 그것이 결코 실현될 수 없는지도 알았다. 그러나 나는 그녀에게 해결책을 제시할 수 없었다. 나이대가 다 다른 세 명의 아이 모두가 기적적으로 그녀보다 늦게 깨어날 수 있게 하려면 어떻게 해야 할까?

나는 답을 찾으려는 시도조차 하지 않았다. 대신 우리는 하루에 몇 분 동안 혼자만의 시간을 갖고 싶은 그녀의 욕망에 집중하기로 했다. 그래서 나는 그녀에게 언제 그런 시간을 조금이라도 낼 수 있냐고 물었다. 그녀는 고개를 저으며 그런 시간은 전혀 없다고 말했다. 그녀는 오전 9시에 일을 시작했고, 늦어도 오후 1시에는 돌아가는 차를 타야 아이들을 데리고 오거나 제시간에 집에 도착할 수 있다고 설명했다. 큰아이가 집에 도착한 지 2분 뒤에 그녀가 도착하더라도 아이들은 배고픈 상태로 너무 오랫동안 엄마를 기다려야 했기 때문에 시끄럽게 떠들어댔다. 율리아는 아무리 오래 고민한다 해도 절대 해결할 수 없는 절대적으로 복잡한 상황에 놓여 있었다. 나도 그녀의 그런 상황을 알고 있었다. 그녀는 아이들을 위해 무엇이든 하는, 온 마음을 다해 아이들을 사랑하는 엄마였고, 내가 예민한 엄마들에게 그들의 상황에 대해 이야기할 때 종종 그랬던 것처럼, 그녀가 저지른 유일한 실수는 자기 자신을 돌보는 법을 잊어버린 것뿐이었다. 그녀는 그것을 잊었을 뿐만 아니라, 그것이 얼마나 중요한지조차도 잊어버린 상태였다.

아이들의 모든 필요를 인식하고 잘 돌보려는 욕구와 스스로에게 부과한 의무 속에서 우리는 때때로 자신을 잊어버린다. 필요 중심적인 가족생활은, 자신을 포함한 모든 가족 구성원의 요구를 알아채고, 그것을 채워주는 것에 때로는 감사를 표해야 한다는 걸 깨닫는 데 종종 많은 시간과 주의를 필요로 한다.

요구 사항은 매우 다양할 수 있다. 율리아처럼 하루에 단 몇 분만 조용히 커피를 마실 수 있는 시간을 원할 수도 있고, 예전처럼 저녁에 친구와 외식을 하고 싶어 할 수도 있다. 아마 다시는 하지 못할 것이라고 여겼던 일들 말이다.

또한 가족은 우리가 필연적으로 직면하는 요구를

재분배하는 것을 의미한다.

그리고 그러한 요구 사항은 가능한 한 모든 구성원에게 적절하게 재분배되어야 한다. 물론 가족이 재정적으로 여유로워지기 위해 일해야 한다는 사실은 성인 가족 구성원이라면 누구나 알고 있다. 그러나 아무도 없이 몇 시간만 시간을 보내고 싶다는 욕구가 들 때, 즉 혼자만의 시간이 꼭 필요할 때는 아이 역시 한 번 정도는 엄마가 없는 상황을 견뎌내야 한다. 그리고 다른 가족 구성원들과 돌보미 역시 그로 인한 아이의 좌절감을 위로하고, 다른 가족 구성원들도 이러한 단절감을 극복할 수 있어야 한다.

부정적인 상황과 감정은 늘, 그리고 어디서나 생겨날 수 있다. 가족은 언제나 따뜻한 여름 햇살이 아니며, 그들을 관리하는 것은 그렇게 쉬운 일이 아니다. 특히 모든 사람의 요구 사항을 충족하는 것이 우선순위가 된 사람일 경우에는 더욱 그렇다. 그렇다면 특정 매개변수를 단순히 변경할 수 없는 경우, 가족 구성원의 요구를 동일하게 충족시키는 일이 가능할까? 그렇지 않다. 하루는 정확히 24시간이며 에너지 비축량은 결국 소진된다.

도와줄 집안 어른이 없기에 가족 구성원들의 크고 많은 요구를 분담할 수 없었던 율리아는 아이의 모든 요구를 항상 지속적으로 만족시킬 수 없다는 사실을 인정했고, 그럼으로써 죄책감을 버렸다. 그러고나서 그녀는 좀 더 구조적으로 상황을 재정비하려고 노력했다. 좋은 조직이 없으면 모든 것이 무너지기 때문이다. 그래서 나는 율리아에게 어떻게 하면 그녀가 일을 조금 늦게 시작할 수 있는지, 어떻게 해야 이메일에 답장하거나 집안일을 하는 것이 아니라 자신을 위해 시간을 사용할 수 있는지 이야기했다.

상담이 끝난 며칠 뒤에 그녀는 내게 사진을 보내왔다. 그녀는 아이들을 유치원과 학교에 데려다준 뒤 오전 시간을 온전히 쉬었다. 그녀는 단지 30분 동안 커피를 즐기는 것이 아니라 완전히 자유로운 아침을 즐겼다.

슈퍼우먼이 되겠다는 무모한 생각

지난 10년 동안 우리가 양육, 부모, 애착, 필요 오리엔테이션이라는 주제를 많이 다루어왔다는 것은 아주 좋은 현상이다. 확실히 이건 우리 세대 때와는 다른 점이다.

저명한 교육학자이자 제3세계 출신의 작가 요한나 하러Johanna Haarer의 교육학은 국가 사회주의의 태도가 강한 이론으로 아주 오랫동안 신봉되었다. 그녀의 책《독일 어머니와 그녀의 첫 번째 아이Die Deutsche Mutter Und Ihr Erstes Kind》는 1987년까지 발행되었으며, 지금까지도 놀라울 정도로 많은 판매 부수를 올리고 있다. 우리의 조부모뿐 아니라 그들의 자녀들, 즉 우리 부모들도 전근대적인 교육적 이상으로 고통을 겪었다. 트라우마도 대대로 유전되기 때문에 그 시대의 잔혹한 관행('울면 폐가 튼튼해진다', 심지어 아이가 울 때 어떤 상황에서도 위로하지 말라는 권고까지)이 어린 시절까지 이어져온 것은 놀라운 일이 아니다.[33] 하지만 최근 들어 애착이론 등이 널리 알려지고 난 이후에야 비로소 유치원 교육학을 개정하는 계기가 되었고, 최근 몇 년 동안 학교 개혁이 요구되는 경우는 거의 없었다. 적어도 우리의 시스템을 다시 한번 바꾸고 교육학 부분의 역사를 다시 써야 할지도 모른다.

오늘날 육아 가이드는 사랑스럽고 필요지향적인 방식으로 아이들을 대하라도 조언한다(독일의 소아청소년 정신건강 전문의 및 심리치료사 미하엘 빈터호프Michael Winterhoff의 이론은 제외). 우리는 어느 때보다 아이들의 삶의 단계를 알고, 그들의 두뇌 성숙도와 발달 속도를 이해하고, 임신 중일 때부터 가이드를 만들어 최상의 양육과 애착 관계를 제공한다. 이는 매우 환영할 만하고 감사한 일이다. 그러나 예민한 엄마들에게는 이것이 큰 문제가 된다.

내가 직접 읽었을 뿐만 아니라 일상 상담에도 포함된 많은 육아 서적들은 아이들이 태어날 때부터 유능하다는 것을 이해하는 데 도움이 된다. 우리는 아이들에 대한 관점을 바꾸었고, 그들을 있는 그대로 인식하고 특별한 방식으로 그들에게 반응한다. 그리고 그런 육아서들은 있는 그대로의 아이들이 옳고, 그것이 좋은 일이라고 강조한다.

육아서에 설명된 대로 모든 것을 100퍼센트 구현하지는 못한다. 부모도 마찬가지다. 물론 아이들은 훌륭하고 가치 있는 존재이며, 우리는 늘 안전과 사랑, 보살핌과 감사로 아이들을 대해야 한다. 그런다 해도 그런 마음가짐이 그들과의 삶을 덜 피곤하게 만들지는 않는다. 반대의 경우도 있을 수 있다. 관계 중심의 가족생활에 대한 책을 읽은 뒤 부모는 책에서 자신이 원하던 답을 찾고 그것을 실현하기 위해 최선을 다한다. 하지만 하루가 끝날 때면 왜 실제로 기쁨과 사랑을 느끼지 못했는지 스스로에게 묻게 된다. 따라서 이런 육아서와 나를 별개로 취급하는 법을 배워야 한다. 물론 지금 당신이 읽고 있는 이 책도 마찬가지다.

이 책은 아이들과 그들의 성장기에 매우 중요하고 가치가 있다. 그렇지만 이 책을 포함한 다른 육아서 역시 나와 내 가족에게 적합한 것을 현명하게 선택할 수 있도록 도와주는 다양한 선택지, 또는 하나의 '도구'에 지나지 않는다. 나는 너무 거창하고 너무 어렵고 일상생활에서 실행하기 힘들거나 부적절해 보이는 것은 쓰지 않는다. 그리고 그것은 어떠한 죄책감도 남기지 않는다.

이것이 의미하는 바를 설명하려면 역사의 몇 단계를 거슬러 올라가야 한다. '애착'이라는 용어는 영국의 소아과 의사, 아동 정신과 의사 및 정신분석가인 존 볼비John Bowlby의 '애착 이론'에서 유래했다. 일찍이 1950년대와 1960년대에 볼비는 동료인 미국 발달심리학자 메리 애인스워스Mary Ainsworth와 함께 애착 이론에 관해 연구했으며, 이는 현재까지도 과학계에서 높은 평가를 받고 있다.

그들은 이 연구에서 과학적 조사를 통해 자신의 이론적 논리를 과학적으로 입증하고, 완전히 새로운 생물학적 및 신경생리학적 발견을 통합했다. 볼비는 1970년대와 1980년대에 자신의 책《애착, 분리, 그리고 상실: 슬픔과 우울Attachment, Separation, and Loss: Grief and Depression》에서 자신의 발견과 이론을 정리해 발표했다. 그의 애착 이론은 여전히 유아기 발달에 대한 많은 현대 심리학 연구의 기초를 제공하고 있다. 기본적으로 볼비는 애착을 두 사람 사이의 긴밀한 정서적 관계로 이해한다.

그는 다른 사람들과의 유대감, 특히 친밀한 감정적 관계를 구축하려는 의지를 인간의 타고난 기본적인 욕구라고 가정한다. 이러한 기본적인 욕구와 그에 따른 지속적인 애착 노력은 노년기까지 지속되며, 따라서 인간의 발달과 일생 동안의 행동에 영향을 미친다. 영아가 인생에서 처음으로 갖게 되는 친밀한 감정적 관계는 일차적인 애착 대상이 되는데, 이는 영아기에 가장 많이 대하는 사람, 일반적으로 엄마나 아빠가 그 대상이다. 애착 이론에 따르면, 이 첫 번째 애착은 아주 중요해서 아이에게 매우 큰 영향을 미친다.

아이와 일차적 애착 대상 사이의 관계가 발전하는 방식은 생후 첫 1년 동안 아이에게 일종의 모범적인 관계가 되는 것이다. 다시 말해 그것은 아이에게 일종의 기준점이 된다. 여기서 아이는 친밀한 정서적 관계를 적극적으로 유지하는 방법을 배울 뿐만 아니라(의식적인 부분은 훨씬 나중에 오기 때문에 무의식적으로 배운다), 다른 사람과의 관계에도 영향을 미친다. 아이들은 무의식으로 학습된 이 행동을 타인과의 친밀한 감정적 관계뿐 아니라, 다른 사람들과의 가까운 관계에 적용시킨다. 전문용어로 이러한 (관계) 경험의 내면화를 '내적 작동 모델 Internal Working Models'이라고도 한다. 이러한 초기 애착 경험은 아이들에게 매우 중요하기 때문에 볼비는 다양한 유형의 내부 작동 모델/행동 패턴을 자세히 조사했다. 그중 하나가 애착 결합의 수준, 혹은 애착 결합의 형태에 관한 것이었다.

이 과정을 명확히 정리하자면, 친밀한 감정적 관계/결속은 갑자기 일방적으로 발전하는 것이 아니라 양쪽이 계속 상호작용하면서 발전한다. 예를 들어 아이는 울거나 고함을 지르거나 부모에게 신호를 보내거나 뒤를 기어다니거나 이해를 받았을 때 반응을 보임으로써 식욕이나 보호, 혹은 위로가 필요함을 표현한다. 이것은 태어날 때부터 나타나는 아이의 애착 행동이다. 양육자의 보살핌과 지원이 생존을 보장하기 때문에 처음부터 자체적으로 유대를 구축하려고 시도한다. 그리고 애착이 인간의 일생 동안 필요하다는 것을 알게 되었기 때문에 부모와 자신을 결속시키려고 노력하기 위해 계속해서 반응을 보인다.

이러한 반응들은 매우 다양하고 몹시 개별적인 방식으로 발전한다. 그리고 이제부터 흥미진진해지기 시작한다. 볼비와 애인스워스가 알아냈듯이, 거기에는 항상 유대감이 존재한다. 추가 조사에서 그들은 위에서 설명한 부모와 아이 간의 상호작용으로 인한 다양한 애착 패턴을 구별했다. 우리가 가장 중요하게 살펴보아야 할 것은 '애착 형성이 존재하지 않는' 관계, 혹은 애착이 없는 아이들은 존재하지 않는다는 점이다. 이론적으로 그들의 애착 형태, 혹은 애착의 정도만이 차이가 있을 뿐이었다.

육아서로 돌아가보자. 그 책들 또한 애착의 중요성에 대한 볼비와 애인스워스의 놀라운 발견에 대한 여러 연구 및 조사를 집중적으로 다루고 있다. 그러나 최근 애착 이론의 수용 방식은 애착 육아운동 과정이 독단적으로 변질될 위험이 있다. 예를 들어 모유 수유만이 진정으로 건강한 아이를 키울 수 있는 유일한 방법이며, 유모차는 아기에게 부모와 너무 먼 거리감을 느끼게 한다는 것 등이 그것이다. 그러한 주장들은 애착 연구자의 처음 의도에서 동떨어진 주제로, 진보적 교육학의 높은 가치와 목표를 희석시킬 위험이 있다.

솔직히 말해 맨발이 교육학과 어떤 관련이 있단 말인가(한때 유행하던 육아법으로, 맨발과 맨살로 아이를 맞대서 애착감을 높여주는 게 아이의 정서를 안정시킨다는 것을 빗댄 것으로 보인다. 한때 서구권에도 애착 육아로 유모차 대신 포대기로 아기를 업고 품에 안고 자는 것이 유행한 적이 있다-옮긴이).

볼비와 애인스워스는 적어도 부모와 아이 사이의 애착 정도와 높은 수준의 애착 형성에 영향을 미치는 것은 애착 대상의 민감도와 신뢰성이라는 사실을 대규모로 이루어진 일련의 연구에서 증명해 냈다. 민감성이란 보호자가 자녀의 신호에 주의를 기울이고, 그것을 올바르게 해석하여 적절하게 반응하는 것을 의미한다. 부모가 아이에게 민감하게 반응하면 성공적으로 의사소통이 발달하고, 아이는 부모가 자신을 이해하고 있으며, 자신의 필요에 따라 적절한 지원을 받고 있음을 경험한다. 그런 경험은 서로에게 좋은 협력이 훨씬 많이, 자주 일어난다는 것을 의미하고, 그 결과로 안정 애착이 이루어지는 것이다.

신뢰성은 아이가 자신의 요구가 확실하게 이루어진다는 것을 경험하는 것을 의미한다. 따라서 애착 유형은 아이를 어떻게 대하느냐가 안정적 애착 형성에 결정적인 역할을 하며, 이 사실만이 실제 과학적으로 입증된 유일한 사실이다. 아이가 '배고픔'을 느끼면 아이의 이런 상태가 애착 대상에게 인식되어, 응답을 받고 충족된다. 그러면 아이에게는 애착 대상이 자신을 안정적으로 돌보고 이해한다는 것이 무의식적으로 저장된다. 젖병이나 모유와는 상관없이 자신의 필요가 충분히 충족된다면 안정 애착의 가능성은 똑같이 높아지는 것이다.

나의 존경하는 동료 주자네 미에라우Susanne Mierau는 그녀의 블로그 '안전한 성장'에서 다음과 같이 썼다.

— 안정 애착은 우리가 사람의 필요를 인식하고 나이에 따라 재빨리, 혹은 느리게 반응하는 곳에서 발생한다. 민감성, 공감, 연민, 애정, 안전은 안전한 유대를 형성하기 위한 기본 요구 사항들을 설명할 수 있는 용어다. 우리는 우리가 사용하는 다양한 도구를 통해 다양한 방식으로 이러한 조건을 만들 수 있다.

아기나 어린아이의 필요를 더 쉽게 인식하고 적절하게 대응할 수 있도록 도와주는 보조 도구가 있다. 신체 접촉은 그러한 수단 중 하나다. 아기와 신체 접촉을 할 때 우리는 아기의 목소리를 더 잘 들을 수 있으며, 심지어 더 작은 소리도 들을 수 있다. 우리는 아이의 체온을 느끼고 아이가 추운지 더운지 바로 알 수 있다. 우리는 아이의 움직임을 느껴 아기가 안절부절못하는지, 배가 고픈지, 기저귀를 갈아야 하는지, 아니면 그저 안아줘야 하는지(기저귀를 사용하지 않는 경우)를 바로 감지할 수 있다. 따라서 신체 접촉은 아이의 요구와 필요를 잘 인식할 수 있도록 도와준다.

다음 단계에서는 이러한 요구에 우리가 적절하게 대응할 수 있어야 한다. 이를 위해서는 아이들에게 진정으로 필요한 것이 무엇인지, 의미 있는 대답이 무엇인지 알아야 한다.

물론 우리가 아이의 요구와 필요를 인지했을 때 아이들이 우리의 응답에 대응해 '내가 선호하는 것은 아니다.'라며 다른 답을 할 수도 있다. 그러면 모유 수유를 할 수도 있고 젖병으로 우유를 먹일 수도 있는 것이다. 둘 다 아이가 표현한 필요에 대한 응답이다. 이 응답이 신속하고, 아이의 관심에 부합하며, 아이에게 자신이 건강하고 안전하게 보살핌을 받고 있다는 느낌을 준다면 안정적인 애착을 위한 길을 닦을 수 있다.

아이는 '먹이기'나 '가져오기'라는 행동을 판단하는 것이 아니라 배고픈 욕구가 충족되었는지 여부를 판단한다. 애착과 관련하여 두 가지 형태의 반응 사이에 너무 큰 의미를 부여하는 것은 우리 성인의 잣대일 뿐이다. 이는 옳지 않다. 모유 수유가 유대감을 강화할 수도 있지만, 젖병으로도 충분히 아이와 아주 가까운 거리에서 우유를 먹일 수 있다. 다양한 해결책과 다양한 도구를 통해 아이와의 애착이 아주 다양한 방식으로 발생할 수 있음을 알 수 있다.[34]

우리는 우리가 궁극적으로 가고자 하는 길을 자유롭게 선택할 수 있다. 아무리 강조해도 지나치지 않는 사실은 결국 아이와의 애착은 도구 자체가 아니라 우리의 방식이 결정한다는 사실이다. 기대에서 나오는 많은 불평을 멈추고 무조건 완벽해야만 한다는 생각을 버리는 것이야말로 유일한 방법이자 최선의 도구가 되는 것이다. 이러한 자유를 통해 우리는 점차 자신감을 갖게 되며, 매우 예민한 엄마로서 편안한 삶을 위한 중요한 자질, 즉 우리 자신과 가족을 위해 선택한 경로에서 경계를 만들고 신뢰하는 능력을 얻게 된다.

그러나 예민한 엄마들은 너무 자주 야심찬 목표를 설정하고 그것을 달성하려 하며, 아무도 자신의 목표를 방해하지 못하도록 애쓴다. 예민한 엄마들은 아이가 아직 그렇게 생각하고 있지 않거나 아직 이해하지 못할 수도, 혹은 실제로 그렇지 않음에도 그 어떤 위험부담도 지지 않으려 한다. 이렇기에 종종 애착이나 필요지향적인 양육, 또는 동반 양육이라는 높은 이상은 반복되는 스트레스의 소용돌이만 일으킬 뿐이고, 예민한 엄마들은 이런 상황을 대체로 너무 늦게 알아차린다. 그래서 관계 지향적인 가족생활의 또 다른 중요한 지점을 지적한 것이다. 바로 무례함의 재분배 말이다. 이렇게나 높은 목표를 달성하고 수많은 육아 전문가들의 지식을 가능한 한 최선의 방법으로 실행하려면 어마어마한 노력이 뒤따른다. 아이들의 모든 요구에 응답하는 것은 어쩌면 불가능할 정도로 힘든 일이다.

아주 예민한 엄마인 당신은 엄청나게 빠른 속도로 스트레스에 파묻힌 자신을 발견하게 될 것이다. 당신이 이 책에서 방금 읽은 모든 단어는 당신의 내부에 파문을 일으킬 뿐만 아니라, 당신이 (아직) 어떻게 하지는 않았는지 스스로를 관찰하는 동시에, 당신 내부에 있는 모든 것들을 생각의 회전목마에서 빙글빙글 돌게 만들 것이다. 당신은 모든 것을 완벽하게 하고 싶고, 모든 내용을 철저히 처리하고, 집중적으로 생각했다.

하지만 이상하게도 혼자 독서를 한다고 해서 그 하룻밤 때문에 일상생활이 여유로워지지도 않고, 그렇다고 집이 더 깔끔해지지도 않으며, 사회가 더 포용성 있게 변하지도 않고, 배우자가 새로운 양육 태도에 대해 더 협조적으로 변하지도 않는다. 즉 다른 말로 하면, 이론상으로 당신은 일을 다르게, 혹은 더 좋게 처리하는 방법을 배웠지만 실제로 그렇게 작동하지 않는다는 말이다. 육아서나 그 밖의 책에서 읽은 것처럼 모든 것을 실제로 적용하려면 처음에는 위기에 처할 수도 있고, 스스로를 불안하게 하거나 부족하다고 느끼게 만들 수도 있다.

유일한 문제는 매우 예민한 엄마들이 너무 자주, 모든 일을 제대로 하려면 자기 스스로 그 일을 해야 한다고 생각한다는 점이다.

우리는 우리 자신에게 너무 많은 것을 기대하고, 모든 가족들이 느끼는 마음의 고통을 자신이 해결하는 것이 의무라고 생각한다. 볼비와 애인스워스는 이미 40년보다 훨씬 더 이전에 아이와 함께 애착 형성의 발달을 도와줄 수 있는 애착 인물이 여럿 있을 수 있음을 보여주었다. 이 소중하고 중요한 일을 오직 우리 두 어깨에 짊어져야 한다는 생각은 잘못된 것이다. 우리는 우리가 아끼는 다른 사람들과 아이들이 이러한 무모함을 어느 정도 덜어줄 수 있으며, 또 충분히 그렇게 할 수 있다는 사실을 깨달아야 한다.

아이를 키우는 데 육아 이론이 필요할까?

'애착 양육', 애착 또는 관계 중심의 양육, 모든 사람의 필요에 주의를 기울이고 고전적인 교육 목표 및 전통적인 구조 대신 (연결) 애착에 중점을 두는 것이 우리 가족이 실제 행복해지는 길이라고 나는 느꼈고, 또 그렇게 생각했다. 그러나 내가 삼켰고 필요하다고 생각했던 지식을 준 모든 육아책은 나를 위험에 몰아넣었다. 내가 읽은 책에서는 더 이상 아이를 칭찬하지 말고, 관계를 유지하고 의사소통을 하면 먼저 나 자신의 감정을 완전히 통제해야 하고, 큰 소리로 말하지 않아야 한다고 말했다. 그것은 결국 내가 이제껏 아이들을 잘못 키웠다는 것을 의미했다. 나의 육아법은 거기에 없었다. 그 상황을 완벽하게 만들고,

무엇보다 어떤 것도 망가뜨리지 않으려는 야심 찬 열망 속에서, 나는 내가 아직 하지 못한 것을 겨우 알아차릴 뿐이었다.

오늘날, 나는 정확히 필요지향적인 길을 가고자 하는 가족들과 매일 일하고 있다. 그리고 나는 그것이 나뿐만이 아니라 다른 엄마들까지 이러한 의심으로 자기 자신을 계속 괴롭히고 있음을 알게 되었다.

"안녕하세요, 저는 AP맘Attachment Parenting(애착 육아를 하는 어머니-옮긴이)이지만 잠시 이성을 잃었습니다. 저는 이제 영원히 아이들과 애착관계를 맺을 수 없는 걸까요? 저는 대체 이제껏 무엇을 믿고 있었고, 어떻게 아이를 키우고 있었던 걸까요? 저는 앞으로 어떻게 하죠?"

가족과의 유대감 형성은 많은 에너지와 힘을 주고 아이들을 믿을 수 없을 정도로 아름답고 멋진 길로 인도한다. 그렇기에 나는 이러한 일을 절대 가볍게 여기지 않을 것이다.

그러나 육아 이론이 만병통치약은 아니다.

나의 (매우 예민한) 엄마는 내가 엄마가 될 때까지 이러한 양육법에 대해 들어본 적이 없으며, 따라서 나를 그렇게 키우지 않았다는 것은 모두가 아는 사실이다. 엄마는 어떤 개념에 따라 나를 교육하지 않았지만, 그냥 거기에 존재하고 계셨다. 그리고 항상, 특히 감정적으로 나를 사랑하고 보호했으며 안전과 관심을 주었다. 나는 엄마의 몇 가지 잘못을 기억한다. 하지만 더욱 생생하게 기억하는 것은 엄마가 좋아하

는 노래가 라디오에서 나왔을 때 거실에서 춤을 추던 장면이다. 엄마는 하늘을 나는 것처럼 팔을 활짝 펴고 춤을 추었다. 엄마의 눈은 감겨 있었다. 그러다가 엄마는 나에게 다가와 나를 안아 들었다. 엄마가 나를 안아주고, 또 안아주고, 리듬에 맞춰 거실을 가로질러 몸을 흔들던 순간을 나는 여전히 아주 생생하게 기억하고 있다. 또 나는 엄마가 나를 자신의 친구 집으로 데려갔던 많은 날들을 기억한다. 그런 날에는 일찍 잠자리에 들 필요가 없었고 계속 놀 수 있었다. 나는 크리스마스 날, 트리 아래 놓여 있던 선물과 엄마가 울렸던 작은 종을 기억하고, 엄마가 놀이터에서 뜨개질을 하며 내가 노는 모습을 지켜보던 것을 기억한다. 나는 엄마의 머리카락 냄새를 맡고 엄마의 우는 소리를 들었다. 내가 학교에 다니던 어린 시절, 엄마는 암사자처럼 아낌없이 나를 위해 서 있었다. 엄마는 피로를 몹시 잘 느꼈기 때문에 우리의 생일 파티는 엄마에게 지옥이었을 것이다. 게다가 사춘기 때 엄마와의 싸움은 대부분 끔찍하고 상처가 컸다. 하지만 이전에도 지금도 여전히 훨씬 더 중요한 한 가지는 무엇보다 내가 엄마를 사랑한다는 점이었다. 엄마가 없는 하루가 어떨지 잠시라도 생각하고 싶지 않다.

엄마는 그 어떤 육아 서적이나 육아 이론의 도움 없이 나에게 무엇을 가르친 것일까? 그리고 그 사실이 우리 둘의 유대감에 어떤 영향을 주었을까? 엄마는 자신이 갈 수 있는 길을 정확히 갔다. 그리고 그런대로 괜찮았다. 나는 더 이상 과거를 생각하며 시간을 낭비하지 않고, 용서받은 것을 용서하고 버리는 법을 배웠다. 오늘 나는 그저 행복하기 때문에 아이들과 함께 거실에서 춤을 춘다. 나는 내 신념으로 종교를 만들지 않는다.

나는 내 아이들을 사랑하고, 적어도 우리 아이들에게 최고의 엄마라고 믿는다.

나는 모든 순간 내가 결실을 맺을 수 있음에 감사하고,
내가 늘 실수하는 것을 다행이라 여긴다.

솔직히 나는 항상 실수를 한다. 매일, 그리고 여러 번! 우리 모두 그렇다. 인간이기 때문이다. 감정, 생각, 가치 및 두려움이 우리에게 영향을 미치기 때문이다. 그리고 나는 아이들이 완벽한 부모를 원하지 않는다고 굳게 믿는다. 당신의 아이들은 실수를 한 번도 하지 않는 완벽하고 빛나는 부모를 원하지 않는다. 우리가 없다면 아이들은 인간의 다양한 측면과 감정이라는 넓은 범위에 대해 대체 어디에서 배울 수 있단 말인가. 안전한 피난처에서 그들이 원하는 대로 반응한다면 다른 사람과 함께하는 법을 배울 수 있을까?

우리가 가끔 잘못을 저지르고, 아이들에게 친절하게 말하는 법을 까먹더라도 우리는 여전히 아이들에게 훌륭한 부모가 될 수 있다! 이런 실수는 한 부분, 가족생활이라는 커다란 지도의 작은 점에 불과하다! 당신 자신에게 친절하게 대하고 나를 믿어주길 바란다. 그러면 다른 사람을 친절하게 대하는 것이 더 쉬워질 것이다. 이전에 더 잘 알

지 못했거나 게임 규칙을 일관되게 따르지 않은 자신도 용서해야 한다. 우리는 매일 최선을 다하고 있기 때문이다. 당신 스스로가 끔찍하게 여기는 과잉 반응과 어리석은 실수, 음악을 틀어놓고 몇 분이나 거실에서 춤을 추는 것 역시 우리의 일부이기 때문이다.

당신은 세상에서 가장 훌륭하고 중요한 일을 하고 있다.
그리고 당신이 업무 설명서 옆에서 춤을 춘다고 해서 해고되는 일은 없다.

에너지에는 주위의 시선이 따른다. 그렇기에 나는 스스로 실수라고 생각하는 것을 더 이상 자책하지 말라고 강조하는 것이다. 그 대신 아름답고 아름다운 순간을 받아들여 거기에 집중하고, 궁극적으로 모든 에너지를 집중해야 한다. 의식적으로 밝은 날의 맑은 느낌이 내면 깊은 곳에서 아름다움과 기쁨에 대한 훌륭한 추억이 되도록 해야 한다. 너무 큰 소리로 아이에게 고함을 지르고 짜증스럽게 눈을 굴렸다고 스스로를 벌하지 말아야 한다. 하지만 나쁜 날이라도 아이와 함께 시간을 보내는 것보다 더 달콤한 것은 없으며, 그것이 바로 당신이 보내고 싶은 시간임을 확신해야 한다. 각각의 행복한 순간에 집중하고 춤추고 노래하고 웃고 아이의 웃음에 몸을 흠뻑 담그자. 빛이 있는 곳에는 언제나 그림자가 있다. 가벼움이 있는 곳에 우울함이 있다. 사랑이 있는 곳에는 때때로 분노나 슬픔이 있다. 당신의 아이는 당신의 꾸지람을 듣고 항상 노력하려고 하지만, 금방 또 말을 듣지 않는다. 아니,

그건 사실이 아니다. 아이는 나의 "사랑해"라는 말을 듣는다. 아이는 학교에서 긴 하루를 보낸 뒤 집에 돌아와 반짝이는 당신의 눈을 본다. 아이는 당신이 잠자리에서 "잘 자, 좋은 꿈꾸고, 사랑해!"라고 건네는 말을 마음속 아주 깊은 곳에 담아둔다. "엄마는 네가 자랑스러워!"라는 말은 아이의 귓가에 몇 년 동안 울려 퍼질 것이다. 바보 같은 일을 하며 당신과 나누는 웃음, 아늑한 옛날이야기, 아이가 정말로 한계에 부딪혀 무엇을 해야 할지 모를 때 당신과 나누는 몇 시간의 대화. 이해하고 보고 사랑받고 보호받는다고 느끼는 소중한 순간을 모두 저장한다. 그런 기억들이 하나의 실수나 어리석은 말 한마디로 전부 전복될 만큼 강력하지 않을 것이라고 스스로 믿는다면, 절대 흔들리지 않는 위대한 전체를 만들 것이다.

나는 당신을 굳게 믿으며, 당신이 이 균형에서 최고를 얻을 것이라고 믿는다. 한 가지는 확실하기 때문이다. 당신은 있는 그대로가 가장 좋다. 육아 이론 개념에 통달하건 그렇지 않건.

실전 연습

신뢰 키우기

이 연습은 자신과 스스로가 선택한 길에 대한 자신감을 키우는 데 도움이 될 것이다. 몇 분 정도 시간을 내어 자리에 앉고, 필요한 경우 종이와 펜을 준비한다. 스스로에게 다음과 같이 질문해 본다.

- 어려운 상황에 처했을 때, 지금까지 엄마로서, 혹은 아이와 함께 어떻게 극복했는가?
- 무엇이 나에게 도움이 되었는가?(어떤 태도와 생각, 어떤 상황과 어떤 주변의 지지가 도움이 되었는가?)
- 나 자신과 아이를 대할 때 신뢰를 강화하는 데 도움이 되는 것은 무엇이라고 생각하는가?
- 내가 지금 믿을 수 있는 것은 무엇인가? 가능한 한 자신에게 감사하는 마음과 관대함을 유지하면서 떠오르는 모든 것을 적어본다.

그런 다음, 다시 한번 스스로에게 질문해 본다.

- 어떤 상황이나 질문에 부담을 느끼지 않는 사람은 어떤 모습인가?
- 좋은 친구는 나에게 어떤 조언을 해줄까? 내가 예민하지 않은 사람이라면 나에게 어떤 조언을 해줄까?
- 만약 당신과 같은 상황에 처해 있는 친구가 있다면 어떤 조언을 해주고 싶은가? 어떻게 하면 친구에게 용기를 주고 스스로를 믿어도 된다는 것을 깨닫게 할 수 있을까?

이 질문은 당신이 원하는 만큼 충분한 시간을 내어 답을 적어도 된다. 마지막으로 당신에게 부탁하는 것은, 성인이 된 당신의 아이를 만나는 상황을 다시 떠올렸으면 하는 것이다. 스스로에게 다시 질문한다.

- 현재 상황을 나중에 어떻게 여기게 될까?
- 나중에 오늘을 떠올리면 어떤 느낌을 받을까?

자신이나 가족을 끊임없이 비판하지 않고 풍요롭고 즐거운 삶을 산다는 느낌만으로도 내면의 목소리와 태도는 바뀔 것이다. 자신이 가진 내부의 잠재력에 집중하고 매일의 경험을 통해 성장하고 있음을 인식해야만 한다.

새로운 사실에 집중하자. 당신은 당신의 방식대로 훌륭하다고 믿으며, 당신의 천성이나 기질 같은 것이 당신의 아이나 가족을 망치게 하지는 않을 것이라고 믿어보자. 지금부터 25년이 지난 뒤 인생에 대해 어떤 추억을 갖고 싶은지에 집중하고 그 느낌을 현실로 만들어보자. 자신의 선택에 대해 확신을 갖자. 자신이 아이에게 모든 것이 될 것이라는 사실을 당신은 알고 있다. 당신은 그 무엇보다 위대하고 사랑스러우며 강인하고 훌륭한 어머니다.

예민한 부모, 그리고 예민한 아이

높은 감도는 유전적으로 결정된다. 어린 시절 외상外傷의 결과로 고감도가 발달할 수도 있는지의 여부를 알아내고자 하는 연구가 있지만, 아직 완전하지 않으며, 확인되더라도 확실히 소수의 예민한 사람들에게만 영향을 미칠 것이다. 그렇기 때문에 어떤 가족이 아이의 도전적인 요구와 너무 강렬한 감정을 다루는 방법을 배우기 위해 상담실에 들어오면, 내 시선은 자동으로 부모에게 향한다. 그 부모 중 예민한 사람이 있는지, 그리고 누구인지 알아내는 것은 아주 중요하다. 매우 예민한 아버지는 종종 예민한 어머니와는 아주 다르게 행동한다. 역할모델과 성별에 대한 고정관념은 여전히 우리 모두에게 믿을 수 없을 정도로 깊게 자리 잡고 있으며, 당신이 그것을 극복했다고 생각하더라도 각인과 사회화가 여전히 큰 역할을 차지하고 있다.

따라서 예민한 남성은 종종 자신의 성향을 숨기는 방법을 알고 분노 또는 통제와 같은 강한 감정을 내면의 틈에 아주 강하게 밀어 넣는 경우가 많다. 그들은 외부에 머무르는 경향이 있는 것처럼 보이며, 잠재적으로 파괴적인 가족 상황에 대한 '비난'을 거의 인식하지 못한다. 나는 종종 그들의 또 다른 특징을 발견하고는 한다. 왜냐하면 그들은 예민하지 않은 남성보다 훨씬 더 자주 몸이 아픈 경향이 있기 때문이다. 예를 들어 우리 사회가 눈물과 나약함을 보이지 않는 남자가 가지는 매우 엄격하고 단단한 이미지를 선호하고, 이로 인해 감정에 대한 높은 민감도를 표현하는 것을 허용하지 않고, 생각을 공유하는 것도 허용하지 않는다면 남성들의 몸은 거기에 반응한다.

우리는 고감도에서 스스로를 단련할 수 없으며, 심지어 그것을 멀리하도록 기도할 수도 없다. 우리의 예민함과 고감도는 언제나 거기에 있고, 어떤 상황에서도 끝까지 우리 옆에 남아 있다. 만약 당신이 그들과 함께 살기를 거부한다면, 최악의 경우 심각한 신체적, 정신적 결과를 겪어야 한다. 결국 여성뿐 아니라 남성도 사회적 압력으로 고통받고 있는 것이다. 이러한 성 역할 모델은 커다란 문제이며, 오늘날에도 여전히 우리에게 부정적인 영향을 준다. 예민한 아빠들은 보통 마음을 열어 사람을 받아들이지 못한다. 대부분의 경우 세상이 그들에게 기대하는 것은 그들의 본성에 맞지 않는다. 그럼에도 그들은 정보 처리의 깊이, 재빠른 순발력과 완벽주의로 몰아가는 내면의 비판 때문에 종종 중요한 위치에 있다. 그들은 '감수성'이라는 단어를 위협으로 인식하고 친구 사귀기를 꺼린다. 그들은 어쨌든 어떠한 것도 스스로 바꿀 수 없을 때는 명확한 결론을 듣고, 이 정보로 무엇을 해야 하는지 알고 싶어 한다.

감수성이 다른 곳으로 분출되기 때문에 신체적 또는 심리적 갈등을 경험하는 사람들은 불안, 우울, 종종 압도되는 감정을 느낀다. 이러한 남성 또는 여성은 어린 시절에 깊숙이 숨겨져 있던 자기 조절 방법을 잘 모른다. 어린 시절에 울지 않았기 때문이다. 그들은 강하고 터프한 아이들이자, 고통을 모르는 인디언 등으로 불렸다. 일상생활 곳곳에 숨겨진 "그런 식으로 하지 마!"라는 말이 의사소통의 중요한 주제였다. 따라서 성인이 된 매우 예민한 아빠가 거울을 통해 자신의 민감한 면과 성격에 내재된 놀라운 장점을 인식하는 데 어려움을 겪는 것은 놀라운 일이 아니다.

나는 이러한 성격에 대해 포괄적으로 진술하는 것이 어렵다는 것을 알기 때문에, 매우 예민한 남성도 매우 예민한 여성과 같은 성격으로 분류하는 것은 아주 어렵다는 점을 매우 분명히 밝히고 싶다. 결국 우리의 기질뿐 아니라 많은 요인들이 우리 삶의 모든 사람에게 영향을 미치는 것이다. 양육, 사회화, 각인 및 이보다 훨씬 더 많은 것이 서로의 손에 달려 있다. 그렇기 때문에 남자가 자신의 감수성과 복잡한 내적 생활을 즐기도록 허락받은 적이 없고, 단지 억압과 조정만 경험했다면 그들의 매우 예민한 아이가 가족을 풍요롭게 할 때 상황은 때때로 더욱 복잡해질 수 있다. 매우 예민한 사람들은 아이에게서 예전에는 결코 볼 수 없었거나, 혹은 들여다보고 싶지 않은 거울을 발견한다.

예민한 부모와 예민한 자녀의 조합은 따로 책을 써야 할 정도로 할 얘기가 많다. 따라서 여기에서는 예민한 엄마와 예민한 아빠 모두 공통적으로 가지고 있으며, 아마도 예민한 아이와의 관계에 영향을 미칠 수 있는 단 한 가지 주제에만 국한해 이야기하려 한다. 그것은 바로 감정 세계의 혼동이다.

감정이라는 세계의 복잡함

마지막으로 나는 우리의 인간관계와 타인과의 공명을 가능하게 하는 거울뉴런의 매혹적인 세계에 몰두하려 한다. 우리가 이미 5장 '나만의 경계와 공감의 균형을 맞추는 것'이라는 챕터에서 언급했듯이, 인간의 사회적 지향 체계로 알게 된 거울뉴런은 상대방의 기분과 감정을 전달하는데, 특히 우리가 마주하는 대상에게 사랑의 감정을 느끼는 상태일 때 더욱 강렬하게 발현된다. 정신과 전문의 요아힘 바우어Joachim Bauer는 사랑의 '상태'를 통제 메커니즘의 완전한 실패로 묘사하며, 우리 자신 안에 있는 타자의 끊임없는 내부 표상이 주어지면 자아와 자아를 구별하는 뇌의 능력을 거울뉴런이 할 수 있는 일로 설명한다. 즉 자신의 타인화이자 악화인 것이다. 사랑은 신경생물학적, 심리적 공명의 마법 같은 형태이기는 하지만 폭력적이기도 하기 때문이다.

— 사랑에는 특히 신경망이 강력하게 활성화되는데, 이는 거울처럼 상대방이 느끼는 것 또는 상대방이 우리 안에서 느끼도록 만드는 것이다. 사랑의 비밀은 자연스럽고 힘들이지 않고 자신을 다른 사람과 조화시키는 기술에 있는 것 같다.[35]

위에서 설명한 과정은 고도로 예민하든 그렇지 않든 개인의 기질과 성향에 관계없이 일어난다는 점을 강조한다는 점에서 중요하다. 그러나 우리가 지난 몇 페이지에서 얻은 모든 지식과 함께, 매우 예민한 사람들과 무엇보다도 매우 예민한 부모에 관해서 이 능력이 어느 정도 증가할 가능성이 있는지도 분명히 해야 한다.

다른 사람들과 공감하고 그들이 느끼는 것을 진정으로 느끼는 능력은 당신의 큰 부분을 차지하고 있다. 하지만 유감스럽게도 이것은 당신이 자녀와 함께 살 때 때로는 당신에게 치명적이다. 그러다가 절망적이고 무기력하고 스트레스를 받는 상황에 처하면서 공허함과 충만함을 동시에 느끼는 것이다. 우울해지고 어깨에 너무 무거운 무게가 가해지는 것처럼 땅에 고정되어 마음이 완전히 꺾이는 것 같은 기분을 자주 겪을 것이다. 당신은 더 이상 무엇을 해야 할지 모르는 상태인데, 더 나쁜 것은 당신의 아이가 당신에게 공감하지 못하고 당신이 받아들이는 감정을 보이고 있다는 점이다.

— **소로야:** 솔직히, 때때로 저는 내 감정이 무엇인지, 아이의 감정이 무엇인지 더 이상 모르겠어요. 나는 어디서 시작하고 어디서 끝나는 것인지, 아니면 그 반대인 건지, 지금 내가 문제인지, 아니면 아이가 문제인지, 그것도 아니면 우리 둘 다인지 더 이상 구분이 안 돼요. 소리 지르며 도망치고 싶을 뿐이에요!

사랑하는 사람을 '추적'하고 읽을 수 있는 능력과 발달된 공감능력, 그리고 상대와 공감하려는 의지가 바로 감정의 롤러코스터를 타는 원인이 된다. 극도로 예민한 아이들과 그들의 극도로 예민한 부모들은 서로를 멈추거나 이해할 수 없다. 예민한 아이와 예민한 부모의 조합은 놀라움으로 가득하다. 높은 감수성을 가진 아이를 있는 그대로 받아들인다는 것을 과소평가해서는 안 되기 때문이다.

그렇다. 예민한 아이들은 엄청난 스트레스와 노력으로 괴로워하고, 항상 자신의 감정을 드러내지만, 직감적으로 타인을 이해할 수 있는 아이이기도 하다. 대부분의 경우 예민한 아이들은 인지 및 감정적 수준에서 다른 아이들보다 훨씬 앞서 있고, 다른 사람들보다 훨씬 나이가 많고 현명해 보이며, 특히 감정적으로 폭발적인 순간에 우리의 감정의 균형을 순식간에 깨뜨려버린다. 예민한 아이의 전형적인 자율성 단계는 단순히 세 살에서 끝나지 않으며, 이 시기 이후에도 인생의 이정표와 발달 단계를 마스터하기가 쉽지 않기 때문이다.

아주 나중에, 예를 들어 사춘기 시기가 되면 우리는 아이가 처리해야 할 예기치 않은 감정과 과제에 공감할 수 있게 된다. 나는 내가 첫 남자친구와 헤어진 뒤 엄마가 거실에 서서 눈물을 펑펑 쏟았던 일을 기억한다. 그게 가장 현명한 방법일지도 모르지만, 나는 갑자기 더 이상 내 감정을 느낄 수 없게 되어버렸다. 나는 단지 그곳에 텅 빈 채 앉아 엄마가 왜 우는지 나에게 질문을 던졌다. 이 감정은 곧 엄마에게 영향을 미쳤고, 우리 둘 다 어떻게 해야 할지 확신이 서지 않아 그 자리를 벗어날 때까지 우리 둘 사이에는 어색하고 당혹스러운 침묵만 흘렀다. 오늘날까지도 나는 엄마가 언제나 나의 감정에 맞추어 자기 자신을 내던질 것을 알고 있기에 내 걱정과 두려움을 엄마와 함께 나누는 것을 꺼린다. 슬픔도 마찬가지다. 예를 들어 내가 위기에 처해서 엄마에게 조언을 구한다면, 내가 입을 열자마자 곧바로 엄마가 나와 함께 울 것이라는 사실을 알고 있다. 오늘도! 지금은 나 자신과 엄마의 감정을 잘 구별할 수 있지만 훈련이 많이 필요했다. 나는 내 감정을 탐색하는 데 도움이 되는 다음 연습을 훈련했고, 거기에서 내 것과 그렇지 않은 것을 구별해 냈다. 우리는 다음을 기억해야만 한다.

사회적 구조의 공간에서 '기능하는' 구조의 핵심은
다른 사람들에 대한 공감과 연민을 느끼는 것뿐 아니라,
자기 자신을 타인으로부터 분리해 낼 수 있고,
따라서 다른 사람들의 감정을 분리할 수 있어야 한다는 점이다.

이것이 가장 바탕이 되는 조건이다. 특히 자신의 기분을 훨씬 더 강렬하게 인식하고, 처음 몇 년 동안 우리의 공동 조절(예를 들어 위로를 통해 감정에 영향을 주는 것)에 의존하여 스스로를 조절하는 예민한 아이를 키우고 있다면 더욱 그렇다. 이것은 또 다른 최고의 법칙이기도 하다. 이러한 규칙은 모든 사람이 자신의 감정을 가질 수 있도록 하여 인생에 또 다른 놀라운 잠재력을 이끌어낸다.

실전 연습

나의 것과 너의 것 구분하기

이 연습의 가장 중요한 요소는 적절한 때 멈추는 법을 배우는 것이다! 노래를 부르고 외치고 발을 구르고 손뼉을 치거나 위아래로 뛰는 중이더라도 우리는 머릿속으로 스스로에게 말할 수 있어야 한다. 중단을 강화하는 데 도움이 되는 것은 당장 무엇이든 해야 한다! 똑바로 서서 큰 소리로 다음 단어를 말해보자!

그만!

"아니오!"라고 말하는 것이 어렵게 느껴지는가? 아니면 때때로 죄책감이 드는가? 당신의 아이가 그토록 당신을 필요로 하는 상황에서 아이의 요구를 거부하고 아무것도 하지 않는다는 사실이 이상하게 느껴지는가?

그만!

몇 번이고 되풀이해서 말한다. 이 말은 당신이나 당신의 아이를 향한 것이 아니며 누구를 겨냥한 것도 아님을 기억해야 한다. 어려운 상황에서 머리를 비우기 위해 지금 절박하게 필요한 시간을 벌 수 있는 방법일 뿐이다. 당신이 다른 사람들에게 공감하고 그들에게 감정을 투영하기 전에 생각을 멈추고, 질문을 멈추고, 그냥 순수한 의문과 무지의 혼란에 빠지게 두는 것이다. 이것이 당신의 두려움인지 아이의 두려움인지 더 이상 알 수 없게 되어버리기 전에.

그만!

그만!

그만!

생각의 꼬리들이 잘리고 있다고 스스로에게 이야기한다. 멈춰! 생각과 의심과 질문을 버린다. 그들을 쫓지 말고, 지금 여기에 집중하고, 내면의 멈춤을 외치는 자신의 말에 귀를 기울여야 한다. 자신의 내면에 귀를 기울이고 집중할 수 있다고 느끼면 지금 자신이 어떤 감정을 느끼고 있는지, 혹은 내면의 조종사 중 누군가가 나의 고삐를 잡고 있는지 스스로에게 물어본다.

안정감을 느낄 때 잠시 동안 발이나 다리에 주의를 옮겨본다. 가장 긴장된 순간에 오른쪽 또는 왼쪽 엄지발가락, 약지 또는 겨드랑이를 만지는 것이 도움이 될 수 있다. 이상하게 들리겠지만 혼란에서 벗어나 다른 영역으로 주의를 끌 수 있다. 그래도 도움이 되지 않는다면….

그만!

자신의 목소리를 다시 인식할 수 있을 때까지 큰 소리로 반복해서 외친다.

스스로에게 '그만'이라고 말하는 것

예민한 내 아들은 울거나 화를 낼 때 내가 무슨 일이 있냐고 물으면 "아무것도 아니야!"라고 대답하는 버릇이 있다. 그러나 나는 아이의 말과 행동이 일치하지 않는다는 것을 알고 있고, 이 대답이 누군가가 나에게 거짓말을 할 때의 느낌이 들어 화가 난다. 내 안의 분노는 아이의 말이 거짓말이고 내가 그런 취급을 받아서는 안 된다고 울부짖는다. 무슨 일이냐고 다시 조금 더 엄한 목소리로 물어보면 나의 그 분노는 바로 아이에게 전달된다. 아들은 "아무것도 아니라고!"라며 더 크게 소리를 지른다.

그만!

상황이 더 악화되고 우리 둘 다 서로에게 소리를 지르기 전에, 나는 머릿속으로 '멈춤'을 떠올린다. 벌떡 일어나거나 문을 쾅 닫거나 아이에게 고함을 지르지 말라고 나 자신에게 상기시킨다.

그만!

나는 심호흡을 하고 도움이 된다면 코로 숨을 내쉬고 잠시 눈을 감는다. 그런 다음 아이가 지금 평온한 상태가 아니며, 그를 도울 수 없기 때문에 느끼는 나의 분노와 무력감을 되새긴다. 그리고 나는 그 감정은 내 문제이고, 아이는 자신의 모든 감정을 가질 자격이 있다는 것을 떠올린다.

그만!

또한 아이는 원하지 않으면 나에게 말하지 않을 권리가 있으며, 내가 방에서 나가기를 원하고 있고, 그래서 내가 방을 나가더라도 아이가 벌을 받을 이유는 없다. 나는 아이를 위로해 주고 싶지만 아이는 혼자 있는 것을 더 좋아할지 모른다. 나는 머릿속으로 여러 감정을 빠르게 훑어보고 정리한다. 위로와 지지에 대한 욕망은 내 것이다. 아들의 욕망은 혼자 있고 싶은 것이고, 아들이 나와 이야기하고 싶어 하지 않는다는 사실을 처리하는 것은 내 일이다. 결국 나는 아이가 누구를 믿고 누구를 믿지 않을지 결정할 자유가 있다는 것을 항상 설명하려고 노력했다. 그렇기 때문에 우리는,

멈춰!

생각의 회전목마에 올라타 생각과 질문이 빙글빙글 머리를 휘젓지 않도록 해야 한다. 이곳에는 우리를 관찰하는 카메라도 없고, 이곳은 극적인 장면이나 교육 다큐멘터리를 만드는 현장도 아니다.

그만!

하지만 이러한 상황이 당신에게 신체적인 영향을 미치고, 상대의 행동이 당신을 슬프거나 실망스럽고 무력하게 만든다면 도움이 될 수

있는 방법은 단 한 가지다. 당신을 꼭 위로할 필요가 없는 좋은 경청자를 찾는 것이다. 감정적 혼란을 통해 감정적 경험의 어려움을 함께 짊어지는 것이 항상 최선의 선택은 아니기 때문이다. 그것은 우리가 엄마와 아이일 때도 마찬가지다. 때로는 시끄럽지만 내적이고 분명한 단어가 훨씬 더 효과적인 것이다.

그만!

실전 연습

내 몸에 노크하기

모든 것을 멈추고, 무엇보다 다시 자신의 몸으로 돌아오도록 하려면 당신 신체의 경계를 어루만지는 것도 도움이 될 수 있다. 감정적인 혼돈에 휩싸일 때는 아래의 간단한 운동을 하는 것도 도움이 된다. 이 훈련은 장소에 구애받지 않으며, 어떠한 상황이 벌어지고 있든 간에 그러한 상황과도 완전히 독립된 것이다. 2분 정도 소요된다.

처음에는 신체의 각 부위를 가볍게 두드리기 시작한다. 손에서 시작하여 안쪽에서 바깥쪽으로, 먼저 한 쪽을 두드린 다음 팔을 두드리고 어깨까지 계속한다.

손바닥을 펴거나 가볍게 주먹을 쥐고 약하게 두드리거나 적당한 강도로 두르려본다. 계속해서 어깨를 따라 목으로, 등을 따라 엉덩이 쪽으로 이동한다. 계속 두드려본다. 다리 쪽은 바깥쪽에서 시작하여 발 아래로 조금 더 센 강도로 두드린다.

그곳에서 안쪽으로, 아랫배와 위를 가로질러 반대쪽으로 이동한다. 여기서 다시 옆으로 시작하여 다리에서 발까지 두드린다. 그리고 다시, 배, 가슴, 그리고 또 한 번 어깨 위로 올라갔다가 다시 안쪽을 두드려본다.

마지막으로 다른 쪽 팔이 손에 닿을 때까지 다른 쪽 팔, 때로는 안쪽, 때로는 바깥쪽을 두드리며 제자리걸음을 해본다. 손뼉을 몇 번 친다. 당신은 이제 당신의 바깥쪽 가장자리의 모든 신체를 센티미터 단위로 느끼게 된다. 의식적으로 당신의 주의를 몸으로 돌리고, 시작하고 멈추는 지점을 정확히 깨달아야 한다.

모든 것에 지친 예민한 엄마들을 위해

도저히 피로를 극복할 수 없을 때

2014년 6월이었다. 나는 우리 아파트의 주방 의자에 앉아 있었고, 허벅지에 손을 무기력하게 올려놓고 있었다. 나는 양말도 신지 않고 차갑게 얼어붙은 채로 차가운 타일 바닥에 발을 디디고 있었다. 내 앞 테이블에는 커피 한 잔과 휴대전화가 놓여 있었다. 나는 주방 창문을 거의 다 가리고 서 있는 오래된 창밖 자작나무를 내다보았다. 생각하지 않으려고 노력할수록, 느끼지 않으려고 노력할수록 나의 내면을 갉아먹는 피로감은 더욱 선명하게 다가왔다.

주방 바닥에는 아기가 요람 안에 누워 있었다. 페터는 겨우 몇 분 전에 울음을 그쳤다. 오늘 아침에 처음으로. 페터는 요람에 누워 자신의 손을 바라보고 있었다. 나는 페터에게 시선을 던졌다. 아이가 다시 비명을 지르며 울기 전에 나에게 얼마나 시간이 있는지 궁금했기 때문이다. 아마 몇 분에 지나지 않을 것이었다. 그전에 커피 한 잔도 사러 가지 못할지도 몰랐다.

나는 샤워를 하고 싶었다. 따뜻한 물로 아픈 머리와 목을 씻고 싶었다. 화장실은 한 발짝만 내디디면 갈 수 있었지만… 나는 그냥 그 자리에 앉아서 자작나무와 요람을 바라보며 아무 생각도 하지 않고 느끼지도 않으려고 애쓰고 있었다.

그 와중에도 자꾸 해결할 수 없는 과제가 떠올랐다. 나로서는 거의 극복할 수 없는 장애물인 셈이었다. 나는 내가 앉아 있는 그 자리에서 욕실까지 어떻게 가야 하는지를 전혀 몰랐다. 내 발은 차갑고 생명이 없었다. 내 손은 축 늘어지고 닳아 없어졌다. 내 몸 전체는 껍데기에 불과해 형태가 없고 불타버렸다. 내 안에는 아무것도 남지 않고 그저 피곤함만이 나를 지배하고 있었다. 내 팔다리를 마비시키는 숨 가쁜 피로감. 더 이상 움직일 수 없었다. 나는 그냥 자작나무에서 요람으로 시선을 옮길 뿐이었다.

페터는 또 울기 시작했다. 그것은 단지 시간 문제였을 뿐이기 때문에 놀랄 일도 아니었다. 나는 내가 여기 앉아서 자작나무를 응시할 수 있는 시간이 매우 제한적이라는 사실을 이미 알고 있었다. 이제 그 시간이 끝난 것이다.

나는 알고 있었다. 우연히 문으로 걸어 들어와 우는 아기를 데리고 나갈 사람이 없다는 것을. 지금 당장 전화해서 잘 지내는지 물어볼 사람도 없었다. 나는 혼자였다. 하지만 보통 페터는 내가 샤워할 때 울지 않았다. 샤워하는 모습을 재미있다고 생각하는 듯했다.

그것이 나의 계획이었다. 나는 샤워를 하고 아기는 그 모습을 보는 것. 적어도 그 시간 동안에는 페터가 울지 않을 테니 말이다. 하지만 계획이 흔들리고 있었다. 나는 그 계획을 조금도 실행에 옮길 수 없었다. 자신의 손을 바라보는 것이 지루해지자 페터는 자지러지게 울어댔고, 나는 내게 남은 것이 아무것도 없음을 깨달았다.

더 이상 에너지가 없었다. 그 어떤 의욕도 동기도 사라지고 욕심도 없었다. 나는 빈 껍데기에 불과했다. 나는 여기서 나가고 싶었다.

그러나 그것은 불가능했다. 고작 열 걸음 떨어진 화장실도 못 가는 이 상황을 어떻게 바꾸겠는가. 도움이 필요했다. 내가 화장실에 다녀올 때까지 페터의 겨드랑이를 잡아줄 사람. 그러나 내 아이의 울음소리와 함께 나는 또한 알고 있었다. 나는 일어나야 하고, 일을 해야 하고, 쉴 수 없다는 것을.

어서 해봐. 힘을 내야지. 당신은 엄마잖아. 당신은 움직여야 해! 이것이 당신의 일이야! 얼른 움직여! 모든 힘을 쥐어짜 내라고!

그래서 나는 손끝과 발가락을 움직여 피가 여전히 흐르고 있는지 살폈다. 내 몸은 아직 살아있는 것처럼 보였다. 미처 예상하지 못했지만 분명히 살아 있었다. 혈액이 흐르고 있었고 산소가 공급되고 있었다. 나는 살아 있다. 겉으로 보기에. 그리고 내가 살아 있다면 이놈의 망할 발을 움직이고 팔을 들고 일어서야만 했다.

나는 슬픈 표정으로 고개를 숙인 채, 자작나무에게 작별인사를 건네고 의자에서 몸을 일으켰다. 낼 수 있는 힘을 겨우 쥐어짜면서. 그래, 단 몇 걸음만 가면 된다.

엄마로서 내가 할 일은 내가 할 수 있든 원하지 않든 해야 할 일을 하는 것이다. 나는 해야 한다. 내 일에는 아기를 화장실에 데려가 샤워하는 것도 포함된다. 페터 없이, 온 세상에 아무도 없이 왜 그렇게 혼자 있고 싶을까 하는 생각에 눈물이 핑 돌았다. 나만을 위한 은신처에 혼자 남겨지고 싶었다. 내가 운이 좋게 건강하고 아름다운 아기를 낳았다면, 나는 그 아기를 어디로든 데려갈 수 있는 특권쯤은 누려도 되지 않을까?

그때 또 한번 "빨리 서둘러. 눈물을 삼키고 요람을 들어 올려!"라는 말이 내면에서 들려왔다.

아기는 얼마전에 구입한 요람에 편안하게 누워 있었다. 나는 요람을 들어 올렸지만 피로와 과로로 팔에 힘이 없었다. 요람을 든 채로는 단 한 발짝도 내딛을 수 없었다. 오른손으로 무언가를 잡으려 뻗으려는 순간, 나는 힘을 잃었다.

내 엉덩이 즈음의 높이에서 요람이 쿵 소리를 내며 아래로 곤두박질쳤다. 먼저 가장자리가 바닥에 쾅 하고 부딪힌 다음, 위로 높이 튀어 올랐다가 중력의 법칙에 따라 다시 한번 땅에 내동댕이쳐졌다.

내 아기가 쉬던 차가운 타일 바닥으로.

페터는 얼굴을 바닥으로 두고 꼬꾸라졌다. 우는 아기를 바닥에서 안아 올리고 구급차를 부른 다음 나는 다시 창가에서 자작나무를 바라보았다. 나는 거기서 구급차를 기다리며 울다가 아기를 어루만지고 위로하고 조금 더 울다가 과호흡이 왔고, 다시 울었다. 사이렌 소리를 기다리던 그 시간, 마치 영원처럼 느껴지던 시간이 지나갔다. 몇 분 뒤, 구급차에서 출동한 여덟 명의 구급대원이 우리 집 복도에 서 있었다. 페터는 빨리 회복되어 곧 울음을 그쳤지만 병원에 입원해 48시간 동안 검사를 받아야 했다. 그리고 운 좋게 무사히 집으로 돌아왔다.

그러나 불행히도 그다음은 그 당시 내가 필요로 했던 것과 정반대로 흘러갔다. 나는 나 자신을 가두었다. 수도 없이 기분이 나빠졌고 나의 양심이 잠을 자지 못하게 했다. 내 안의 모든 것이 나를 향해 자기 아이의 생명을 위태롭게 한 비정한 엄마라고 외쳤다. 게다가 다시는 그러지 않는다는 보장도 없었다. 나는 고개를 숙이지 않았다. 가족을 떠날 생각도 없었기 때문에 다시는 내 아이에게 이렇게 끔찍한 일이 일어나지 않도록 했다.

그러나 나는 잠을 잘 수 없었고, 피곤해서 깜빡 졸았을 때는 차가운 타일 위에 아기가 엎드려 있는 꿈을 꾸고는 했다. 의심의 여지가 없었다. 모든 것이 내 잘못이다. 나는 주의를 기울이지 않았다. 나는 요람을 떨어뜨렸다. 나는 내 아이를 떨어뜨렸다. 나는 굴복당했고, 의도적으로 요람을 바닥에 최대한 힘껏 던진 것도 아니었지만, 거의 그만큼 나쁜 일이었다고 나를 몰아세웠다. 나는 이 생에서 더 이상 엄마로서의 일을 제대로 하지 못할 것이라고 확신했다.

적어도 그때, 6년이 지난 오늘 그때의 상황을 돌이켜보면 딱 한 가지 의문이 든다. 나는 도대체 왜, 그때 부엌에서 그렇게 지친 상태로 일어서기도 힘들었을까? 진심으로 내가 휴대전화로 도움을 요청할 사람이 없었을까? 지난 6개월 동안 나는 내 아이에게 필요한 전부이자 유일한 것이 무엇이라고 믿었을까?

오늘 나 자신을 탓할 수 있다면 바로 그런 점이었다. 화장실에 가서 샤워하고 의자에서 일어나 테이블 위에 있는 전화기를 들어 남편, 가장 친한 친구, 또는 사교 모임에 도움의 손길을 뻗어야 했다. 아니면 정신과 서비스에라도 전화를 걸어 도움을 청해야만 했다. 바로 이것이 내 이야기의 전부다.

죄책감과 수치심이 만드는 짙은 피로감

2014년 6월에 일어났던 사고를 생각하면 나는 아직도 부끄럽다. 다른 모든 감정과 마찬가지로 죄책감과 수치심도 그 일부이며, 나는 그런 감정을 특별히 좋아하지 않고, 솔직히 만나고 싶지도 않았지만 그 감정들은 실제로 일어난다.

그리고 내가 사랑하는 다음 구절은 우리뿐 아니라, 다른 모든 사람들에게도 해당되는 것이다.

내 감정은 내 권리다.

그렇다. 우리는 다른 모든 사람들처럼 내 감정을 따라야만 한다. 우리가 감정을 어떻게 느끼고, 그 감정에 어떻게 대처하는지는 여전히 우리 스스로 선택할 수 있다.

코니 비에살스키Conni Biesalski는 수치심과, 무엇보다도 '부끄러움 없애기'(수치심 제거)라는 분야의 저명한 전문가다. 디지털 노마드 방식으로 진행된 그녀의 프로젝트 '마음을 다해 살아라Live your heart out'는 선구적인 방식을 통해 진행되었으며, 많은 영상물 작업을 통해 수치심에 대한 감정의 무게를 덜도록 했다. 그녀가 제작한 '30일 – 30개의 영상' 챌린지는 특히 주목할 만했다. 이 프로젝트는 한 달 동안 매일 영상을 촬영하고 자신에게 가장 어려웠던 주제에 대해 이야기하는 내용이었다. 나에게 이것은 몹시 획기적인 프로젝트이자, 예민한 사람들이 세상을 준비할 수 있는 중요한 이정표처럼 느껴졌다.

코니의 접근 방식은 스스로가 가지고 있는 두려움, 그리고 인생의 가장 어려운 단계와 상황에서 길을 잃어버린 것 같은 느낌을 있는 그대로 껴안는 것이었다. 그녀는 이러한 감정에 휩쓸리기보다 이를 하나의 순수한 정보로 받아들이고, 자신의 내면으로 깊이 들어가 스스로에게 진정으로 필요한 것이 무엇인지 발견할 기회로 활용할 것을 권했다. 머릿속에서 계속 울리는 라디오를 켜두지 말라는 뜻이다. 물론 여기에는 용기와 훈련이 필요하다. 자신의 나약함에 맞서기 위해서 필요한 용기를 만들어내는 힘과 내면의 자원이 항상 존재하는 것은 아니기 때문에, 그들은 마음을 더욱 열어젖히고 내 안의 어두운 면들을 스스로 풀어준 뒤 상황이 나아지기 전에 먼저 깊고 어두운 계곡으로 뛰어들어야 한다. 이러한 전략은 결코 처음 단계에서 '작동'되지 않는다. 아이들이 관련된 경우라면 더욱 그렇다. 그러나 사실 수치심은 욕구를 억제하고 죄책감은 부정적인 것만 강조한다. 그래서 우리는 혼자 고립되는 것이다. 하지만 생각의 폭풍우에 휩싸인 예민한 엄마를 혼자 두는 것은 결코 평온함으로 이어지지 않는다. 순전히 지루함 때문에 부담감이 생겨날 수 있기 때문에 걸러지지 않은 죄책감과 수치심이 촉발제가 되어 더욱 그럴 것이다.

그것은 피로감을 만들어낸다. 그리고 더 나아가 수치심을 느끼는 경우도 종종 발생한다. 다른 모든 사람들이 잘 해내는 것을 오늘 우리는 제대로 해내지 못했다고 여기기 때문이다! 나는 하루 종일 집에만 있었는데 왜 이렇게나 피곤하고 지치는 걸까?

그에 대한 대답은 당신이 혼자 있게 되면 당신의 이성이 평온함을 깨뜨릴 수 있기 때문이다. 아마도 당신 역시, 내가 예전에 그랬던 것처럼, 도움을 요청할 상황은 아니라고 생각했을 것이다. 자신의 모성애로 모든 것을 혼자 해내야만 한다고 생각했기 때문이다. 그러나 당신의 마음이 당신을 방해할 수 있기 때문에 혼자 있을 때 매우 지칠 수 있다. 그리고 아마도 당신은 내가 그때 그랬던 것처럼 스스로 모성을 관리해야 하기 때문에 도움을 요청하면 안 된다고 생각할 수도 있다. 시간을 되돌릴 수 있다면, 그래서 단 한 번만이라도 그 부엌에 있던 나를 한 번만 다시 만날 수 있다면, 나는 내 어깨를 짓누르고 있던 부담스러운 감정을 덜어낼 수 있도록 나 자신을 도울 것이다.

어쩌면 이 부분을 읽고 당신도 오래된 고통을 떠올릴 것이다. 이제 세심한 주의를 기울여 다른 모든 생각은 한쪽으로 밀어두자. 지금부터는 몇 년 동안 어머니로서의 역할에 기초가 될 정보들이 나오기 때문이다.

당신의 예민함은 당신의 적이 아니다.

그것은 당신의 친구다.

자신의 내면을 깊이 들여다보고 전화기에 있는 연락처를 보고 자문해 본다. 누가 믿을 수 있는 사람이고 누구를 신뢰할 수 있는지.

어머니나 남편인가? 상담사이거나 절친인가? 어쩌면 당신은 아주 예전에 깊은 유대감을 느꼈던 과거의 누군가와 다시 연락하고 싶어질 수도 있다. 혹은 지금의 긴급한 상황에서 도움이 될 거라 여기는 누군가가 떠오를 수도 있다. 그 생각은 잘못된 것이 아니다. 당신은 그저 남들보다 아주 조금 더 휴식이 필요할 뿐이다. 다른 사람들과 대화하는 것이 아주 약간 어렵게 느껴질 뿐이다. 더 충분한 거리와, 좀 더 많은 휴식, 그리고 시간이 좀 더 필요한 것이다.

다른 사람과 비교하는 것을 곧바로 중단하고 중요한 일에 집중하는 것이 좋다. 당신의 아이는 단지 당신 한 사람보다 훨씬 더 많은 사람들과의 애착이 필요하다. 그 안에는 물론 당신도 포함되어 있다.[36] 아이의 요구가 생각으로 가득한 단 하나의 머리에만 있는 게 아니라, 여러 사람에게 나눠지자마자 당신을 위한 자원과 능력에는 여유가 생긴다. 아이 역시 공동체를 통한 안정감을 경험하게 된다. 당신의 아이가 절대적으로 당신을 필요로 하고 있으며, 아주 오랫동안 당신의 애정과 관심에 의존하고 있다는 사실은 의심의 여지가 없다. 아이의 관점에서 당신은 그 누구와도 비교할 수 없고 그 어떤 것과도 바꿀 수 없는 존재다. 그렇기 때문에 다른 사람들과 아이의 양육을 약간 나눈다고 해서 당신의 가치가 떨어지는 것은 절대 아니다. 사실 아이의 요구를 여러 사람과 나누게 되면 아이의 요구 사항을 충족시켜 줄 가능성이 훨씬 더 높아진다. 마침내 당신이 자유시간을 가질 수 있기 때문이다. 자신을 잘 돌보면 아이 역시 잘 돌볼 수 있게 되는 것이다. 그러니 질식할 것 같은 상황에 빠져 있는데도 도움을 청하는 것이 맞는지 반문하는 데 마지막 힘을 써서는 안 된다. 차라리 마지막 힘을 짜내 전화를 걸어야 한다. 그 전화는 지금의 힘들고 어려운 인생의 고비를 버티게 해줄 것이다.

실전 연습

적극적으로 도움 청하기

이것은 처음 걸음마를 배우는 것과 비슷하다. 항상 한 발이 다른 발 앞에 있어야 한다. 절대 거절하지 않을 것이라고 확신할 수 있는 사람부터 시작한다. 아니, 의심은 하지 않는다. 이 일은 누군가를 착취하는 것이 아니다! 비인간적인 것을 요구하거나 누군가로부터 마지막 남은 셔츠를 가져오는 것이 아니다(다른 사람에게 자신이 입고 있던 마지막 옷까지 다 벗어준다는 뜻으로, 누군가의 등골을 빨아먹는다는 의미. 보통은 가족 사이에서 부모에게 과도한 경제적 도움을 요구하는 것을 비꼬는 말로 쓰이는데, 자신의 경제적 상황이나 능력에 상관없이 아낌없이 전부 내어준다는 의미로, 여기서는 다른 사람에게 너무 무리하고 과도한 부탁을 하는 뜻으로 쓰였다-옮긴이). 당신이 신뢰하는 누군가에게 당신 인생에서 가장 값진 것을 맡기는 것이다. 작은 부탁으로 시작해 그것이 당신에게 도움이 된다면 보답하면 된다.

친구에게 전화를 걸어 이미 장을 보았는지 물어보고, 그녀가 아직 마트에 가지 않았다고 한다면 필요한 물건들을 부탁하는 것을 의미한다. 혹은 남편에게 일주일에 하루 정도 더 일찍 집에 올 수 있는지, 아니면 아이를 좀 더 오랫동안 봐줄 수 있는지 물어보는 것이다. 특히 이 부분이 당신에게 어려울 수 있다. 당신이 없다는 것은 당신의 아이와 동시에 당신 남편에게 부담감으로 작용할 테니 말이다. 하지만 나를 한번 믿어보았으면 한다. 연습이야말로 완벽함을 만든다. 이러한 과정은 아이와 함께하는 소중한 시간을 통해 아빠 역시 아이와 엄청난 유대감을 형성할 수 있는 기회다. 아마 그들은 당신이 상상도 하지 못한 특별한 방식으로 그 시간을 즐길 것이다.

어머니나 아버지에게 전화하는 것도 도움이 될 수 있다. 여전히 부모님과 사이가 좋으면 집으로 커피를 마시러 오면서 빵집에서 빵을 사다달라고 부탁할 수도 있다. 이러한 도움을 요청할 때 유용한 팁 하나는 부모님에게 엉망진창인 집 안 상태에 대해 잔소리를 하지 말라고 미리 이야기해두는 것이다.

누군가가 어떠한 상황에서 단 하나의 도움조차 줄 수 없는 이유는 수천 가지가 존재한다. 그러나 그 이유는 당신과 아무 관련이 없다. 이것은 누군가가 당신을 더 좋아하고 덜 좋아하는 애정의 문제가 아니다. 단단히 버티고 믿음을 가져야 한다. 당신은 도움을 청하는 것을 배워야 하며, 그 일은 처음부터 쉽게 되지 않는다. 하지만 계속해서 용기를 내어본다면 이 연습은 당신의 모성 인생 전체에서 가장 훌륭하고 가치 있는 일 중 하나가 될 것이다.

자신에게 필요한 친구되기

성격에 관한 행동은 끔찍하게 피곤하고 때로는 매우 고통스럽다. 이번 주에도 역시 어려움을 감당해야만 했는가? 이제껏 우리가 해왔던 많은 실전 연습 중 하나를 마음에 새기고 그것이 얼마나 효과가 있는지 느꼈는가? 그것들은 삐걱대며 소란을 일으켰을 것이고, 대부분은 당신을 잠시 위로하는 것 외에는 아무 도움도 되지 않았을 것이다.

우리가 얻는 가장 커다란 위안은 당신의 말을 경청하고, 당신을 진지하게 대하며, 기꺼이 시간을 내어줄 수 있는 사랑하는 사람들을 통해 얻는 것이다. 그러나 나쁜 소식은 그들이 항상 시간을 낼 수는 없다는 것이다. 좋은 소식은 당신이 스스로에게 바로 그러한 사람이 될 수 있다는 것이다.

실전 연습

스스로를 안아주기

왼쪽 팔을 앞으로 쭉 뻗고 손바닥이 위로 향하게 한다. 그리고 오른손을 왼쪽 손목 위에 올려놓는다. 눈을 감고 피부의 감촉과 온기를 잠시 느껴본다. 그리고 손가락으로 부드럽게 손목을 감싸쥐고 가만히 있는다. 원한다면 조금 더 강하게 잡아보거나 힘을 더 빼고 잡아보기도 한다. 당신의 손 잡는 힘이 얼마나 강한지 시험해 보아도 괜찮다. 손목 포옹에서는 그렇게 해도 상관없다. 아마 팔을 돌려보거나 손바닥을 아래로 향하게 하고 싶을 수도, 팔을 몸 쪽으로 더 가까이 가져오고 싶을 수도 있다. 적어도 1분 정도는 그런 상태로 있다가 잡았던 팔을 푼다. 이 동작을 하루에 여러 번 반복한다. 누군가의 포옹이 필요할 때 이러한 팔포옹을 해본다. 어깨를 감싸안을 수도 있고, 혹은 내 몸 전체를 안아보아도 된다.

눈을 감고 편안하게 숨을 내쉬며 따뜻함과 고요함이 다가오게 둔다. 그리고 손이 당신의 신체를 어루만지고 피부와 피부가 맞닿는 것에 주의를 집중해 본다. 손목을 잡는 것은 자주 반복할 수 있으며, 어느 누구도 볼 수 없다는 장점이 있다.

당신이 당신을 가볍게 손으로 쥐고 천천히 심호흡을 하며 단 몇 분이라도 고요함을 얻을 때, 당신은 곧바로 나는 혼자가 아니라는 위안을 얻을 수 있을 것이다. 언제든 항상 당신이 필요할 때면 얼마든지 팔포옹을 해보자. 위안은 언제나 곁에 있다는 것을 상기하면서 말이다.

내면의 비평가, 모든 일을 망치다

10월 어느 날, 내 앞에는 사무엘라라는 한 여성이 앉아 있었다. 그녀는 자신의 아들이 어린이집에 다닌 지 9주가 지나도록 적응을 잘 못한다며 나를 찾아왔다. 그녀의 아들 헤이코는 참는 경향이 있는 아이였고, 실제로 또래 집단과 잘 어울리지 않는 소년이었다. 그녀는 아들을 맡은 담당교사와는 신뢰를 쌓았지만 다른 사람들과는 그러지 못했다. 사무엘라는 다른 선생님들이 아이들을 거칠게 대하는 경향이 있음을 알아차렸다고 말했고, 그렇게 거친 방식으로 헤이코를 대하면 그 아이는 보통의 다른 아이들보다 훨씬 더 악영향을 받는다는 걸 다른 선생님들은 알지 못한다고 했다. 거의 30분 동안 사무엘라는 그녀와 자신의 아들이 어떤 대우를 받았는지에 대해 이야기했고, 나는 입을 다물고 들었다. 그녀에 의하면, 항상 우는 아이인 헤이코는 그녀가 눈치채지 못할 정도로 얌전히 대기실에 있다가 자신에게 달려오곤 했다. 그녀는 여러 번 선생님들과 대화를 시도했지만 번번이 거절당했다고 했다. 그러던 어느 오후, 아이를 데리러 갔던 그녀는 선생님들이 어떤 한 가족에 대해 '뒷담화'하는 것을 우연히 듣게 되었다. 자신에 대한 뒷담화였다. 그녀는 참을 수 없었고 무엇을 어떻게 해야 할지 알 수 없었다고 했다.

하지만 그녀는 그것이 자신의 잘못일 것이라고 했다. 그러니까 둘째 딸이 태어났다고 해서 헤이코를 포기하는 게 아니었는데 다른 방법을 찾지 못했다는 것이다. 그리고 그 원인은 추측건대 어찌 되었든, 그녀 자신이 좀 더 강하지 못했기 때문이었고 모든 것을 제대로 몰랐기 때문이라는 말이었다. 남편은 그녀에게 양육기관의 직원들은 할 일이 많고, 그들의 태도가 헤이코에게 나쁜 영향을 미치지는 않는다고 말했다. 그녀는 누구에게 의지할 수 있을지 전혀 알 수 없는 상태가 되었다고 했다.

나는 그녀가 실수하지 않았음을 깨닫고 침을 삼켰다. 적응이라는 길모퉁이에서 결국 문제는 그녀 자신이라는 것에 설득당했다는 것만 빼고 말이다.

사무엘라의 내면의 목소리는 그녀가 착각했음이 분명하며, 그녀가 자신의 감정을 완전히 과장하고 있는 것이라 부추겼다. 그래서 사무엘라는 모기를 보고 코끼리라고 생각하는 일을 반복했고 결국 그녀가 처음에 상상했던 것이 정확히 그대로 일어났다. 그렇게 그녀의 인식은 완전히 뒤바뀌고 말았다. 나는 객관적인 시각을 가진 외부인으로 그 가족의 고통을 분명히 알아볼 수 있었다. 헤이코는 밤낮으로 엄마에게 집착하며 매달렸다. 온 가족이 밤에 제대로 잠을 잘 수가 없었고, 이른 아침 어린이집으로 향하는 길은 늘 눈물과 배아픔으로 뒤덮였다. 아이가 안심해야 할 곳, 평화롭고 고요한 아침을 맞이해야 할 곳은 이제 더 이상 그런 일은 꿈도 꿀 수 없는 곳이 되었다. 의사소통에 능숙하고 매사에 감사할 줄 알았던 사무엘라는 강하고 현실적으로 보였지만, 이제 더 이상 자신의 감정과 필요에 반응하지 않았고, 오랜만에 찾아온 나와의 마지막 상담에서도 잘 대답하지 않았다. 게다가 아이를 어린이집에 적응시킨다는 것은 너무 나쁜 짓이라는 감정 외에는 어떠한 생각도 하지 않았다. 그녀의 머릿속 목소리는 각각의 감정을 논리적으로 분석하고 그중 어느 것도 옳지 않은 이유를 정확히 설명하기 시작했다. 그녀는 과장하고, 실제로 제대로 참여하지 않고, 아이가 마침내 나아질 수 있도록 빨리 변해야만 하는 자신의 역할을 보았다. 시끄럽고 큰 목소리를 가진 내면의 비판, 그리고 연약하고 도전적인 새로운 상황에 대한 높은 압박감은 그녀가 직관적인 지식에 접근하는 것을 완전히 차단했다. 그녀가 스스로에게서 볼 수 있었던 것은 그녀가 실패했다는 사실뿐이었다.

높은 기대에 부응하지 못한다는 느낌

예민한 엄마들은 남들보다 빨리 불안해 하고, 자신의 결정을 의심하며(첫 단계에서 이미 결정을 내려야 하는 상황이었다면), 오랜 시간 상대에게 도전하다가 결국은 그들과 같은 결론을 내린다. 그들은 충분하지 않으며, 그들이 어떠한지, (주변 환경과 자신의 아이, 혹은 자기 자신이) 어떤 기대를 채우지 못했는지 설명하는 것도, 그로 인해 발생되는 부담감도 견딜 수 없다. 예민한 엄마들의 내면의 비평가는 끊임없이 파괴적인 말을 속삭이고, 그녀들은 스스로 수많은 가정을 하고 상처를 받고 자기를 의심한다. 신념으로 일하는 것과는 정반대로 여기에서는 DNA의 일부를 잘라내지 않는 한, 어느 누구도 이 문제를 해결하거나 되돌릴 수 없다. 끊임없이 자문하고 비판하고 자신을 비난하고 항상 '그러나', 혹은 '다 해봤지만 전혀 도움이 되지 않아!'라는 느낌을 갖는 것은 예민한 성격의 아주 필수적인 부분이다. 그러나 강조해야 할 한 가지 중요한 사실은 예민한 사람들이 항상 나쁜 점을 찾는 것만은 아니라는 점이다! 그들은 단지 좋은 것을 보는 것이 훨씬 어려울 뿐이다. 나는 예민한 엄마에게 자신감과 자존감을 줄 수 있는 마법의 공식이 있었으면 좋겠다고 생각한다. 하지만 아직까지 발견하지 못했다. 하지만 그것을 훈련하고 강화하며 스스로 확립할 수 있는 방법과 수단은 존재한다.

뇌 연구학자이자 심리학자인 그라지나 코한스카Grazyna Kochanska는 사람의 도덕적 의식이 스스로 발전한다는 것을 발견했다. 이는 순수한 모범적인 삶을 통해 세상을 '옳음'과 '그름' 또는 '가치 의식'으로 나누는 역할 모델을 통해서만 가능하며 '가치 없음'은 자존감과는 정반대의 개념이다. 구조와 형태적인 측면에서 후자는 말하자면, 외부 자극에 의존한다. 이것은 결국 당신 자신에게 큰 가치가 있다고 느끼기 위해서는 항상 당신이 누군가의, 혹은 외부의 피드백이 필요하다는 것을 의미하는 것이다.

고감도라는 심리학적 주제를 처음으로 '고감도'라 칭하고 심리 및 교육활동을 통해 좀 더 폭넓은 대중이 이 문제에 접근할 수 있도록 만든 심리치료사 일레인 아론은 자신의 책 《너무나 예민한 아이들The High Sensitive Child》에서 다음과 같이 말했다.

— 아주 예민한 아이들의 자존감은 불안정한 경향이 있다. 그 아이들은 너무 자주 엄격한 자기비판을 하는 경향이 있기 때문이다.

그리고 이렇게 덧붙였다.

— 예민한 아이들은 자신의 실수를 철저하게 반성하기 때문에 때로는 처벌이 전혀 필요하지 않다. 그들은 스스로를 벌하기 때문이다.

그래서 아마 당신은 자기비판적인 경향이 있고, 아마도 처음부터 자신을 가혹하게 판단할 것이다. 이제 당신은 엄마가 되어 하루 종일 외부의 피드백을 받는다. 아침에 눈을 뜨자마자 누군가 당신에게 미소를 짓거나 얼굴에 침을 뱉는 것이다. 당신이 처리하는 모든 단계에는 해석이 뒤따르지만 대부분 친절한 방식이 아니다. 당신은 모든 것을 처리하면서 끊임없이 지쳐가지만 당신의 아이는 그것에 신경 쓰지 않을 것이다. 아이는 자신의 필요를 표현하고 당신은 거기에 맞추어 행동해야 한다. 24시간 내내 1년 365일 연중무휴로 모든 일을 잘못하고 있는 것 같은 느낌이 들 수도 있다. 그런데다 이웃이 다가와 아이가 밤새도록 잠을 잘 자는지 물어보거나 여유를 가지라고 충고하는 상황이 벌어질 수도 있다. 그래야 아이가 긴장을 풀 수 있다고 생각하기 때문이다.

사무엘라가 처한 상황에서 그녀의 감정이 주변 사람들에게 '압도적'으로 받아들여지는 것은 그들 때문이 아니다. 그리고 이것이 그녀를 위해 준비된 거울과 같은 것이라 해도, 그것은 그녀와 헤이코가 느끼는 감정을 그대로 비추는 것 또한 아니다. 사실 사무엘라의 감정은 그녀에게 뭔가 옳지 않다는 것을 아주 일찍부터 말하고 있었다. 그러나 그녀가 받은 유일한 반응은 그녀가 완전히 틀렸다는 것뿐이었다.

외부 세계가 충분히 오랫동안 당신에게 제정신이 아니라고 말한다면 당신은 그 말을 믿기 시작할 것이다. 그것이 사무엘라의 가장 큰 문제였다. 그녀는 자기 감정을 신뢰하고 처음부터 다른 문제를 만들지 않으려 하지 않고 자신에 대한 비판을 마음속에 담았다. 그녀를 압박하고 채찍질하는 내부 비평가의 말에 상처를 받고 자신이 받아들일 수 없는 방향으로 스스로를 밀었다. 내면의 비평가가 가진 흥미로운 특징은 절대 쉬지 않는다는 것이다. 더 이상 앞으로 갈 수 없다고 생각하는 순간에도 뒤에서 조용히 다가와 '하지만'이라는 단어를 우리에게 속삭이고는 한다. 어쩌면 그것은, 정확히 말해서 사무엘라에게 행운이 되었다. 어떤 일이든 '완벽하게' 완수하고 싶다는 느낌은 우리를 이리저리 움직이게 만들고, 종종 우리를 보호하기도 한다!

다시 한번 질문을 던지고, 늘 주의하고 특히 조심하며, 기본을 지키고,
너무 성급하게 긴장을 풀지 않고,
어떠한 상황에서도 무뚝뚝하게 행동하지 않으며,
절반의 성과에 절대 만족하지 않는다. 이 모든 것들이 당신의 본성이다.

바로 이러한 이유 때문에 당신은 자신에게 주어지는 스스로의 높은 기준과 외부에서 계속해서 쏟아지는 높은 요구를 자신 있게 내려놓아야 한다. 당신은 자신을 믿어도 되며, 당신이 아이에게 해를 끼치는 엉망진창의 엄마가 되는 것을 막아주는 내적 압력에서 해방되어도 된다. 그것은 당신의 본성이 아니다. 아이를 위해 최선을 다하는 깊은 감정과 열망과 감정이 바로 당신이다! 당신은 그것을 항상 느끼지 못할 수도 있고 과도한 자극과 스트레스를 받는 날에는 표현하지 못할 수도 있다. 그러나 그런 다음에는 위로와 평온과 이해가 필요하다. 절대 부정적인 비판이 필요하지 않다! 더 나은 내일을 만들고자 하는 열망이 당신 안에 깊이 뿌리를 두고 있다. 그 열망은 당신이 태어날 때부터 지니고 있던 DNA 속에 뿌리내리고 있다.

'충분히'로 충분하며, '완벽'이 그렇게 바람직한 것만은 아니라는 것을 받아들이면, 당신과 당신 가족은 사랑으로 가득한 일상을 누릴 수 있는 진정한 기회를 가질 수 있다.

실전 연습

나만의 목소리 만들기

내면의 비평가가 당신의 머릿속에서 정말 큰 목소리를 내고 있다. 하지만 당신이 알아야 할 사실이 있다. 그 목소리는 내 머릿속에도 존재한다. 내가 이 책을 쓰고 있는 동안에도 그 목소리는 내내 나의 목덜미에 앉아 내가 하는 모든 일이 왜 잘 될 수 없는지, 끊임없이 다양한 색으로 나를 덧칠했다. 그러나 거기에는 또 다른 누군가가 존재한다. 그리고 이제 나는 그 다른 존재가 분명히 훨씬 더 중요하다는 사실을 알게 되었다.

당신은 비평가의 단어와 목소리 톤을 바꾸는 법을 배울 수 있다. 예를 들어 나는 내 머릿속에 인자함으로 가득한 목소리를 만들어서 내가 어떤 잘못을 저질렀거나 모든 잘못은 내게 있다거나 결국 내가 제대로 하지 못했다고 이야기하는 목소리를 나를 위로하고 사랑으로 가득한 음성으로 바꿔 자존감을 지켰다. 그 목소리는 친절한 말과 세상을 귀중하게 바라보는 시선을 가지고 있다. 그리고 무엇보다 무한정으로 복제할 수 있다. 오늘, 바로 이 자리에서 당신은 자신만의 목소리를 만들 수 있다.

그 목소리를 만들기 위해서 우선 당신이 원하지 않는 방식으로 반응했거나 그 이후에 당신 스스로를 비난하게 된 갈등 상황을 하나 상상해 본다. 그 상황을 떠올리고 그것을 최대한 객관적인 시선으로 바라본다. 그리고 스스로에게 이렇게 질문해 보자.

- 실제로 무슨 일이 있었는가?

- 그런 일이 일어나게 된 짐작 가능한 원인은 무엇이고, 상대방은 어떤 반응을 보였고, 그 반응은 어땠는가? 또 나는 어떤 반응을 보였고, 그 반응은 어땠는가?
- 그러한 상황을 통해 무엇을 얻었으며, 어떤 지식을 얻었는가?
- 이 모든 것을 알게 된 지금, 미래에 똑같은 일이 벌어진다면 당신은 어떤 반응을 보일 것인가?

당신의 지식에 대한 인자하고 자애로운 문장을 몇 가지 적어본다. 예를 들어 아이에게 너무 심한 행동을 한 이유로 가장 가능성이 높은 것은, 당신이 충분히 잠을 자지 못했기 때문일 수 있다. 그러니 당신은 진짜 끔찍한 엄마가 아닌 것이다. 또는 몸이 아프고 난 뒤 가족 중 한 명과 갈등을 겪었다면, 그것은 전혀 당신의 잘못이 아니라는 것도 깨달을 수 있을 것이다. 무조건 자책하지 않아도 되는 것이다. 또는 이제껏 당신의 상황을 충분히 이해하지 못하고 있는 누군가에게 조언을 구해왔다면, 이제부터는 당신에게 훨씬 더 공감할 수 있는 다른 사람에게 물어보는 것이다. 이러한 답을 적어서 내 머릿속의 목소리가 이런 말들을 사용하도록 한다. 당신 내면의 비평가가 항상 당신에게 말했던 "너는 훨씬 더 잘할 수 있어! 더 열심히 해!"라고 말했다면, 이제는 당신의 인자한 목소리가 귓가에서 부드럽게 속삭일 것이다.

당신은 훨씬 나은 대접을 받아야 한다!

너무 작은 것에 만족하지 말자!

"네, 하지만…."이라고 말하는 대신 "네, 맞아요. 그리고…."라고 말하기 시작하자. "아니야." 대신 늘 상냥하고 준비된 말 "그래, 좋아."를 내면의 목소리에 입력해 둔다. 곧 그 목소리는 당신에게 사랑스러운 조언자가 될 것이며, 늘 당신을 위로하고 격려하며 지지해 줄 것이다. 그렇게 당신과 당신의 조언자는 더욱 단단해질 것이다.

10장

그리고 지금, 당신 자신이 되어라

☽

너그럽게 자신을 바라보는 법 배우기

당신이 특별히 잘할 수 있는 것은 무엇인가? 당신에게는 어떤 재능이 있는가? 특히 민감한 감각이 있는가? 청력이 뛰어난가? 다른 사람들이 뒤늦게야 알아차리는 것을 재빨리 느끼는가? 후각이 발달되어 있는가? 당신은 종종 두려움과 위험한 상황을 먼저 느끼는가?

우리는 우리 각각의 안경을 통해 세상을 바라본다. 예를 들어 네 개의 벽과 지붕으로 갇힌 집에서 아이들과 놀아줄 때, 잠을 충분히 자지 못했거나 다른 이유로 피곤함을 느끼는 상황에서 소리가 잘 들린다는 것은 당신에게 큰 부담이 될 수 있다. 그러면 예민하게 발달한 청각에 무리가 온다. 모든 소음은 내 몸에 거의 견딜 수 없는 전기 충격을 준다. 내가 잠시 동안만이라도 조용한 곳에 있지 못하면 곧바로 귀마개를 끼는 것만이 해결책이다. 나는 내 감각기관을 완벽하게 막을 수 없기 때문에 외부의 도움이나 어떤 전략적인 방법이 있어야만 긴장을 이완시킬 수 있다.

여기서 중요한 점은, 나는 나의 특별한 감각기관을 알고 있다는 것이다. 어느 날 나에게 위와 같은 질문을 던졌기 때문이다. '어디에 나

의 고감도가 존재하는가? 특별히 강하게 인식되는 것은 무엇인가?'
나는 박수를 치며 기뻐하지는 않았지만 슬퍼하지도 않았다. 나 자신과 내 사람을 구성하는 모든 측면에 대한 세심한 대우는 내가 나 자신을 자각하게 된다는 것을 의미한다. 그 이상은 아닌 것이다. 나의 강점과 특성, 잠재력, 원한다면 나의 약점에 대한 것까지 간단하게 나열하고 평가하는 것. 이 간단한 질문은 힘을 가지고 있다.

그것은 자기 자신을 진정으로 잘 아는 것이다.

당신은 자신을 얼마나 잘 알고 있는가? 당신은 여전히 당신이 남들과는 다른 회복력이 있고, 단지 우연히 상처받지 않고 살아남았다고 생각하는가? 당신의 청력이 몹시 발달하여 당신이 고감도일 수 있다는 사실을 이미 알고 있는가? 아니면 그 사실을 인정할 필요성을 전혀 깨닫지 못하고 당신의 상황을 무시하면서 계속해서 자신의 한계점을 넘어 자신을 밀어붙이고 있는가? 모든 사람이 당신에게 약간 특이하고 이상하다고 항상 말하기 때문에 당신의 약점만 바라보고 있는가? 혹은 아직 보여주지 않았을지도 모르는 큰 힘과 잠재력이 당신 안에 있다는 것을 이제 깨달았는가? 그것은 바로 우리가 사물을 인식하지 못할 때 일어나는 일이다. 우리는 중요한 세부 사항을 놓치곤 한다!

각각의 분야에는 전문가, 예술가, 공예가, 특정한 과목의 교사들이 존재하는데, 모두 한 가지 공통점이 있다. 개개인의 강점이 서로 매우 다르다는 점이다.

예술가는 아름다운 그림을 그리고 그의 예술에 완전히 몰입하겠지만, 조산사는 그림을 좋아하지 않을 수 있다. 대신 아주 터프하고 강한 방법으로 출산을 도울 수 있다. 우리는 조산사에게 그녀가 그림을 잘 그리지 못해서 나쁜 사람이라는 신호를 보내거나, 예술가에게 출산에 참석할 수 없기 때문에 예술가로서 충분하지 않다고 말하지 않는다. 이러한 사회적 구성은 여전히 당신의 머리에 남아 있을 수 있지만, 지금 여기서 털어버려야만 한다. 그것이 당신의 모성애에 영향을 줄 수 있기 때문이다. 아마도 아이들의 생일파티는 당신에게 정말 많은 스트레스를 줄 것이고, 다른 파티처럼 되기 위해서는 혼자 전부 준비해야 한다는 느낄 것이다. 그래야만 당신은 좋은 엄마이고 당신의 아이는 부족함을 느끼지 않을 테니 말이다. 하지만 아이가 원하는 것은 단순한 멋진 생일파티일 뿐이다. 가격으로 비교되는 것이 아니다. 그 누가 할머니가 케이크를 만든 파티와 전문 제빵사가 케이크를 만든 파티 중 어느 쪽이 더 엉망이라고 말할 수 있겠는가? 정말 친한 친구만 초대한 작은 파티와 20명이 모인 파티 중 어떤 것이 더 낫다고 누가 결정할 수 있을까? 배달 음식과 피자가 엄마의 자격을 평가할 수 있는 이유가 될까? 반죽을 집에서 만든 것이 아니기 때문에? 당신을 평가절하하고 당신의 진정한 재능을 평가하지 않는 이러한 외부의 평가에서 자유로워져야 한다. 대신 있는 그대로의 당신을 보여주고, 당신과 당신의 아이들에게 당신이 원하는 사람이 되어야 한다.

만약 당신이 지금 하고 있는 일에 만족하고 정말 좋은 결정을 내렸다면, 그래서 그 결정에서 열정과 기쁨을 찾아 잠재력을 발휘하고 힘을 얻을 수 있다면 피로함을 느끼지 않을 것이다. 많은 엄마들이 가진 가장 큰 힘은 자녀의 생일을 사랑으로 가득 채우는 것이다. 내 경우를 예로 들면, 아이들의 생일파티 준비는 나의 일이 아니다. 내 에너지는 이 책을 쓰는 데 훨씬 더 큰 에너지를 쓴다. 하지만 그렇다고 해서 내 아이들의 생일이 엉망이거나 아무런 이벤트도 없이 보내야 한다는 의미는 결코 아니다. 당신의 요구와 기대를 만드는 것은 당신 자신이지 결코 그 누군가가 아니라는 뜻이다.

결국 어느 누구도 당신의 삶에 끼어들 권리는 없다.

당신을 위해 결정을 내려야 한다. 주장을 버리고 자신의 감정을 내면의 확신과 비교하고, 자신의 완전히 새로운 면을 경험하는 방법을 단계별로 배워야 한다. 당신이 사랑하는 사람들과 당신 자신, 그리고 자녀를 위해 다시 일어서자.

365일 동안 이 연습을 할 수 있다면,

당신의 1년은 무척 만족스러울 것이다.

솔직히 말해서 자신이 잘하는 것과 자신의 약점이 무엇인지 아는 것만으로 당신이 더 행복해지는 것은 아니다. 아무도 당신에게 상을 주지 않고, 당신에게 좋은 성적표를 주지 않으며, 내일부터 당신의 집안

일을 대신해 주지도 않을 것이다. 다만 당신은 자신을 알게 된다. 그리고 놀랍게도 처음에는 아무 일도 일어나지 않는다. 자신을 만나고 관찰하고 알아가는 몇 주와 몇 달이 그저 흘러갈 것이다. 그 시간 속에서 당신은 어느 날 갑자기 무엇이 당신을 평상심에서 완전히 벗어나게 하는지 깨닫게 된다. 당신이 아이에게 화를 낸 뒤 몇 분 후에야 당신을 미치게 만드는 것은 당신의 아이가 아니라 주변 사람들이라는 것을 깨닫는다. 또는 외부의 상황, 혹은 어떤 날은 아이의 요구 사항이 너무 지나친 날이었다는 것을 깨닫는다.

너무 덥거나 너무 춥게 느껴지는가? 마지막으로 무언가를 먹은 것이 언제였는가? 화장실에는 갔는가? 잠시 조용히 있었는가? 방해하지 않고 당신의 말을 들어준 사람과 언제 마지막으로 이야기를 나누었는가? 얼마나 오래 깨어 있고 얼마나 잤는가? 당신과 당신의 성향, 그리고 당신 자신은 한 번의 실수를 통해서가 아니라 당신이 잘하는 것과 그렇지 않은 것을 정확히 이해할 시간이 필요하다는 것을 스스로에게 인식시켜야 한다.

이 과정에 시간을 내야 한다. 이는 아주 중요하고 당신에게 있어 앞으로 나아갈 첫 번째 단계가 된다. 다른 판단 없이 개방적이고 친근한 태도로 자신을 대해야 한다. 환상적인 면을 따로 찾을 필요도, 그중 어떤 것을 싫어할 필요도 전혀 없다. 그저 그것이 존재한다는 것만 기억하면 된다.

좋은 것으로 둘러싸여 기쁨에 빠져보기

얼마나 자주 아름다움으로 자신을 둘러싸고 있는가? 얼마나 자주 무릎을 꿇고 기쁨에 잠기거나 그보다 더 큰 기쁨에 잠겨보았는가? 얼마나 자주 주변의 모든 것과 완전히 분리되어 구름 위에 떠 있는 것처럼 느껴지는 상태에 빠져들 수 있는가? 일상생활에서도 그런 일이 가능한가? 그렇다. 그런 상태가 되어보는 것은 훨씬 쉽다. 아름다움은 사람마다 다르게 느낄 것이다. 하지만 우리 모두가 아름다움에 자주 빠져드는 상태는 모두에게 필수적인 요소다. 특히 고감도의 사람으로서 미학, 부드러움, 작은 것의 아름다움, 일상의 소중함 등은 누구보다 필요하다. 아름다움은 특별한 방식으로 반응하기 때문에 전체 시스템을 특별한 방식으로 재충전할 수 있다. 당신은 빛이나 무지개가 떨어지는 마법을 즐기고, 빗방울이 당신을 위한 작은 노래를 부를 때 기운을 내고, 태양이 당신의 피부, 머리카락, 영혼을 따뜻하게 만드는 것에 행복을 느낄 수 있다. 당신의 삶을 보물의 모자이크로 바꾸는 작은 순간들은 당신을 진정으로 빛나게 한다. 그렇기 때문에 단 하루라도 놓치지 말아야 한다. 아름다움, 자연, 지구의 경이로움, 희귀한 순간, 빛, 음악, 예술, 아름다운 사람들, 깊은 대화, 시, 생각을 불러일으키는 가사, 소름이 돋고 세포를 관통하는 것 같은 깊은 감정이 당신에게는 필요하다. 당신의 내면은 그것을 요구하고 있다! 신선한 커피의 특별한 향기, 작은 몸짓의 감사함, 햇빛, 별이나 달의 아름다움, 주변을 잊게 하는 예술, 그림 또는 소설에 빠져들어 보자. 바로 지금부터 당신의 공간을 만드는 것이다. 하루에 한 번 이상 그곳에 가서 부정적이거나 어려운 생각을 작은 아름다움의 불꽃으로 바꾸고 그것을 즐겨보자. 비록 아주 짧은 순간일지라도 말이다. 무엇인가를 덜어낼 때 만들어지는 공간이 아름다움과 멋진 생각으로 가득 차게 하고, 좋은 사람들과 시간을 보내는 것이다. 당신을 기쁨과 가벼움으로 채워야 한다. 자신을 잘 돌보며 순수한 아름다움으로 자신을 대하고 많은 즐거움을 누려보아야 한다!

실전 연습

100년 된 떡갈나무 되어보기

방에서 편안하다고 느끼는 장소, 예를 들어 창 앞이나 좋아하는 구석을 선택하여 몇 분 동안 똑바로 선다.
발을 땅에 단단히 디디고 선 뒤 발바닥, 발가락, 발바닥, 발목을 따라 부드럽게 내 몸을 느껴본다. 천천히, 천천히, 당신의 주의를 종아리와 정강이 쪽에서 위로 향하게 하여 자세가 흐트러지지 않게 한다. 지면과의 접촉을 느끼고 그 순간에 완전히 들어와, 이 지면에서 발과 다리의 감각을 느껴본다. 마음속으로 계속해서 엉덩이까지 올라가서 하체에서 나오는 힘을 느껴본다. 당신의 강인함과 확고함을 깨달을 때까지 그 자리에서 잠시 머물면서 당신의 호흡 흐름에 따라 규칙적이고 침착하게 숨을 들이쉬고 내

쉰다.

이제 당신이 100년 된 떡갈나무라고 상상해 본다. 믿을 수 없는 크기로 거대하고 아름다우며 강해서 파괴할 수 없는 나무. 당신은 강하고 땅에 깊이 뿌리박고 있다. 뿌리가 땅속 깊이 튼튼하고 넓게 뿌리 내린 모습을 시각적으로 상상해 본다. 그 뿌리는 당신을 보호하고 강하게 만들 것이다. 그 어떠한 것도 당신을 쓰러뜨릴 수 없다! 다리가 몸통이 되고 그 몸통에서 나오는 힘을 느낄 수 있을 것이다. 당신은 땅에 깊고 넓은 뿌리와 두껍고 단단한 줄기를 가지고 단단하게 뿌리박은 강한 나무가 되어 서 있다. 그리고 이제 당신의 상체가 잎사귀로 무성한 큰 부분이 되는 것을 상상해 본다. 당신의 팔은 나뭇가지가 되었다. 아마 그것들을 펼치거나 어딘가에 걸치고 싶을 수도 있다. 당신이 편한 대로 포즈를 취한 뒤, 당신의 정신과 영혼을 이 지구와 땅에 집중해 본다. 당신은 땅에 깊이 뿌리내리고 있으며, 부러지지 않는 단단한 줄기를 가지고 서서 비바람과 날씨의 변화를 겪고 있다. 지금 바람이 많이 부는가, 아니면 폭풍우가 치고 있는가? 태양이 당신의 잎사귀를 따뜻하게 비추고 있는가? 당신은 여기에 서 있다. 날씨를 무시하자. 바람에도 용감하게 맞서자. 그 어떠한 것도 당신을 흔들 수 없다. 아무것도 당신을 쓰러뜨릴 수 없다. 뿌리를 부러뜨릴 만큼 강한 바람은 존재하지 않는다. 어떤 폭풍도 이 자리에서 당신을 데려갈 수 없다. 당신은 강하다. 당신은 흔들리지 않는다.

당신을 가득 채우고 기쁨을 주는 상황을 상상해 본다. 당신은 얼굴을 간지럽히는 가벼운 이슬비를 좋아할 것이다. 또는 당신의 무성한 잎사귀들에 마법의 봄과 같은 햇빛이 내리쬐는 것도 사랑할 것이다. 당신은 무언가를 흔들고 잎사귀를 잃어버리거나 땅에 던지고 싶을 수도 있다. 아니면 세상을 깊은 고요 속에 잠기게 하고 마법 같은 평화를 주는 나뭇가지 위에 쌓인 차갑고 신선하며 반짝이는 눈이 마음에 드는가? 당신이 좋아하는 것이 무엇이든, 당신에게 오는 것이 무엇이든 이 상황에서 자신을 100년 된 떡갈나무로 상상해 보는 것이다. 그리고 원하는 만큼 그 자리에 머문다. 고요함과 내면에서 생겨나는 힘, 내 모든 육체를 채우고 당신이 이제껏 100년을 살았고 앞으로 100년을 더 살게 될 것임을 깊이 깨닫게 하는 힘을 즐겨본다.

- 아무것도 당신을 포기하지 않는다.
- 이 자리에서 당신을 움직일 힘은 아무것도 없다.
- 당신은 강하다.
- 당신은 힘으로 가득 차 있다.
- 당신은 현명하다.
- 당신은 무적이다.
- 당신은 침착하다.
- 당신은 100년 된 떡갈나무다.

당신이 할 수 있고 원하는 만큼 이 자리에 머물면서 당신에게 생겨나는 힘과 내면의 힘을 느껴본다. 다시 움직여야 할 때라고 느끼면 천천히 회전을 시작하거나 팔을 약간 흔들거나 움직인다. 먼저 상체에 주의를 기울이고, 그다음에는 엉덩이 쪽으로 내려가 주의를 기울이면서 부드럽게 온몸을 깨운다. 다리의 신경을 느끼며 천천히 움직인다. 마찬가지로 종아리와 정강이, 발목, 발에 대해 생각하고 천천히 발가락과 발 근육을 움직이기 시작한다. 준비가 되었다고 느끼면 뿌리를 풀고 다시 발을 지면에서 떼어본다. 그리고 뿌리는 항상 거기에 있고, 항상 당신 안에 존재하며, 항상 땅과 접촉할 준비가 되어 있다는 것을 기억해 둔다.

다리와 전신의 힘을 느끼며 천천히 손을 뗀다. 당신이 원할 때마다 여기로 돌아올 수 있고, 몇 번이고 뿌리를 내리고, 몇 번이고 당신의 몸에 뿌리를 내리게 할 수 있다.

며칠 동안 자신을 100년 된 떡갈나무로 만들 기회를 점점 더 자주 만들어본다. 이 작은 명상은 어렵거나 곤란한 대화를 나누기 전에 심신을 편안히 만들거나 정신 질환을 치료하는 데 도움이 된다. 100년 된 떡갈나무는 한없이 강하고 견고하며 흔들리지 않기 때문이다.

바로 당신처럼.

당신에게 필요하지 않은 것은 여기에 두고 갈 것

아마 남겨두는 것들도 많겠지만 배낭 안에 넣을 것들도 많을 것이다. 나는 마음속 깊은 곳에서 그 정도만이라도 당신에게 바란다. 그러나 인생의 새로운 국면이 시작되면 항상 버리고 싶은 것들이 있다. 더 이상 필요하지 않은 것, 너무 많은 공간을 차지하거나 너무 무거워서 가방에서 꺼내 다른 곳에 넣고 싶은 것들은 항상 존재한다. 당신은 확실히 그것이 무엇인지 알고 있으며, 아마도 지금 몇 가지를 생각할 수도 있을 것이다. 예를 들어 자신에 대한 견해와 성향은 어떤가? 지금 뭔가 잘못되었다는 느낌, 한 가지 결핍을 안고 있다는 느낌을 이제 버릴 때가 되었는가?

자신과 미래에 대한 책임은 어떤가? 그다음은? 두려움을 내려놓고 가방에 다시 넣지 않을 수 있는 기회가 온 것인가? 당신은 여전히 그들이 틀렸기 때문에 당신이 어떤 감정을 가져야 한다고 생각하지 않는가? 아니면 당신은 기꺼이 당신의 창살을 부수고 그들의 잔해를 쓰레기통에 버릴 의향이 생겼는가?

그럼 해야 한다. 나는 당신에게 마지막 연습으로, 더 이상 부풀지 않을 때까지 풍선을 불어볼 것을 청한다. 온 힘을 다해 불고 또 불어서 그 안에 더 이상 당신과 함께하지 않아야 할 모든 것을 넣어보자.

풍선을 불되 입구는 묶지 않는다. 그 안에는 당신을 작게 만들고 무겁게 했던 것들, 더 이상은 당신과 함께하지 말아야 할 것들로 가득 차 있다. 작별인사를 한 뒤 고맙다 말하고…, 풍선을 날려 보내자.

마치며

> 낙원은 장소가 아니라 태도에 존재한다. -부처

내가 왜 요즘 마트에서 다른 가족들을 찾지 않는지 모를 것이다. 간단하고 또 간단한 이유가 있다. 내가 그로 인해 과도하게 자극받고 있다는 것을 알기 때문이다. 마트라는 장소만으로도 나의 각성은 완전히 집중해야 하는 수준으로 높이 치솟는다. 나와 마트를 비교적 여유롭게 방문하는 것 사이에 서 있는 유일한 것은 내적 태도의 변화라는 것을 이해하는 데 몇 년이 걸렸다. 이 책도 없었고 이런 지식을 갖고 있지도 않았다. 세상은 각자의 속도로 움직이고, 이제 나는 시간이 걸린다는 것을 이해하고 있다. 그래야 그것이 나를 귀찮게 하지도 않고 나를 시험하지도 않기 때문이다. 우리가 허락하지 않는 한, 아무도 우리를 변화시킬 수 없다는 것을 알아야 하기 때문이기도 하다.

그러나 우리가 과감하게 저항을 극복하고 자비롭게 자신을 대하면,

우리 자신을 위한 성장과 발전을 위한 거의 무한한 공간을 만들 수 있다. 나는 마음의 평화와 태도에 더 신경을 쓰고 있다. 오늘날의 나는 있는 그대로의 내가 좋다는 것을 안다. 우리 모두는 우리 방식대로 충분하고 훌륭하다. 요즘의 나는 모든 사람이 어떻게든 '다르다'는 사실을 알고 있으며, 어느 누구도 다른 사람보다 더 사회적 시스템에 어울리는 것은 아니라는 것을 안다. 나는 우리가 기존 시스템을 깨고 우리와 우리 아이들의 사회를 만들 수 있는 힘과 권력이 있다는 것 또한 알고 있다. 그리고 그러한 가치를 인정하고 환영하며 보호하려 한다.

미래의 우리 아이들은 이 세상에서 살아나가야 한다. 그들에게 존재하는 방식으로 말이다. 우리 아이들이 강하고, 탄력 회복력이 있으며, 자의식이 있기를 원하고, 아이들이 스스로를 의심하지 않고, 조화롭게 살아가고, 안전하고 기쁨으로 가득한 삶을 살기를 원한다면, 우리는 바로 오늘을 그 시작의 날로 만들어야 한다. 우리 아이들을 위해서, 그리고 무엇보다 우리 자신을 위해서.

나는 곧 이 책을 덮고 여행을 떠날 것이다. 운동을 시작하고 새롭고도 흥미진진한 경험이나 도전을 준비하기 위해 때로는 여기로 다시 돌아올 수도 있다. 내 자신과 시간을 보내는 것이 몹시 유익했기 때문에 종종 이 책의 표지나 페이지를 쓰다듬을 수도 있다. 어쩌면 당신은 이 책을 다시 집어 들지 않을 수도 있다. 당신이 실천하는 방법, 어떤 방향으로 달리고 있는지, 운동은 하는지, 다시는 이런 이야기를 듣고 싶지 않은지 여부는 중요하지 않다…. 나는 한 가지 사실은 확신하고 있다. 당신의 있는 그대로가 옳다는 것이다. 당신은 당신 자체로 충분한 사람이다.

그리고 만족스러운 삶을 사는 데 필요한 모든 것은 이미 당신 안에 있다.

왜냐하면 당신의 높은 감도가 바로 그것을 의미하기 때문이다. 당신 안에 살고 있는 모든 잠재력과 모든 다채로움을 감지하고 느끼고 경험하는 것이다. 당신은 특히 그러한 것들을 잘하며 충분히 대접받을 자격이 있다. 그리고 언젠가는 세상을 바꿀 것이다.

그러니 그냥 앞으로 가면 된다.

나는 당신이 기쁨과 가벼움, 마법과 경이로움으로 가득 찬 삶을 살기를 기원한다. 그리고 나를 믿어보기를 청한다. 당신은 여전히 당신이 얼마나 훌륭한지 모르고 있다.

당신은 늘 운이 좋은 사람이다!

당신이 늘 행복하기를.

당신이 원하는 그 방식대로.

이 책을 쓴다는 건 나에게 결코 쉬운 일이 아니었다. 여기에 적힌 많은 생각들은 오랜 시간 동안 내 머릿속을 거칠게 헤매고 다녔던 것들이고 상담을 하거나 대화를 나누면서 간간이 사용되었을 뿐 완전히 정리된 것은 아니었기 때문이다.

하지만 이제 끝났다고 말할 수 있으니 모든 사람들에게 다시 한번 감사드린다. 내 가슴속에만 있던 뒤죽박죽이었던 생각이 이제는 사람들에게 귀중한 보물이 되었다. 알려진 것이든 아직 알려지지 못했던 것이든 말이다.

더불어 지난 몇 년 동안 내 지식에 대한 갈증을 해소하고 배움을 계속하며 성장할 수 있도록 도와주신 분들에게도 감사드린다. 감사 인사를 전하고 싶은 분들의 목록은 아주 길다. 하지만 그 목록 가장 위에는 손야와 크리스티앙이 있다. 두 분이 없었다면 이 책은 결코 나오지 못했을 것이다.

손야, 나의 친구이자 나의 뮤즈. 너의 모든 질문과 끝나지 않았으면 하고 바라기까지 한 우리의 심도 깊은 대화에 깊은 감사를 보낸다. 대화를 통해 창의적이고 비판적인 의견을 주고받으면서 나는 더 노력하고, 더 공부하고, 더 경험할 수 있었고, 결코 포기하지 않을 수 있었어. "석사 논문을 써봐."라는 너의 말이 이 책을 쓰게 된 이유가 되었지. 나는 결코 너를 잊을 수 없을 거야.

크리스티앙, 내 남편이자 소울메이트. 당신이 없었다면 이 책은 결코 존재하지 않았을 거야. 당신의 도움이 없었다면 나는 책상 앞에서 굶어 죽었거나 말라 죽었겠지. 당신의 배려와 이해, 당신의 시간과 당신이 나를 위해 만든 공간, 얇게 썬 수박, 물 한 잔, 향긋한 커피. 이런 진심 어린 모든 것에 감사해. 그것이 창조적인 작업을 가능하게 만들었고, 나의 거친 말도 언젠가는 상담자로 성장하게 될 것이라고 내 스스로가 믿게 만들었어. 당신이 나를 믿고 나도 당신을 믿었기 때문이지. 언제나처럼.

또한 나에게 격려와 사랑, 포용력을 준 나의 가족과 나의 아이들, 부모님, 그리고 친구들에게도 감사의 말을 전한다.

특히 나는 이 책을 통해 나를 불멸의 존재로 만들어준 나의 예민한 어머니를 꼭 언급하고 싶다. 당신은 나에게 내가 오늘날 모든 사람에게 느끼는 가치에 대해 가르쳐 주셨어요. 모든 이해와 포용력, 긴장과 피로에 대한 지식, 하지만 그럼에도 인내하고, 다시 일어나서 나아가고, 웃고 춤추며 삶을 즐기는 법을 어머니에게 배웠죠. 당신은 내 우상이에요. 아이를 키우는 것이 상상도 하지 못할 만큼 힘든 일이었다는 것을 알게 된 지금, 나는 당신을 존경하게 되었습니다.

마지막으로 무엇보다 지난 몇 년간 나를 찾아와 나를 믿어주고 공감해 준 많은 예민한 엄마들에게 무엇보다 큰 감사를 드린다. 무엇보다 당신들을 통해 내가 사랑하는 일을 할 수 있어서 정말 감사한 마음뿐이다. 또한 나의 성취와 나의 삶, 내가 계속 앞으로 나아갈 수 있는 것도 다 여러분 덕분이라는 말을 전하고 싶다. 여러분들의 이야기와 여러분들의 멋진 아이들이야말로 가장 감사드릴 존재다.

우리는 아직 끝나지 않았다.

참고문헌

1. Blach, Christina & Egger, Josef W.: Hochsensibilita¨t-ein empirischer Zugangzum Konstrukt der hochsensiblen Perso¨nlichkeit, Empirische Forschung, 2014.
2. Aron, Elaine N.: Sind Sie hochsensibel?, 1996, S. 159.
3. Olsen Laney, M. Ph D.: The introvert advantage-how quiet people can thrive in an extrovert world, 2002.
4. https://de.statista.com/statistik/daten/studie/309893/umfrage/muetter-in-deutschland-nach-alter-der-muetter-und-anzahl-der-kinder/
5. Im wissenschaftlichen Kontext wird haufiger von der Sensitivitatgesprochen. Die Grunde dafur liegen in den Erkenntnissen zur Wahrnehmungsfahigkeit(Sensitivitat ist eine Form erhohter Wahrnehmungsfahigkeit, die die primare Eigenschaft darstellt), dem Sensitivitatskontinuum(also keine klar abgrenzbare Gruppe, sondern ein Kontinuum, das Menschen unterschiedlicher Sensitivitatslevel zusammenfasst) und der Neurosensitivitat (zwischenmenschliche Sensitivitatsunterschiede habeneine neuronale Basis).
6. Ausfuhrliche Informationen finden sich hier: https://www.sensitivitaet.info/2018/03/17/warum-der-begriff-sensitivitat-anstatt-hochsensibilitat/

7. Der offizielle Test ist frei zuganglich auf www.hsperson.com
8. Aron, A. et al.: "Temperament trait of sensory processing sensitivity moderates cultural differences in neural response", Social Cognitive and Affective Neuroscience, Volume 5, 2010, S. 220, Jagiellowicz, J. et al.: "The trait of sensory processing sensitivity and neural responses to changes in visual scenes", Social Cognitive and Affective Neuroscience, Volume 6, 2011, S. 38.
9. Homberg, J. et al.: "Sensory processing sensitivity and serotoningene variance: Insights into mechanisms shaping environmental 290 sensitivity", Neuroscience & Biobehavioral Reviews, Volume 71, 2016, S. 472–483.
10. Manfred Schedlowski, Reinhold E. Schmidt, "Stress und Immunsystem.", Naturwissenschaften, 1996, S. 214–220.
11. Kaluza, G.: Gelassen und sicher im Stress. Das Stresskompetenz-Buch: Stress erkennen, verstehen, bewaltigen, 2015.
12. Ebd.
13. Dr. Sandra Konrad, Helmut Schmidt Universitat Hamburg, 2018: https://www.hsu-hh.de/diffpsych/forschung/hochsensibilitaet-hsp
14. Kagan, J.: Biology, context, and developmental inquiry. Annual Review of Psychology, 2003.
15. Bauer, J.: Warum ich fuhle, was du fuhlst-Intuitive Kommunikation und das Geheimnis der Spiegelneurone, 2006.
16. Tewes, U., Psychologisches Lexikon, 1992.
17. Aurum Cordis, Kompetenzzentrum fur Hochsensibilitat, Beratung & Coaching fur hochsensible Erwachsene im Beruf und Familienmit hochsensiblen Kindern – Seminare & Weiterbildungen zur Forderung und Gestaltung von Gesundheit.

18. https://www.hsu-hh.de/diffpsych/forschung/hochsensibilitaet-hsp
19. Wyller, H. B. et al.: "The relationship between sensory processing sensitivity and psychological distress: A model of underpinning mechanisms and an analysis of therapeutic possibilities", Scandinavian Psychologist, Volume 4, 2017.
20. Leuzinger-Bohleber, M.: Depression und Neuroplastizitat: Psychoanalytische Klinik und Forschung, 2010.
21. Doidge, N.: Neustart im Kopf. Wie sich unser Gehirn selbst repariert, 2017, S. 73.
22. Koike, R.: Die Kunst des Nichtdenkens. Durch Gelassenheit mehr Gluck im Alltag, 2017, S. 19.
23. Bauer, J.: Warum ich fuhle, was du fuhlst. Intuitive Kommunikation und das Geheimnis der Spiegelneurone, 2006.
24. Umilta, Kohler et al.: "I know what you are doing. A neurophysiological study.", Istituto di Fisiologia Umana, Via Volturno 39. 291
25. Hutchison, William D. et al.: "Pain-related neurons in the human cingulate cortex". Nature Neuroscience 2, 2001, S. 403-405.
26. Slagt, M. et al.: "Differences in sensitivity to parenting depending on child temperament: A meta-analysis", M. A. G. Psychological Bulletin 2016.
27. Bakker, K., Moulding, R.: "Sensory-Processing Sensitivity, dispositional mindfulness and negative psychological symptoms", Personality and Individual Differences, Volume 53, 2012, S. 341-346.
28. Kosuke, Y.; Kazuo, O.: "The relationships among daily exercise, sensory-processing sensitivity, and depressive tendency in Japanese university students", Personality and Individual Differences Volume 127, 2018, S. 49-53.
29. Tewes, U., Psychologisches Lexikon, 2017.

30. Yerkes-Dodson-Gesetz, 1906.
31. Wenn du dich mit negativen Glaubenssatzen oder deinem inneren Kind naher beschaftigen mochtest, lege ich dir das Buch Das Kind in dir muss Heimat finden von Stefanie Stahl ans Herz.
32. Pfeifer, S. Dr. med.: Der sensible Mensch－Leben zwischen Begabung und Verletzlichkeit, 2012, S. 182.
33. Zum Weiterlesen: Ingrid Muller-Munch, Die geprugelte Generation, 2012.
34. https://geborgen-wachsen.de/2018/02/13/geborgen-wachsen-undattachment-parenting-gehoert-das-zusammen-oder-nicht/?fbclid=IwAR29ZWPf2-MTsMLff6jYOK5uVBigXG14mchrfx1FKBUcrEbDpVyLNlH0nLw
35. Bauer, J.: Warum ich fuhle, was du fuhlst. Intuitive Kommunikation und das Geheimnis der Spiegelneurone, 2006.
36. Vgl. Renz-Polster, Menschenkinder. Artgerechte Erziehung-was unser Nachwuchs wirklich braucht, 2016.

우리 모두는 우리 방식대로 충분하고 훌륭하다.

당신이 늘 행복하기를.

당신이 원하는 그 방식대로.

타고난 섬세함을 강점으로 살리는 육아법
예민한 엄마를 위한 책

제1판 1쇄 인쇄 | 2024년 5월 30일
제1판 1쇄 발행 | 2024년 6월 7일

지은이 | 카트린 보그호프
옮긴이 | 이상희
펴낸이 | 김수언
펴낸곳 | 한국경제신문 한경BP
책임편집 | 마현숙
교정교열 | 최은영
저작권 | 박정현
홍 보 | 서은실·이여진·박도현
마케팅 | 김규형·정우연
디자인 | 장주원·권석중
본문디자인 | 디자인 현

주 소 | 서울특별시 중구 청파로 463
기획출판팀 | 02-3604-590, 584
영업마케팅팀 | 02-3604-595, 562 FAX | 02-3604-599
H | http://bp.hankyung.com E | bp@hankyung.com
F | www.facebook.com/hankyungbp
등 록 | 제 2-315(1967. 5. 15)

ISBN 978-89-475-4958-5 03590

책값은 뒤표지에 있습니다.
잘못 만들어진 책은 구입처에서 바꿔드립니다.